VC-103

Umweltverträglichkeitsprüfung - UVP in der Bauleitplanung

Ein praxisorientierter Verfahrensansatz zur integrierten Umweltplanung

von
Dr. Ralf-Rainer Braun
Dipl.-Geograph

Leiter der
Koordinierungsstelle Umweltschutz
der Stadt Hagen

Deutscher Gemeindeverlag
Verlag W. Kohlhammer

CIP-Kurztitelaufnahme der Deutschen Bibliothek

Braun, Ralf-Rainer:
Umweltverträglichkeitsprüfung - UVP - in der Bauleitplanung:
e. praxisorientierter Verfahrensansatz zur integrierten Umweltplanung /
von Ralf-Rainer Braun. –
Köln: Dt. Gemeindeverl.; Köln: Kohlhammer, 1987
ISBN 3-555-00622-3

1987
Deutscher Gemeindeverlag GmbH und Verlag W. Kohlhammer GmbH
Verlagsort: 5000 Köln 40, Postfach 40 01 07
Gesamtherstellung Deutscher Gemeindeverlag GmbH Köln
Nachdruck auch auszugsweise verboten – Alle Rechte vorbehalten
Recht zur fotomechanischen Wiedergabe nur mit Genehmigung des Verlages
Buch-Nr. G 0/255

Vorwort

Im Gegensatz zu den projektbezogenen Fachplanungen sind bislang seltener kommunale Gesamtplanungen (Flächennutzungspläne, Bebauungspläne) durch eine eigenständige integrierte Umweltverträglichkeitsprüfung (UVP) auf ihre Umweltrelevanz hin untersucht worden. Nur wenige Kommunen arbeiten an entsprechenden auf die Planungsebene ausgerichteten und über die EG-Richtlinien hinausgehenden Lösungssätzen.

Hinter dem Gedanken, eine Umweltverträglichkeitsprüfung in das fachübergreifende Planungsinstrument der Bauleitplanung einzubauen, steht die Absicht, über einen wissenschaftlich untermauerten und für die öffentliche Verwaltung praktikablen Weg zu einer stärker als bisher ökologisch orientierten Stadtplanung zu kommen. Diese integrierte Umweltplanung ist das Werkzeug einer auf Umweltvorsorge ausgerichteten Umweltpolitik.

Direkt oder indirekt zutage getretene Konflikte zwischen raumbeanspruchenden Nutzungen und den Belangen von Ökologie und Umweltschutz haben in den Kommunen Politiker zunehmend veranlaßt, sich nicht nur bei Fachplanungen, sondern auch bei der räumlichen Gesamtplanung die möglichen Umweltwirkungen zur politischen Abwägung deutlich vor Augen führen zu lassen. Die Idee der Überprüfung der Umweltverträglichkeit ist dabei nicht neu, findet sich doch u.a. auch im Bundesbaugesetz bzw. Baugesetzbuch ein von der Bauleitplanung zu beachtendes Abwägungsgebot, das ebenfalls die ökologischen Aspekte mit einbezieht. Aus fachlicher Sicht besteht aber Einigkeit darüber, daß eine sektorale und zum Teil nur wenig systematisch vorgenommene Belangeinbringung nicht ausreicht, um die Umwelteinwirkungen eines Vorhabens umfassend und bereichsübergreifend herauszuarbeiten, sie nachvollziehbar darzustellen und transparent in die politische Abwägung zu geben.

Die frühzeitig durchgeführte UVP kann in der Bauleitplanung über ihre vorbeugende Wirkung dazu beitragen, Schäden soweit wie möglich zu vermeiden oder zu minimieren. Wenn auch einer eigenständigen Umweltverträglichkeitsprüfung zum Teil noch (durch verschiedene Interessen bestimmte) Einwände entgegenstehen, so wird in der vorliegenden Ausarbeitung deutlich gemacht, wie wichtig ein Einstieg in das Verfahren ist. Damit wendet sich die Arbeit in erster Linie an die planende Verwaltung, dürfte aber auch für Planungsbüros, Verbände, Vereine, Hochschulen und nicht zuletzt für Kommunalpolitiker und im Bereich Stadtplanung – Ökologie und Umweltschutz engagierte Bürger von Interesse sein.

Grundlage für das vorliegende Buch ist meine Dissertation, die von Ende 1983 bis Anfang 1986 am Geographischen Institut der Ruhr-Universität Bochum entstand. Sie wurde von Prof. Dr. H.-J. Klink betreut, dem ich an dieser Stelle meinen aufrichtigen Dank für die tatkräftige Förderung aussprechen möchte. Ebenso danke ich Prof. Dr. Dr. K. Hottes sowie Prof. Dr. P. Obermann von der Ruhr-Universität Bochum.

Ferner gilt mein Dank allen Privatpersonen, Instituten, Planungsbüros und Verwaltungsstellen, die mir bei der Beschaffung von Informationsmaterial oder durch ihre Gesprächsbereitschaft behilflich waren. Hier sind namentlich zu nennen Herr Dr. G. Duckwitz vom Geographischen Institut der Ruhr-Universität Bochum, Herr Dr. O. Sporbeck vom Büro für Orts- und Landschaftsplanung Froelich und Dr. Sporbeck, Herr Prof. Dr. L. Finke und Herr Dipl.-Ing. E. A. Spindler von der Abteilung Raumplanung, Fachgebiet Landschaftsökologie und Landschaftsplanung der Universität Dortmund. Die Arbeit wurde durch den Kommunalverband Ruhrgebiet gefördert.

Vorwort

Weiter habe ich zu danken zahlreichen mit Umweltschutz und Planung beschäftigten Mitarbeitern von Kommunalverwaltungen, insbesondere der Stadtverwaltung der Stadt Hagen.

Hier konnte ich Mitte 1985 als Leiter der Koordinierungsstelle Umweltschutz meinen Dienst aufnehmen, so daß die vorliegende Ausarbeitung sowohl in zeitlicher als auch in inhaltlicher Hinsicht aus dem Überschneidungsbereich wissenschaftlicher Betrachtung und planungspraktischer Anwendung hervorgehen konnte. Möge damit zumindest etwas dem von SPINDLER (1983) beklagten Mißstand entgegengewirkt worden sein, daß sich einerseits die Wissenschaft nicht berufen fühle zu einer praxisorientierten UVP-Operationalisierung, andererseits die Praxis allein auch nur schwer das richtige Modell entwickeln könne.

Ralf Rainer Braun   Sommer 1986

Inhaltsverzeichnis

Seite

Vorwort V
Verzeichnis der Abbildungen und Tabellen X

0. Einleitung
0.1 Aufgabenstellung und Zielsetzung 1
0.2 Problematisierung 2
0.3 Der Beitrag der Angewandten Physischen Geographie
zur ökologisch orientierten Stadtplanung 9

1. Ökologie und Stadt
1.1 Ökologie, Ökosysteme und ökologische Grundprinzipien 19
1.2 Die Ökologisierung der städtischen Umwelt 26
1.3 Die Stadt als Ökosystem 30
1.4 Ökologische Prinzipien in der Stadtplanung 38

2. Die Umweltverträglichkeitsprüfung in der Bauleitplanung
2.1 UVP: Begriff und Problem 48
2.2 UVP-Vorlauf 52
2.3 Die EG-Richtlinie 53
2.4 UVP und bedeutende bundesrechtliche Grundlagen 56
   2.4.1 Das Bundesbaugesetz (BBauG) 56
   2.4.1.1 Ordnugsprinzip 56
   2.4.1.2 Die physisch-ökologischen Belange 58
   2.4.1.3 Abwägungsgebot 62
   2.4.1.4 Der Inhalt des Flächennutzungsplanes 66
   2.4.1.5 Der Inhalt des Bebauungsplanes 67
   2.4.1.6 Gebot zur Beteiligung der Träger öffentlicher Belange (TöB) . . . 70
   2.4.1.7 Bürgerbeteiligung 71
   2.4.1.8 Fazit 72
   2.4.2 Das neue Baugesetzbuch (BauGB) 73
   2.4.3 Das Bundesnaturschutzgesetz (BNatSchG) 76
   2.4.3.1 Abwägung 76
   2.4.3.2 UVP-Verantwortung 80
   2.4.3.3 Verfahrensmäßig-rechtliche Absicherung 84
   2.4.3.4 Fazit 84

3. Die Umweltverträglichkeitsprüfung in der Flächennutzungsplanung . . 86
3.1 Die raumbezogene Umweltverträglichkeitsprüfung 87
   3.1.1 Zielanalyse und Begründung 89
   3.1.2 Zielorientierte Raumanalyse und -bewertung 91
   3.1.2.1 Zielorientierung 91
   3.1.2.2 Grundbelastung 93
   3.1.2.3 Landschaftsplan und UVP 94
   3.1.2.4 Das Instrument der Vorrangflächenzuweisung 97
   3.1.2.5 Naturraumpotentiale und ökologisch bedeutsame Funktionen
als Vorrangflächen 104

3.1.2.6	Zielsystem		116
3.1.2.7	Bestrebungen		116
3.1.3	Die Prüfung der raumbezogenen Umweltverträglichkeit		118
3.1.4	Ergebnisdarstellung		119

4. Die Umweltverträglichkeitsprüfung in der Bebauungsplanung 124

- 4.1 Die kommunale verbindliche Bauleitplanung und die UVP 124
- 4.2 Der UVP-Ablauf 128
  - 4.2.1 Vorstellung des Vorhabens 129
    - 4.2.1.1 Formblatt 129
    - 4.2.1.2 Umwelterklärung 130
  - 4.2.2 Umwelterheblichkeitsprüfung 135
    - 4.2.2.1 Prüfkriterienentwicklung und -auswahl 135
    - 4.2.2.2 Einholen der Stellungnahmen/Verfahrensabgleich 135
  - 4.2.3 Umweltverträglichkeitsprüfng 138
    - 4.2.3.1 Gesamtbewertung 138
    - 4.2.3.2 Ergebnisdarstellung 138
  - 4.2.4 Gesamtpolitische Abwägung 140
- 4.3 Die UVP-Komponenten 140
  - 4.3.1 Die kriterienmäßige Komponente und der Informationsaspekt .. 141
    - 4.3.1.1 Zielsystem und Prüfkriterienentwicklung 141
    - 4.3.1.2 Prüfkriterienauswahl 148
    - 4.3.1.3 Der Informationsaspekt 149
    - 4.3.1.4 Räumliches Bezugssystem 152
    - 4.3.1.5 Räumliche Abgrenzung der Wirkungsbereiche 153
  - 4.3.2 Die methodisch-bewertungsmäßige Komponente 154
    - 4.3.2.1 Methodisches Hilfsmittel zur Prüfkriterienauswahl 155
    - 4.3.2.2 Die Feststellung der Umwelterheblichkeit 157
    - 4.3.2.3 Die UVP im engeren Sinne 186
    - 4.3.2.4 Die gesamtpolitische Abwägung 193
  - 4.3.3 Die verfahrensmäßig-integrative Komponente 195
    - 4.3.3.1 Verfahrensablauf 195
    - 4.3.3.2 UVP-Dimensionen 198
  - 4.3.4 Die organisatorische Komponente 199
    - 4.3.4.1 Organisationsmodelle kommunalen Umweltschutzes 200
    - 4.3.4.2 UVP in den Organisationsmodellen .. 204
    - 4.3.4.3 UVP-Ablauf in kooperativer Organisation 208
    - 4.3.4.4 Die Organisation der kommunalpolitischen Ebene 211
    - 4.3.4.5 Die Finanzfrage 211
  - 4.3.5 Die Komponente der Öffentlichskeitsbeteiligung 213

5. Schluß 217
6. Quellenangaben 219
7. Anhang (Anlagen) 236

Verzeichnis der Abbildungen und Tabellen

		Seite
Abb. 1:	Gegenstandsbereiche der Umweltgüteplanung	17
Abb. 2:	Einfaches Modell eines natürlichen Ökosystems	20
Abb. 3:	Vereinfachtes Modell eines vom Menschen organisierten Landökosystems	34
Abb. 4:	Beziehungsgefüge der Kompartimente eines städtischen Ökosystems	36
Abb. 5:	Schema der differenzierten Bodennutzung	45
Abb. 6:	Ziele der Regional- und Umweltpolitik	100
Abb. 7:	Zielsystem I: Ziele der raumbezogenen Umweltverträglichkeitsprüfung	117
Abb. 8:	Freiflächenplan Hagen – Planungsablauf	121
Tab. 1:	Beispiel einer summativen Bewertungstabelle	122
Abb. 9:	Standort der Bebauungsplanungs-UVP im Rahmen der kommunalen Planung	127
Tab. 2:	Allgemeine Standortanforderungen vom Menschen dominierter Nutzungsschwerpunkte wie Erholen (intensiv), Wohnen, Gewerbe/Industrie	133
Abb.10:	Zielsystem II: Ziele des physikalisch-ökologischen Umweltschutzes innerhalb der Umweltverträglichkeitsprüfung der Bebauungsplanung	145
Abb. 11:	Allgemeines Ablaufschema der ökologischen Risikoanalyse	161
Abb. 12:	Ablaufschema der ökologischen Risikoanalyse am Beispiel des Grundwassers	162
Abb. 13:	Bewertungsbaum zur Ermittlung der Empfindlichkeit gegenüber Beeinträchtigungen innerhalb der ökologischen Risikoanalyse am Beispiel des Grundwassers	166
Abb. 14:	Bewertungsbaum zur Ermittlung der Intensität potentieller Beeinträchtigungen innerhalb der ökologischen Risikoanalyse am Beispiel des Grundwassers	167
Abb. 15:	Matrix zur Ermittlung des Risikos innerhalb der ökologischen Risikoanalyse	168
Abb. 16:	Grundstruktur der Nutzwertanalyse	178
Abb. 17:	Schrittweise Wertsynthese auf der Basis Und/Oder-Verknüpfungen nach der Nutzwertanalyse der 2. Generation	179

Verzeichnis der Abbildungen und Tabellen

Seite

Abb. 18: Gruppenbildung und schrittweise Aggregation am Beispiel des Umweltbereiches Boden 181

Abb. 19: Ablaufschema für die Prüfung eines Eingriffvorhabens 185

Abb. 20: Ablaufschema Bebauungsplanung mit integrierter Umweltverträglichkeitsprüfung 197

Abb. 21: Organisationsschemata der Umweltverträglichkeitsprüfung (UVP) in der Kommunalverwaltung 205

Abb. 22: UVP und Bewußtsein 218

Umweltverträglichkeitsprüfung in der Bauleitplanung

0. Einleitung

0.1 Aufgabenstellung und Zielsetzung

Zur Verhinderung nicht wieder gutzumachender Schäden unserer Umwelt, hervorgerufen insbesondere durch den fortschreitenden Flächenverbrauch bei beschränkter Verfügbarkeit, Veränderbarkeit und Erneuerbarkeit natürlicher Strukturen im städtischen und stadtnahen Bereich, ergibt sich die Notwendigkeit einer stärker ökologisch ausgerichteten Stadtplanung. Deutete man früher die ökologischen Eingriffe bei der Planung im Gemeindebereich als letztlich hinzunehmende, planungsimmanente Tatsachen, so hat man heute vielfach erkannt, daß sie sich in ihrer Gesamtheit zu einem ernsthaften Problem summieren können. Querschnittsorientiertes Instrumentarium der kommunalen Planung ist die Bauleitplanung. Sie gilt es deshalb in erster Linie, im Hinblick auf eine stärkere Berücksichtigung ökologischer Belange, verfahrensmäßig weiterzuentwickeln. Hierzu bietet sich instrumentell die Integration einer Umweltverträglichkeitsprüfung (UVP) von Planungsvorhaben in die Bauleitplanung besonders an.

Aufgabe soll also sein, aufzuzeigen, wie über das Instrument einer integrierten UVP in durchschaubarer Weise begründete physisch-ökologische Umweltbelange stärker als bisher Berücksichtigung in der kommunalen Bauleitplanung finden können. Dazu soll ein Ansatz für ein Prüfungs- und Entscheidungsinstrumentarium vorgestellt werden, wie es unter Verwendung fachgebundener Interessensvertretung durchzuführen ist.

Der Planungsraum wird dazu als ökologisches System verstanden, was ein erweitertes Verständnis des Ökosystem-Begriffs notwendig macht. Neben diesem naturwissenschaftlichen Rahmen wird das zu erarbeitende Verfahren eingebettet in das derzeit bestehende Planungs- und Rechtsin-

Einleitung

strumentarium, ohne dessen Berücksichtigung eine Umsetzung landschafts- und stadtökologischer Erkenntnisse in Planung nicht stattfinden kann.

Das zu erarbeitende Verfahren soll ein Bindeglied zwischen ökologischer Grundlagenforschung und der Planungspraxis darstellen, das heißt, es soll einen Weg aufzeigen, wie fundiere landschaftsökologische, insbesondere auch relativ junge, vielfach erst in Ansätzen vorhandene stadtökologische Erkenntnisse in einen transparenten Planungsprozeß umgesetzt werden können. Die Ausarbeitung soll somit einen Weg weisen, wie innerhalb eines kommunalen Planungsraumes das Ziel eines auch in ökologischer Hinsicht optimalen Flächennutzungsverbandes zu erreichen ist.

0.2 Problematisierung

Der Naturhaushalt befindet sich in den westlichen Industrieländern in einem bedenklichen Zustand[1]. Zahllose Eingriffe haben das stofflich und energetisch vielfach vernetzte natürliche System an verschiedenen Stellen fühlbar ins Wanken gebracht. Dabei treten die negativen Folgen menschlichen Handelns nicht immer unmittelbar zutage, sondern vielfach wirken die Eingriffe langsam und werden erst durch ihre Summierung zu einer ernsten Gefahr.

Die Räume, in denen der Mensch am nachhaltigsten seine existentiellen Lebensgrundlagen Luft, Boden, Wasser sowie die Pflanzen- und Tierwelt verändert hat, sind die Städte. Mit der menschlichen Siedlungstätigkeit in Großstädten entstand als neuer Landschaftstyp die Stadtlandschaft. In

---

[1] Das hier dargelegte Problem hat zweifellos eine weltweite Dimension mit noch wesentlich größerer Brisanz in den Ländern der Dritten Welt. Dort scheint es aber entweder als solches noch nicht erkannt und bewußt zu sein oder hinter anderen zu lösenden Aufgaben zurückzustehen, so daß dementsprechend Problemlösungsansätze der hier vorgestellten Art (noch) nicht nachgefragt werden.

diesem System ist die Natur mit den menschlichen Aktivitäten so eng durchdrungen, wie nirgends sonst auf der Erdoberfläche. Die Städte sind somit nicht nur "Brutstätten" wirtschaftlicher und sozialer Probleme, sondern auch ökologischer.

Denn in der Stadt und ihrem Umland treffen die verschiedenen Ansprüche an den Raum wie Wohnen, sich Versorgen, Arbeiten, Freizeit und Verkehr mit Vehemenz aufeinander und stehen nur zu oft gerade den Umweltschutzbelangen, wie Naturschutz und Landschaftspflege, Wasserreinhaltung, Immissions- und Bodenschutz usw. entgegen. Mißstände und Probleme, im wesentlichen aus dieser Flächennutzungskonkurrenz herrührend, fordern die Gemeinde auf zu einer Problemlösung durch Planung, das heißt, zum durchdachten Handeln im Hinblick auf einen gewünschten besseren Zustand. Hierbei werden allerdings die Umweltschutzbelange vielfach noch zu wenig beachtet. Gerade im städtischen Bereich wird bei konfliktträchtigen Situationen aus kurz- bis mittelfristig gesehenen ökonomischen Gründen, vielfach auch ohne das Wissen um die Umweltfolgen, gegen ökologische Belange entschieden.

FINKE u. a. (1981a) zeigen anhand einer empirischen Untersuchung auf, was in der Planungspraxis an Umweltschutzvorstellungen vorliegt. Wenn danach das Umweltschutzproblem auch grundsätzlich erkannt zu sein scheint, so stehen offensichtlich Lösungen noch weitgehend aus, so daß sich Bemühungen im ökologischen Bereich als besonders dringlich erweisen. Daß langfristig betrachtet Ökonomie und Ökologie nicht unbedingt ein Gegensatzpaar sind[2], sollten jüngste

---

[2] WICKE (1986), Ökonom beim Umweltbundesamt, hat den Versuch unternommen, den jährlichen volkswirtschaftlichen "ökologischen Schaden" soweit möglich rechnerisch monetär abzuschätzen. Er beziffert ihn für die Bundesrepublik Deutschland auf mindestens 103,5 Mrd. DM, aufgeteilt auf die Umweltbereiche Luftverschmutzung (48,0 Mrd.), Gewässerverschmutzung (über 17,6 Mrd.), Bodenzerstörung (über 5,2 Mrd.) und Lärm (über 32,7 Mrd.).

Einleitung

Problemaufrisse, von denen das Waldsterben und die Altlastenfrage nur die eklatantesten Beispiele darstellen, jedermann verdeutlicht haben. Offenbar fällt es dem Menschen schwer, entsprechend zu seinen wachsenden Fähigkeiten, insbesondere auf technischem Sektor, auch das dazugehörige Verantwortungsgefühl und das Denken in der erforderlichen Zeitdimension mitzuentwickeln.

Sicherlich ist gerade der städtische Raum in erster Linie ein Wirtschaftsraum, gleichzeitig ist er aber damit auch ein Lebensraum (Biotop) für den wirtschaftenden Menschen, in der Bundesrepublik Deutschland schon heute für mehr als die Hälfte der Gesamtbevölkerung. Hier liegt die eigentliche Verantwortung des Stadtplaners, nämlich in der dauerhaften Erhaltung, Gestaltung und Weiterentwicklung eines Lebensraumes, der nicht nur bei uns, sondern weltweit für immer mehr Menschen zur nächsten Umwelt wird.

Im Jahre 2000 schon 430 Millionenstädte

GENF (afp)

Im Jahre 2000 wird es in der Welt 430 Städte mit mehr als einer Million Einwohner geben. Dies geht aus einem in Genf veröffentlichten Bericht des Exekutivdirektors der Vereinten Nationen für Siedlungswesen, Arcot Ramachandran, hervor. Im Jahre 2000 werde ferner die Stadtbevölkerung erstmals die Landbevölkerung überrunden. Von geschätzten 6,2 Milliarden Erdbewohnern würden 3,2 Milliarden (52 vH) in Städten wohnen. Ein unkontrolliertes Wachstum der Städte kann dem Bericht zufolge nur durch ein weltweites Nullwachstum sowie eine gerechtere Verteilung der Wirtschaftsgüter verhindert werden. Derzeit gibt es weltweit etwa 230 Millionenstädte.

Aus: Westdeutsche Allgemeine Zeitung vom 16.11.1984

Wenn auch offenbar gerade der Mensch eines der anpassungsfähigsten Lebewesen ist (euryök), so sind dennoch auch seiner physischen und psychischen Belastungsfähigkeit Grenzen gesetzt. Die Orientierung von Stadtplanung am eigentlich letzten Bewertungsmaßstab, nämlich der mensch-

Problematisierung

lichen Gesundheit, erweist sich allerdings als äußerst problematisch. Auf dem Gebiet des technischen Umweltschutzes mag zumindestens noch ein Anhaltspunkt in Form der festgelegten Schadstoffgrenzwerte gegeben sein. Freilich ist auch hier die Wirkung von Stoffen auf den Menschen noch vielfach umstritten bis ungeklärt, ganz zu schweigen vom Problem der Synergismen[3]. Dagegen muß sich ein Planer erst recht überfordert fühlen, wenn er für sein Planungsgebiet entscheiden soll, wieviel und welche natürlichen Strukturen bei deren beschränkter Verfügbarkeit, Veränderbarkeit und Erneuerbarkeit er hergeben kann, bzw. unbedingt vorsorglich erhalten muß, um nicht die physische Gesundheit der Stadtbewohner zu gefährden oder deren psychisches Wohlergehen einzuschränken. Letzteres ist dabei, trotz aller bisherigen - zugestandenermaßen wertvollen - Aufschlüsse aus der Humanökologie[4], zweifellos noch ungleich schwieriger abzuschätzen.

Der Planer eines urban-industriellen Raumes kann in seiner Arbeit verschiedene Schwerpunkte setzen und so z.B. die innerstädtischen Freiflächen sowie den unbebauten Außenbereich in erster Linie als seine Vorhaltefläche betrachten, das heißt, den Planungsraum vordergründig unter wirtschaftlichen Vorzeichen anzugehen. Das ist für einige Jahre eine möglicherweise ausreichend ruhmsichere Perspektive. Sieht er allerdings die Stadt als ein - wegen ihrer hohen Künstlichkeit - empfindliches und störanfälliges ökologisches System, daß es **langfristig** zu sichern gilt, auch im Sinne der Erhaltung eines Wirtschaftsraumes mit Bewirtschaftern, so muß er die Gewichte innerhalb der Multifunktionalität von Freiräumen verschieben. In diesem

---

[3] Gleichzeitig wirkende Belastungsfaktoren können in ihrer Wirkung auf Organismen stärker sein als die Summe der getrennt wirkenden Faktoren (wie z.B. die Wirkung von ionisierten Strahlen und Zigarettenrauch).

[4] Die Humanökologie konzentriert sich auf die Beziehungen zwischen menschlicher Population und dem Ökosystem, von dem sie ein Teil ist (vgl. z.B. EHRLICH/EHRLICH/HOLDREN 1975).

Einleitung

ingesamt belasteten System fällt den Freiräumen die unverzichtbare Stützfunktion zu. Mit jedem Flächenverbrauch nimmt sie ab, mit jeder Freiflächenschaffung zu. Je nach der Enge der raumfunktionalen Zuordnung graduell unterschiedlich. Mit wachsenden oder schrumpfenden Anteilen natürlicher Elemente, die als autarke Organismen noch weitgehend die Fähigkeit zur Selbstregulation besitzen, gewinnt bzw. verliert das Gesamtsystem Stadt an Stabilität. Diese Denkstruktur für einen anthropogen durchdrungenen bzw. bestimmten Raum läßt sich prinzipiell auf alle Raumdimensionen anwenden (vom Baugrundstück über den Baublock, den Stadtstrukturtyp, das kommunale Planungsgebiet, das regionale, das überregionale). Überall gilt es zunächst, eine innere ökologische Stabilität anzustreben und sich nicht auf systemexterne Ausgleichsleistungen zu verlassen.

Das Problem ist also, die durch die Freiräume vorhandene Stützfunktion soweit wie möglich zu erhalten oder sogar noch auszubauen. Für den ökologisch denkenden Stadtplaner ergibt sich die Aufgabe, einen auf Flächennutzung angewiesenen Wirtschaftsraum auf Dauer zu erhalten und zu entwickeln, ohne ständig auf die noch vorhandenen, mit ihrer Dezimierung zunehmend wertvoller werdenden natürlichen und halbnatürlichen Ökosysteme zurückzugreifen. Die Remobilisierung von Altflächen, ein flächensparendes Bauen, eine ideenreiche Mehrfachnutzung von Flächen, das heißt schließlich die Abkehr vom bislang häufig zu starr eingehaltenen Prinzip der Entflechtung erweisen sich dabei u.a. als unausweichliche Planungsstrategien. Schließlich heißt ökologische Stadtplanung aber auch gelegentlich ganz Verzichten-Können. Verzichten-Können auf weiteren Flächenverbrauch aus kurz- bis mitelfristigem Gewinnstreben, Verzichten-Können auf einen Teil der 160 ha, die statistisch jeden Tag in der Bundesrepublik Deutschland verbraucht, versiegelt, kanalisiert werden (vgl. de la CHEVALLERIE 1984, S. 521).

Problematisierung

Aber selbst bei einem zunehmend geäußerten Verständnis für ökologische Belange läßt sich daraus in der kommunalen Planungspraxis noch nicht unbedingt die Tendenz zum ökologischen Planen ablesen. Notwendig erscheint es deshalb, Umweltgesichtspunkte bei der Belangabwägung in den Planungsverfahren überzeugender darzustellen und einzubringen. Dabei geht es wohl letztlich darum, dem einzelnen Entscheidungsträger die ökologischen Folgen seiner jeweiligen Entscheidung in aller Deutlichkeit vor Augen zu führen, damit er sich überhaupt im Sinne von Ökologie und Umweltschutz entscheiden kann bzw. sogar muß. Es darf ihm im Idealfall nur noch die Wahl bleiben, gegen harte Daten/Fakten zu verstoßen oder nicht. Jedenfalls hat er dann alle Konsequenzen voll zu tragen und fühlt sich gleichzeitig durch die Öffentlichkeit kontrolliert. Dazu muß aber auch für den Bürger als den eigentlich Planungsbetroffenen, für den geplant werden soll (und nicht an ihm vorbei) die Entscheidung durchschaubar und nachvollziehbar sein. Er muß verstehen können, wie und warum seine z.B. im Bauleitplanverfahren als Bürgerbeteiligung eingebrachten Anregungen und Bedenken berücksichtigt wurden bzw. auch nicht berücksichtigt wurden. Gleiches gilt für alle anderen Planungsbeteiligten, Betroffenen, Interessierten, seien es die Träger öffentlicher Belange, Verbände, Vereine, Parteien, Nachbargemeinden usw. Es scheint also, über die etablierten, querschnittsorientierten Planungsverfahren hinausgehend, ein Planungshilfsmittel erforderlich zu sein, das in klarer und transparenter Weise die Umweltgesichtspunkte für alle so aufbereitet, daß sie als möglichst harte Daten und Planungsfakten Gewicht erlangen. Aus dem bisher Aufgeführten ergibt sich ein ausgesprochen umfangreiches Anforderungsbild für ein solches Instrumentarium.

Es soll die verschiedensten, in sich schon komplexen Bereiche miteinander verknüpfen, nämlich Ökologie/Umwelt, Planung, Verwaltung/Politik und Öffentlichkeit. Es soll auch das Verzichten-Können (Null-Variante) mit ins Kalkül gezogen werden und nicht von vornherein nur die unter Umweltgesichtspunkten jeweils beste oder schlechteste Planungsvariante ermittelt werden. Geht man von der allgemein schweren Durchschaubarkeit bestehender Planungsverfahren aus, so soll durch ein Umweltplanungsinstrumentarium keine weitere Verkomplizierung stattfinden, sondern gerade das Gegenteil: ein Verfahren, in dem Umweltbelange in klarer und transparenter Weise Berücksichtigung finden.

Ein beachtenswerter Ansatz zur Erfüllung der genannten Anforderungen scheint die Umweltverträglichkeitsprüfung (UVP) zu sein. Bestehen auch weder über den Begriff noch über ihren Inhalt einheitliche Vorstellungen (s. Kap. 2.1), so ist doch untersuchenswert, wie und inwieweit mit Hilfe einer UVP eine bessere Durchsetzung von Umweltbelangen in der querschnittsorientierten kommunalen Planung erreicht werden könnte.

Zweifellos muß ein solches Prüfungs- und Entscheidungsinstrumentarium, um auf kommunaler Ebene eine Wirksamkeit zu entfalten, in das bestehende vorgeschriebene und in vieler Hinsicht auch bewährte Planungsinstrumentarium der Bauleitplanung eingebunden sein. Die Bauleitplanung ist Dreh- und Angelpunkt der kommunalen Planung, das heißt, sie ist nicht nur die Konkretisierungsstufe der übergeordneten raumwirksamen Planung, sondern sie ist in der Regel auch ihr Ausgangspunkt, was ihre elementare Bedeutung für die Gestaltung des menschlichen Lebensraumes unterstreicht. FINKE u.a. (1981a) zeigen anhand eines vereinfachten Ablaufschemas auf, wie man sich die Integration einer UVP in das Bauleitplanungsverfahren vorzustellen hätte. Dabei ist sicher richtig, daß die Bemühungen letztlich auf ein umfassendes Prüfungs- und Entscheidungsinstrumentarium gerichtet sein sollten, das heißt, **alle** Umweltbelange hätten im Sinne einer umfassenden Umweltgüteplanung Berücksichtigung zu finden, insbesondere auch, über den physisch-ökologischen Bereich hinausgehend, soziale Gesichtspunkte (s. SPINDLER 1983, S. 29).

Diesem fachübergreifenden Anspruch steht aber in der heutigen Planungspraxis das vielfach noch sehr starr gehandhabte Ressortprinzip entgegen. Deshalb muß es m.E. erst einmal darum gehen, einen möglichst praktikablen Einstieg in eine umfassende Umweltgüteplanung zu finden. Unterstellt man also, daß zwar ein gesamtökologisches interdisziplinäres Vorgehen wünschenswert wäre, dessen Einführung und Durchsetzung dem entwickelten Ressortprinzip aber zunächst noch lange entgegenstehen würde, so muß vorerst die beste Lösung ein gesamtökologisches Prüfungs- und Entscheidungsinstrumentarium sein, das unter Verwendung fachgebundener Interessensvertretungen durchzuführen ist. Die Frage ist also: Wie könnte für die unterschiedlichen Umweltbelange vertreten durch die entsprechenden Fachressorts, ein solches in die Bauleitplanung zu integrierendes Verfahren aussehen? Für die physisch-ökologischen Belange sei dies im folgenden dargestellt.

0.3 Der Beitrag der Angewandten Physischen Geographie zur ökologisch orientierten Stadtplanung

Wir wollen dazu zunächst begriffsdefinitorisch klären: Nach dem Wörterbuch der Allgemeinen Geographie (LESER u.a., Bd. 2, S. 197) ist die Geographie die "Wissenschaft, die sich mit der dreidimensionalen Struktur und Entwicklung der Erdoberfläche beschäftigt, deren Einzelerscheinungen im Wirkungsgefüge der Landschaft sich physiognomisch und funktional vereinigen". Forschungsgegenstand ist damit die Landschaft in ihrer Ausprägung als Natur- und Kulturlandschaft sowie in der Verknüpfung der beiden Betrachtungsweisen. Das heißt, die Geographie untersucht und klärt die Bedeutung der einzelnen landschaftlichen Bestandteile bzw. Strukturelemente für das Ganze und deren Wechselbeziehung, nämlich der Erdkruste (Lithosphäre), der Gewässer (Hydrosphäre), der Lufthülle (Atmosphäre), der Organismen (Phyto- und Zoosphäre) und der Menschheit (Anthroposphäre). Dabei ist das hervorstechende Merkmal der

Geographie die Betrachtung des Zusammenwirkens dieser Strukturelemente, wie sie im einzelnen, in der Regel intensiver als von der Geographie, von den eigentlichen Trägern der Grundlagenforschung, wie der Geologie, der Hydrologie, der Klimatologie, der Biologie, der Soziologie usw. untersucht werden. Die Geographie ist demnach auf der Grundlage ihrer synthetischen Betrachtungen und Feststellungen in der Lage, über die untersuchte Landschaft eine Diagnose vorzunehmen, das heißt, eine Beurteilung des vorhandenen Landschaftszustandes vorzunehmen sowie in Form von Hinweisen auf mögliche zukünftige Veränderungen und Entwicklungen der Landschaft, eine Prognose zu geben.

Teilgebiet dieser wissenschaftlichen Geographie ist die Physische Geographie, die die materiellen Tatbestände an der Erdoberfläche in ihrem naturgesetzlichen Zusammenhang untersucht (vgl. z.B. NEEF 1976, S. 617). Untersuchungsgegenstand sind also die abiotischen und biotischen Naturfaktoren. Die Erforschung und Lehre der Anwendung wissenschaftlich-physischgeographischer Erkenntnisse in der Praxis ist Aufgabe der Angewandten Physischen Geographie (vgl. z.B. MARKS 1979, S. 1).

Nur schwerlich läßt sich bei der Suche nach einer Definition des Begriffes Stadtplanung eine kurze und zugleich umfassende Formulierung finden. In der Regel werden in der Literatur additive Definitionen angeführt, die nebeneinander wichtige Aspekte der Stadtplanung aus Kategorien wie Wissenschaft, Kunst, politische Einflußnahme usw. nennen, sie miteinander verknüpfen und mit bestimmten Planungsphasen in Verbindung setzen. ALBERS (1983 a, S. 2) bringt den Begriff allerdings auf eine einfache Formel, wenn er Stadtplanung definiert als die "systematische Einflußnahme des Gemeinwesens auf die räumliche Verteilung menschlicher Tätigkeit" im engeren Sinne im Bereich einer Stadt, im umfassenderen Sinne auf Siedlungen allgemein bezogen. Hier soll Stadtplanung verstanden werden als das Bestreben, in dem beschränkten Gebiet einer Kommune die verschiedenen durch den Menschen an den Raum gestellten Nutzungsansprüche so zweckmäßig zu gestalten und aufeinander abzustimmen, daß eine gesunde und dem Gemeinwesen dienende Kulturlandschaftsentwicklung gewährleistet ist.

Es geht damit sowohl in der Geographie als auch in der Stadtplanung um Landschaften, wobei die landschaftlichen Strukturelemente und deren Zusammenwirken sowie die Landschaftsveränderungen unter dem Einfluß der Natur insbesondere aber auch unter dem Einfluß des Menschen interessieren. Zu letzterem gehören eine ganze Reihe von beeinflussenden Faktoren wie die wachsenden technischen Möglichkeiten, die Entwicklung von Wirtschaft, Verkehr, Gesellschaft und v.a.m. Gemeinsam ist beiden Disziplinen der Raumbezug. Sowohl in der Geographie als auch in der Stadtplanung geht es nämlich um die Erfassung raumwirksamer Prozesse und deren immanenter Eigendynamik. Sie gilt es zu begreifen, bevor man sie im Hinblick auf eine angestrebte positive Entwicklung steuern kann. Unterschiedlich bei Stadtplanung und Geographie sind allein die Interessensschwerpunkte. Konzentriert sich die forschende Wissenschaft der Geographie auf die Gewinnung von Erkenntnissen, so ist dagegen die Stadtplanung in erster Linie auf das Handeln abgestellt. Sie muß mit viel oder wenig Erkenntnissen handeln, das heißt, etwas mit Entschlossenheit tun. Sie kann nicht immer warten, bis ein endgültiges, durch und durch schlüssiges Konzept vorliegt. Dabei neigt sie unter ihrem Handlungsdruck zur Vereinfachung und ungleichen Gewichtsverteilung.

Die Geographie dagegen kann warten, ja, sie muß in der Regel sogar warten mit der Abgabe von Analysen und Prognosen, um ihren wissenschaftlichen Ruf und Anspruch nicht auf's Spiel zu setzen. Dabei können selbstverständlich beide Disziplinen voneinander profitieren: die Geographie kann von der Stadtplanung und ihren Trägern vielerlei praktische Erfahrungen über manche in der Kulturlandschaft wirkende Faktoren kennenlernen, die Stadtplanung kann ihrerseits zu ihrem Vorteil Betrachtungsweisen und Forschungsergebnisse der Geographie übernehmen. Nur die gegenseitige Rückkopplung ermöglicht ein fruchtbares Zusammenwirken.

Nah sind sich beide Disziplinen in der Erkenntnisgewinnung durch das Bestreben (für die Stadtplanung durch das notwendige Bestreben) nach der Erfassung von Gesamtzusammenhängen und Verflechtungen. Dementsprechend arbeiten auch beide Disziplinen auf diesen Zweck hin ausgerichtet:

Da es nicht möglich ist, die Vielzahl der Wechselbeziehungen und Verknüpfungen der verschiedensten Art insgesamt zu ermitteln, befragt man zunächst einmal wissenschaftliche Einzeldisziplinen (Ökonomie, Soziologie, Ökologie usw.) bzw. geographische Teildisziplinen nach ihren Erkenntnissen (die geographischen Teildisziplinen stehen ihrerseits wieder mit der entsprechenden Einzeldisziplin in engem Kontakt, wie z.B. die Sozialgeographie mit der Soziologie, die Vegetationsgeographie mit der Botanik usw.). Man stellt fest, wie weit sie Ansatzpunkte für Verknüpfungen mit anderen Einzel- bzw. geographischen Teildisziplinen liefern. Diese Ergebnisse mit gemeinsamem Raumbezug lassen sich, drückt man es einmal bildhaft aus, "scheibchenweise" zu einem ganzen drei- (bzw. vier-)dimensionalen Gebilde zusammensetzen, das heißt, zum Gesamtbild der zu beplanenden Stadt.

Das heißt, auch Geographen sind vielfach Spezialisten, jedoch mit einem geschärften Blick für den Gesamtzusammenhang der Systemelemente, wie er gerade für die Stadtplanung unverzichtbar ist. ALBERS (1983 b, S. 138) könnte sich für die Gesamtbetrachtung eines städtischen Planungsraumes sogar einen speziellen Typus des "Stadtforschers" vorstellen, der "dem Stadtplaner zur Seite stünde, der, die verschiedenen Forschungsfelder in der Stadt mit vergleichbarer Kompetenz beherrschend, das gleiche Gesamtgefüge überblicke wie dieser (der Stadtplaner: Anmerkung vom Verfasser) - aber nicht unter dem Handlungsdruck des Planers, sondern mit dem kritischen Blick des Beobachters und Analytikers. Ein solcher Stadtforscher könnte - gestützt auf eine interdisziplinär besetzte Arbeitsgruppe - aus der Einsicht in die Zusammenhänge zu komplexen, mehrschichtigen Wirkungsprognosen gelangen, die für den Planer bei der Erarbeitung von Programmen und bei der Auswahl von Planungsalternativen von großem Wert sein können." In einer Welt mit zunehmendem Spezialistentum bei gleichzeitig wachsender Erkenntnis über die Notwendigkeit eines vernetzten Denkens scheint es demnach aber geradezu unverständlich, daß das große Arbeitsfeld kommunaler Planung immer noch fast ausschließlich von spezialisierten Fachwissenschaftlern wie Architekten, Bauingenieuren, Juristen usw. eingenommen wird. Die Geographie mit ihrem soliden wissenschaftlichen Fundament könnte hier aufgrund ihrer sowohl kultur- als auch naturlandschaftlichen Ausrichtung wesentlich größeren Anteil haben. Nicht verschwiegen werden soll hier, daß am Zustandekommen dieses Zustandes auch die Geographie selbst maßgeblich mitverantwortlich ist, die ihre Chancen bis heute nicht oder nur unzureichend genutzt hat (vgl. z.B. schon HARD 1973).

Auch diese Untersuchung geht zunächst von einem speziellen geographischen Arbeitsansatz aus: Stadtplanerisch relevante physisch-geographische Erkenntnisse sollen in das Schlüsselinstrumentarium der kommunalen Planung, eben in die alle Belange berücksichtigende Bauleitplanung einfließen. Die physisch-geographischen Erkenntnisse sollen ihren Beitrag zum Verstehen des Gesamtsystems Stadt leisten, um das planerische Tun im Sinne einer gesunden und dem Gemeinwesen dienenden Kulturlandschaftsentwicklung positiv zu beeinflussen. Die Physiogeographie wird demnach unter praxisorientierten Gesichtspunkten angegangen und in Anspruch genommen (Angewandte Physische Geographie). Ausgehend vom Naturhaushalt in seiner räumlichen Ausprägung werden Probleme aus dem Bereich der Nutzung und Beanspruchung einer Landschaft bearbeitet. Mit dem Begriff Natur-

Einleitung

haushalt (oder Landschaftshaushalt) als allgemeine Umschreibung des naturgesetzlichen Zusammenhangs zwischen verschiedenen Geo(öko)faktoren^5 im Geo(öko)system^6 wird deutlich, daß schon diese Arbeitsebene komplex angelegt ist. Betrachtet werden nämlich nicht nur isoliert einzelne Naturfaktoren, Betrachtungsgegenstand ist vielmehr das gesamte landschaftliche Ökosystem, wobei dessen Funktionalität im Vordergrund steht, unbeschadet der Tatsache, daß das zu behandelnde System anthropogen teilweise schon stark verändert und beeinträchtigt ist und somit kein natürliches bzw. naturnahes System mehr vorliegt. Ein erweitertes Verständnis des Begriffs "Ökosystem" wird dazu notwendig (s. Kap. 1.3). Räumlicher Repräsentant dieses landschaftlichen Ökosystems ist die Landschaft hier in ihrer Ausprägung als Kulturlandschaft Stadt. Es wird deshalb auch im folgenden von "Stadtökologie" die Rede sein.

Wenn hier der Begriff "Stadtökologie" eingeführt ist, so geschieht das nicht unter einem Begriffsverständnis, wonach sich die wissenschaftliche Betrachtung der Stadtökologie **allein** auf den bebauten Stadtbereich beschränkt. Es soll vielmehr auf eine bestimmte Blickrichtung in einem urban-industriellen Wirkungsgefüge (Städte und Verdichtungsräume) hinweisen, nämlich von der zentralen baulich-anthropogenen dominierten Ökosystemseite auf die natürlich/naturnahe (biotische und abiotische)

---

[5] Es umfaßt die Betrachtung der abiotischen wie auch der biotischen Ökofaktoren, deutet aber auf eine bestimmte, aus den Geowissenschaften kommende Blickrichtung an.

[6] Hier nicht im Sinne von LESER (1984) zu verstehen, insofern, daß die biotischen Faktoren weitgehend ausgeblendet sind. Eine derartige Trennung von Geoökosystem und Bioökosystem scheint dem Verfasser unangebracht und widerspricht jeglichem ökologischen Verständnis. Die Begriffe Geoökosystem und Geoökofaktoren werden hier nur gewählt, um die Blickrichtung und den Arbeitsschwerpunkt darzulegen, nicht jedoch um zu betonen, daß lediglich abiotische Faktoren herangezogen werden.

Ökosystemseite, letztere in ihrer Leistungsfunktion für erstere (zu Input-Output-Beziehungen im Ökosystem Stadt, s. Kap. 1.3).

Das planerische Umsetzungsinstrument der Stadtökologie ist die ökologisch orientierte Stadtplanung bzw. Stadtentwicklungsplanung. Den landschaftsplanerischen Fachbeitrag zur Stadtplanung liefert die Landschaftsplanung, die als Umsetzungsinstrument der Landespflege auf landschaftsökologischer Grundlage mit Blickrichtung von den natürlichen Strukturen als Oberziel deren optimale und nachhaltige Sicherung verfolgt. Stadt- und Landschaftsplanung sind somit untrennbar miteinander verbunden.

Die Querschnittsorientierung der Stadtplanung deutet an, daß folgerichtig Stadtökologie nicht nur naturwissenschaftliche Erscheinungen zu erfassen hat, sondern - mit dem Menschen im Mittelpunkt - auch sozioökonomische (womit sie die gesamte Palette geographischer Forschung widerspiegelt!). In der vorliegenden Arbeit steht jedoch auch (nur) der naturwissenschaftlich-planerische Aspekt im Vordergrund, allerdings in seiner Aufbereitung als gleichwertiger Abwägungsbestandteil (gegen andere öffentliche und private Belange) in der Bauleitplanung. Dabei wird über reine landschaftsplanerisch-natürschützerische Belange hinausgegangen.

Das Stadtökologie-Begriffsverständnis unterscheidet sich damit aber deutlich von einem, nach dem in den Betrachtungsmittelpunkt weniger der Mensch als vielmehr die sonstigen Stadtbiota, d.h. tier- und insbesondere planzenökologische Aspekte treten und zwar in ihren Abhängigkeiten von den abiotischen und nutzungsbezogenen Faktoren des städtischen Ökosystems (vgl. z.B. SUKOPP 1983, S. 76: 1. Prinzip, LESER u.a. 1984, Bd. 2: 1. Def., SCHULTE 1985).

Einleitung

Innerhalb dieser Ausarbeitung wird also ein Verfahrensvorschlag gemacht, wie ein mehr oder weniger stark durch den Menschen geprägtes landschaftliches Ökosystem aus ökologischer Sicht im Hinblick auf seinen aktuellen Zustand begriffen werden könnte und wie die erlangten Erkenntnisse schließlich in den Planungsprozeß einzubringen wären. Die Arbeit nimmt somit eine vermittelnde Position zwischen der physisch-geographischen Grundlagenforschung und der Planungspraxis ein.

Hauptblickrichtung ist dabei immer das Gesamtsystem Stadt. Das Verfahren ist deshalb so angelegt, daß darin im Sinne einer umfassenden Umweltgüteplanung[7] alle die Umweltgüte bedingenden Faktoren einfließen **können**. Der engere Betrachtungsgegenstand ist allerdings der Teilkomplex der physisch/materiellen Umwelt (s. Abb. 1).

Der Begriff "Umwelt" wird hier somit eingegrenzt auf die "physische Umwelt", gebildet durch die räumlich sowie stofflich-energetisch miteinander in Verbindung stehenden Geofaktoren Boden/Untergrund, Klima/Luft/Ruhe, Tier- und Pflanzenwelt, Wasser und Relief als Grundlage für die physische und psychische Gesundheit des Menschen, das heißt, als Grundlage für einen naturgutgebundenen Ertrag, die Erlebnisqualität sowie die Wohn- und Freizeitsituation. Das Zielfeld entspricht damit dem eines technisch-biologisch/ökologischen Umweltschutzes, der versucht,

a) den Verbrauch an natürlichen Ressourcen zu verringern bzw. an die Geschwindigkeit ihrer natürlichen Regeneration anzupassen,

---

[7] Umweltgüteplanung wird hier verstanden als eine Planung, in der sowohl Komponenten des technischen Umweltschutzes, der ökonomischen Möglichkeiten, der sozialen Bedürfnisse und der ökologischen Grundlagen zusammengeführt werden (vgl. KÜHLING/WEGENER 1983, S. 14).

Physische Geographie

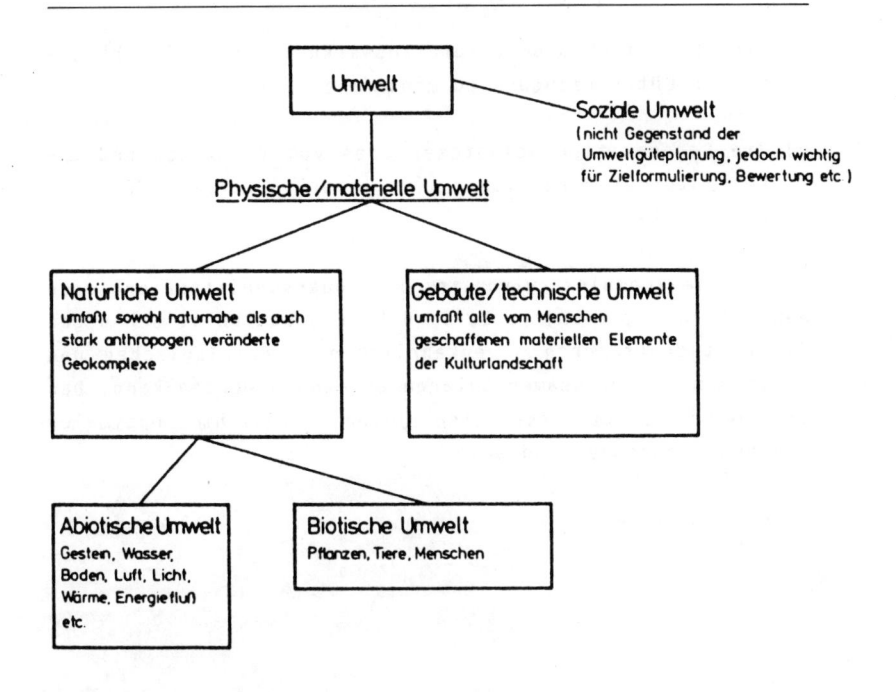

```
                    ┌──────────────┐
                    │   Umwelt     │─────── Soziale Umwelt
                    └──────────────┘        (nicht Gegenstand der
                           │                 Umweltgüteplanung, jedoch wichtig
              Physische/materielle Umwelt    für Zielformulierung, Bewertung etc.)
                           │
           ┌───────────────┴───────────────┐
```

Natürliche Umwelt	Gebaute/technische Umwelt
umfaßt sowohl naturnahe als auch stark anthropogen veränderte Geokomplexe	umfaßt alle vom Menschen geschaffenen materiellen Elemente der Kulturlandschaft

Abiotische Umwelt	Biotische Umwelt
Gesten, Wasser, Boden, Luft, Licht, Wärme, Energiefluß etc.	Pflanzen, Tiere, Menschen

Abb. 1: Gegenstandbereiche der Umweltgüteplanung
Nach FINKE 1977

b) die ökologischen Belastungsauswirkungen bei gleichbleibender Gütererzeugung zu minimieren und

c) die Regeneration belasteter oder vom Verbrauch bedrohter Naturgüter zu sichern (vgl. auch SCHEMEL 1976, KAULE u.a. 1979)

Dieser Teilkomplex wird in die querschnittsorientierte Bauleitplanung integriert, so daß er gesamtpolitisch gegen die wirtschaftlichen, verkehrlichen, soziologischen und sonstigen raumwirksamen Belange abgewogen werden kann. Das Ergebnis sollte ein in jeder Hinsicht optimaler Flächennutzungsverband sein.

1. Ökologie und Stadt

1.1 Ökologie, Ökosystem und ökologische Grundprinzipien

Die Ökologie[8], die Lehre vom Naturhaushalt, untersucht die Wechselbeziehungen zwischen den Organismen untereinander und zwischen ihnen und ihrer anorganischen Umwelt (vgl. ODUM 1971, TISCHLER 1975, S. 77, HABER 1979a, S. 128, KLINK 1980, S. 4 u.a.). Mit fortschreitenden Erkenntnissen werden auch zunehmend die Wechselbeziehungen des Menschen in seiner künstlich geschaffenen Umwelt mit dem Naturhaushalt erforscht. Die Einbeziehung technischer und humanökologischer Aspekte deutet auf ein erweitertes Ökologieverständnis hin. Alle Wechselwirkungen zusammen betrachtet ergeben ein umfassendes, durch den Makrokosmos energieversorgtes und gesteuertes System, innerhalb dessen sich mehr oder weniger eigenständige Teilsysteme unterschiedlichster Größenordnung abgrenzen lassen, die "Ökosysteme" genannt werden. Natürliche Ökosysteme bestehen aus den biotischen Komponenten des Biosystems und den abiotischen des Physiosystems und sind in der Regel gekennzeichnet durch eine auf die Situation spezialisierte selbstregulierende Lebensgemeinschaft (Biozönose) mit einem weitgehend eigenständigen und stabilen Stoffkreislauf (s. Abb. 2). Die verschiedenen Biozönosen, das heißt, die organischen Kompartimente des Ökosystems sind organisiert in Nahrungsketten, die von den Produzenten (Pflanzen, die durch Photo- bzw. Chemosynthese aus anorganischer Materie energiereiche organische Substanzen aufbauen), über die Konsumenten verschiedener Ordnung (Pflanzenfresser, Fleischfresser 1., 2., 3. ... Ordnung) bis zu den Reduzenten (Bakterien und Pilze, die die organische Substanz abbauen und zu anorganischem Material reduzieren) reichen. Dabei sind die Glieder dieser Kreisläufe komplex untereinander verknüpft

---

[8] Der Begriff selbst geht zurück auf HAECKEL, E. (1866): Allgemeine Entwicklungsgeschichte der Organismen, Berlin, S. 286

Ökologie und Stadt

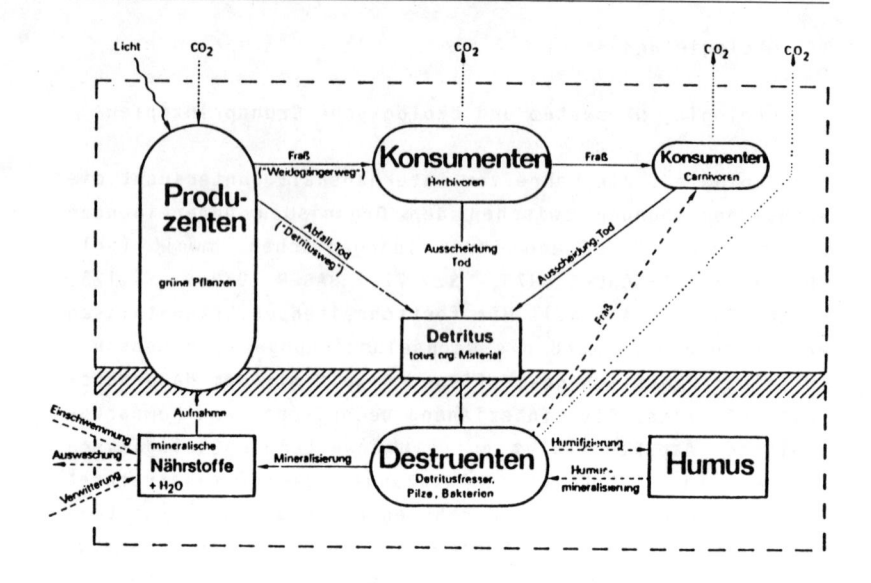

Abb. 2: Einfaches Modell eines natürlichen Ökosystems

In Anlehnung an GIGON 1974 aus
ZACHARIAS/KÄTTMANN 1981

(Herbivoren: Pflanzenfresser
Carnivoren: Fleischfresser
Destruenten/Reduzenten: mineralische Organismen
abgerundete Rahmen: lebende Systemteile
rechteckige Rahmen: nicht lebende Systemteile)

(Nahrungsnetze). Das Bild eines zweidimensionalen Netzes reicht m.E. für ein reifes Ökosystem noch nicht unbedingt aus, um den Verknüpfungsgrad annähernd genau zu verdeutlichen. Besser erscheint mir das Bild eines in allmählicher Aufschüttung und Abbau befindlichen Sandhaufens zu sein (vierdimensional), bei dem die Berührungspunkte der Sandkörner die Verknüpfungen repräsentieren.

Die anorganischen Kompartimente des Ökosystems lassen sich grob unterteilen in die Strahlungsenergie (Wärme, Licht), die anorganischen Stoffe (z.B. Wasser, Sauerstoff, Nährelemente) und die Raumstruktur (manifestiert z.B. durch Flächengröße und -ausdehnung, Raumhöhe, Medium, Substrat u.v.a.). Alle organischen und anorganischen Ökosystemkompartimente stehen in gegenseitigen dynamischen Wechselbeziehungen, das heißt, sie tauschen in Kreisläufen ständig Stoffe und Energie (zur Verrichtung der Transportarbeit) aus.

Dabei passen sich nicht nur die Einzelorganismen an ihre physikalische Umwelt an, sondern sie passen auch ihre geochemische Umwelt an ihre biologischen Bedürfnisse an. Ihre Existenz hängt somit von einem Komplex von Bedingungen ab. Solche Bedingungen, die die Toleranzgrenze der Organismen erreichen bzw. überschreiten, werden zu limitierenden Faktoren.

In seinen Wechselwirkungen schwankt das biosphärische Gesamtsystem sowie dessen Subsysteme (z.B. Wald, Moor, See, Boden) um einen Gleichgewichtszustand (dynamisches Gleichgewicht) und strebt gegen ein hypothetisches, verhältnismäßig stabiles Endstadium (optimierter Gleichgewichtszustand, Klimaxstadium). Ein solches ökologisches Gleichgewicht ist zwar auch von bestimmten menschlichen Wirtschaftsformen erreichbar (z.B. im ökologischen Landbau), jedoch lassen sich die meisten der heutigen anthropogenen Wirtschaftsformen nur durch eine große zusätzliche Zufuhr von Fremdenergie einigermaßen stabil erhalten. Dazu werden in der Regel nichtregenerierbare Energieträger aus ehemals mit Leben erfüllten Ökosystemen eingesetzt, häufig bei niedrigem Wirkungsgrad.

Von Beginn der Belebung eines Ökotops (die räumliche Repräsentation eines Ökosystems, aus stärker bioökologischer Sicht in der Regel "Biotop" genannt) bis zum Klimaxstadium durchläuft das natürliche Ökosystem eine ganze Reihe von Entwicklungsschritten. Die Aufeinanderfolge von Stadien (Sukzession) läuft in der Regel langfristig und unabhängig von zeitrhythmischen immer wiederkehrenden Veränderungen ab und stellt keinen kontinuierlichen Prozeß dar. Sie ist eher eine Abfolge von abgeschlossenen Einzelschritten, zwar mit fließenden Übergängen, jedoch mit jeweils **neuen** Biozönosen[9], welche die vorhergehenden ersetzen, das heißt, ablösen und sich weniger aus ihnen heraus entwickeln (Sukzessionsreihe z.B.: Teich-Grasflur-Wald). Der Sukzessionsablauf kann in mannigfacher Weise erfolgen, allerdings lassen sich im Hinblick auf das Leben im Ökosystem vereinfacht einige allgemeine Grundsätze formulieren (vgl. ODUM 1967, ELLENBERG 1973, TISCHLER 1975, KREEB 1979, BICK 1984 u.a.):

- Im Sukzessionsverlauf tendiert das Ökosystem zu einer Steigerung der Vielfalt.
- Je vielfältiger die abiotische und biotische Ökotop-/Biotopstruktur ist, desto größer kann die Zahl an verschiedenen Organismen sein (z.B. sind Waldränder artenreicher als das Waldinnere).

---
[9] In der Geoökologie wurde der bioökologische Sukzessionsbegriff ausgeweitet, als TROLL (1963) von "Landschafts-Sukzession" sprach.

Systeme und Grundprinzipien

- Im Laufe der Sukzession nimmt die Zahl der Nahrungsstufen sowie die der Verknüpfungen zwischen den Arten verschiedener Nahrungsstufen zu.
- Gleichfalls steigt bei minimalem Energieverbrauch die Biomassenproduktion ins Maximum (hohe Effizienz ohne Gefährdung des Systems).
- Die Zahl der Artenmannigfaltigkeit (Diversität) führt zu einer Hebung der Stabilität.

Allerdings kommt es beim Verhältnis von Vielfalt und Stabilität[10] entscheidend darauf an, welcher der das momentane Leben bestimmenden Faktoren sich im Ökosystem ändert. Z.B. kann eine Steppe einem Flächenbrand mit hoher Elastizität begegnen, eventuell sogar noch zur Verjüngung gelangen, der vielfältige tropische Regenwald dagegen erleidet langfristige Vernichtung. Der artenreiche See eutrophiert bei zunehmendem künstlichen Düngemitteleintrag, der artenarme Gülleteich dagegen bleibt stabil.

Die Beispiele weisen darauf hin, daß die "Diversitäts-Stabilitäts-Hypothese" (ELTON 1958) offenbar nicht durch eine einfache positive Korrelation gekennzeichnet ist und sie lediglich eine vereinfachte Darstellung eines komplizierteren Zusammenhangs sein kann. So führen z.B. auch HOLLING (1972) und ORIANS (1975) an, daß unter dem Stabilitätsbegriff unzulässigerweise zum Teil ganz verschiedene Phänomene zusammengefaßt werden (s.o.), von denen insbesondere zwei Erscheinungsgrundformen zu unterscheiden sind (vgl. auch TREPL 1981): Danach ist

---

[10] Der Begriff Vielfalt wird hier gleichbedeutend benutzt mit dem Begriff der Diversität. Eine unterschiedliche Gesichtsweise findet sich z.B. bei HAEUPLER (1976). Unter dem Begriff der Stabilität sind verschiedene Erscheinungsformen zu verstehen, wie die Konstanz eines Systems, die Inertie (Widerstand gegen Störungen), die Zyklusstabilität (Amplitude der Veränderungen bei Störungen), die Stabilität der gerichteten Entwicklung sowie die Elastizität (vgl. ORIANS 1974).

- die "Resistenz", das heißt, die unelastische Widerstandsfähigkeit, die eine innere Widerstandsfähigkeit beinhaltet, zu trennen von
- der "Resilienz", das heißt, der elastischen Widerstandsfähigkeit gegen äußere Belastungen.

Dabei scheint die Resistenz eine Eigenschaft von Ökosystemen zu sein, die eine hohe Diversität aufweisen (wie z.B. der tropische Regenwald), wohingegen einfachere artenarme Ökosysteme über eine resiliente Stabilität verfügen. Das Bild der Glaskörper und der Gummimasse (vgl. HAMPICKE 1979) beschreibt m.E. den Unterschied sehr anschaulich, so daß es hier aufgegriffen und vertieft werden soll: der resistente Glaskörper behält seine Gestalt gegenüber äußerem Druck bis zu gewissem Grade vollständig. Er besitzt eine wünschenswerte konstante Stabilität. Allerdings zerbricht er vollständig bei Überschreiten einer bestimmten Belastungsschwelle. Der resiliente, das heißt, elastische Gummikörper hält sich schon bei leichterem Druck nicht mehr in seiner Form. Er macht daher ständig große, auf Dauer auch zermürbende Schwankungen mit, bleibt allerdings auch bei kurzfristigen starken Belastungen noch insgesamt erhalten.

Es weist Verschiedenes darauf hin, daß auch ausgesprochen artenarme (zumindestens in bezug auf höhere Pflanzen) Ökosysteme, z.B. die Hainsimsen-Buchenwälder, als Klimaxwälder anzusehen sind und damit eine konstante Stabilität aufweisen (vgl. ELLENBERG 1973). Ebenso scheint belegt, daß gerade die konstanten Bedingungen eines resistenten Systems zur Förderung einer Artendominanz und damit zur Artenarmut führen können sowie die Zunahme der Umweltdynamik (Störungen) die Diversität zu steigern vermag, da die Konkurrenzkraft der dominierenden Arten gebrochen wird (GRIME 1979, GIGON 1980, TREPL 1980). So kann man wohl nur schwerlich alle das Diversitäts-Stabilitäts-Verhältnis betreffenden Beziehungen durch eine allgemeine Betrachtungsweise erklären.

Systeme und Grundprinzipien

Indessen kann man allerdings von folgender Tatsache ausgehen: "Je höher entwickelt ein Ökosystem ist, desto größer ist auch die Vielfalt der Lebewesen und damit die Fähigkeit zur Regelung bei nutzenden Eingriffen" (BARTH 1984, S. 12). "Mit dieser Vielfalt treten Regelungs- und Puffervorgänge in Aktion und sie sind es, die das primitive, störungsanfällige Ökosystem immer stabiler werden lassen" (HABER 1972, S. 295).

Lassen sich offensichtlich auch nicht alle das Diversitäts-Stabilitätsverhältnis betreffenden Beziehungen durch eine resistente/resiliente Ökosystembetrachtungsweise erklären, so kann sie aber den Grundstock bilden für eine Bewertung von Ökosystemen aus der Sicht des Menschen[11]. Somit soll als allgemeine ökologische Erkenntnis zunächst festgehalten werden: Bei Erreichen des Klimaxstadiums hat ein Ökosystem einen Zustand erreicht, in dem es in weitgehend geschlossenen, sich selbstregulierenden Kreisläufen stabil funktioniert. Das Wirkungsgefüge erweist sich äußeren Einflüssen gegenüber als relativ unempfindlich. Noch nicht bis zum Klimaxstadium entwickelte Subsysteme (nicht alle Kompartimente erreichen das Klimaxstadium gleichzeitig) profitieren von dem insgesamt schon hohen Stabilitätsgrad. Wurden auch die ökologischen Prinzipien, insbesondere der Zusammenhang zwischen Diversität und Vielfalt mehr anhand der Vegetation in Ökosystemen überprüft, so haben verschiedene Untersuchungen allerdings gezeigt (HABER 1979b, KAULE u.a. 1980 u.a.), daß sie auch auf die übergeordnete Ebene komplexer Landschaften übertragbar sind. Das gilt insbesondere auch für den Zusammenhang zwischen landschaftlicher Vielfalt und Stabilität.

---

[11] Ein eutrophiertes Seengebiet aus der Sicht einer Alge betrachtet stellt weit weniger einen katastrophalen Zustand dar als aus der Sicht des Menschen.

Interessant scheint nun, inwieweit diese ökologischen, hier nur kurz angerissenen Grundprinzipien auch auf den menschlichen Lebensraum Stadt (gewinnbringend für den Menschen) anwendbar sind.

1.2 Die Ökologisierung der städtischen Umwelt

Fühlte sich der abendländische Mensch lange Zeit der Natur unterlegen und ausgeliefert, so wandelte sich dieses Verständnis etwa mit Beginn des 17. Jahrhundertts mit wachsenden technischen Fähigkeiten und wissenschaftlichen Erkenntnissen. Er verstand die Natur nicht mehr länger als hinzunehmende Lebensbedingung, auf die er sein Tun einzustellen hatte, sondern er bemächtigte sich ihrer und bediente sich ihrer Ressourcen, die nachteiligen Aspekte seines Handelns in den Hintergrund rückend. Nun scheint eine dritte Epoche menschlichen Selbstverständnisses angebrochen zu sein, in der sich der Mensch als Gattung nur dann Überlebenschancen einräumt, wenn er sich weder als Naturbeherrscher noch als ihr Herrscher ansieht, sondern sich, sein eigentliches Wesen wiedererkennend, als partnerschaftlicher Teil eines Ganzen begreift. Dieses Selbstverständnis (wegen seines raschen Umsichgreifens auch gelegentlich als "ökologische Bewußtseinsexplosion" bezeichnet) ist eine grundlegend andere Betrachtungsweise der Mensch-Umwelt-Beziehung. Es erfordert die Loslösung von der linearen Ursachen-Wirkung-Theorie und deren Substitution durch eine biokybernetische Gesichtsweise. Dem muß die Hypothese zugrundeliegen, daß die Regeln und Mechanismen des Naturhaushaltes, wie sie in der Ökologie aufgezeigt werden, auch auf menschliche Lebenssysteme anzuwenden sind.

Der Mensch ist demnach, rein biologisch betrachtet, im natürlichen Regelkreis eine Art wie jede andere auch und unterliegt gleichen Verhaltensregeln. Er versucht, seine Population zu vergrößern, sich auszubreiten und andere zu verdrängen. Aufgrund seiner euryöken Anlagen gelingt ihm dies gut, was ökosystemar gesehen als eine potentiell gefährdende Fehlentwicklung gewertet werden kann. Von seiner Stellung in der Nahrungskette als Konsument 1. bis 4. Ordnung nimmt er im umfangreichsten und mannigfaltigsten Ökosystem, der Biosphäre[12], allerdings eine eher untergeordnete Rolle ein und ist z.B. für die Erhaltung von Leben auf der Erde unbedeutender als die grünen Pflanzen in ihrer Produzentenrolle oder die Bodenbakterien, die Destruenten im System.

Bei der "Ökologisierung" der menschlichen Aktivitäten ist allerdings folgendes zu bedenken: Die Ökologie kann nicht als **die** Heilslehre angesehen und angepriesen werden, die, verfährt man streng nach ihren Gesetzmäßigkeiten, alles Übel in der Welt beseitigt. DAHL (1982) weist mit Recht darauf hin, daß aus der Ökologie selbst nicht die Maßstäbe für ein Urteil zu gewinnen sind, ob etwas ökologisch gut oder schlecht, nützlich oder schon falsch oder richtig ist. Die Ökologie beschreibt lediglich das, was vor sich geht, aber nicht das, was sein soll. Das Urteil darüber ist vielmehr "von den Wünschen und Wertsetzungen dessen abhängig, der das Urteil abgibt". Im Ablauf ökologischer Systeme gibt es also keine Wertungen und Wertsysteme. DAHL (1982, S. 72) verdeutlicht: "Die Vielfalt, welche diese Erde derzeit noch zu bieten hat, wird von der Ökologie nur in ihren Zusammenhängen beschrieben; daß sie erhaltenswert ist, ist aus der Ökologie nicht herzuleiten."

FINKE (1984, S. 127) greift diesen Gedanken auf und führt ihn mit Sicht auf die ökologische Planung aus, wenn er feststellt, daß es nicht **die** ökologische Bewertung an sich gebe, also auch eine Raumbewertung als Ergebnis rein naturwissenschaftlich-ökologischer Analysen nicht zu er-

---

[12] Nach ELLENBERG (1973, S. 236) wird die Biosphäre definiert als "die gesamte von Lebewesen besiedelte oder doch zeitweilig durchsetzte Erdhülle, einschließlich der Ozeane bis zu deren maximaler Tiefe".

warten sei. Er wendet sich damit insbesondere an jene Verfechter einer ökologischen Planung (z.B. LESER 1978, MÜLLER 1978), die mit großem Optimismus gleichsam "automatisch" annähmen, durch mehr naturwissenschaftliche Ökologie auch insgesamt bessere planerische Lösungen zu erzielen. Schon das Fehlen eines in sich konsistenten ökologisch begründeten Raumordnungskonzeptes belege das Gegenteil. Fehlen werde ein solches Konzept wohl auch in Zukunft, denn die Ökologie stelle über ein beachtliches Grundlagenwissen (über ökosystemare Zusammenhänge) hinaus "kein Wertsystem oder gar einen anwendbaren Bezugrahmen" bereit, womit "ein Raumordnungskonzept oder eine Einzelmaßnahme ökologisch gemessen oder bewertet werden könnte" (FINKE 1984, S. 128).

So läßt sich m.E. aus der Ökologie wohl die Lehre ziehen, daß für den Fortbestand der menschlichen Population das Anstreben von Ökosystemen resistenter Stabilität vorteilhafter sein muß als die Schaffung von Systemen resilienter Stabilität (vgl. Kap. 1.1). Die Begründung dafür, daß nämlich ein System mit konstanten Lebensbedingungen für alle Individuen der Schlüsselart Mensch einem System von schwankender Stabilität vorzuziehen ist, nämlich einem System, das insgesamt zwar auch katastrophale Eingriffe zu überstehen vermag, allerdings auf Kosten einer weitgehenden Populationsvernichtung der Schlüsselart, liefert aber nicht die Ökologie, sondern allenfalls die menschliche Ethik.

Und selbst für den Weg dahin (durch ökologische Planung) liefert nicht die Ökologie den Bewertungsschlüssel. Da ist nämlich einerseits **die** Ökologie, verstanden als Naturschutz im engeren Sinne (vgl. FINKE 1981b). Der Mensch wird in dieser Sichtweise im wesentlichen als Störfaktor betrachtet, bewertet wird im Hinblick auf die Zielerfüllungsgrade Natur- und Landschaftsschutz (Artenschutz, Gebietsschutz u.ä.). Zum zweiten ist da die Ökologie als Teil eines auf den Menschen ausgerichteten Umweltschutzes, das heißt Ökologie im Dienst einer umfassenden Umweltgüteplanung, bewertet nach rein anthropozentrischen Gesichtspunkten, z.B. nach dem Leitbild des BUNDESRAUMORDNUNGSPROGRAMMS: Schaffung gleichwertiger Lebensbedindungen. Bei hundertprozentiger Zielerfüllung dieses Leitbildes würde dies ebenfalls eine gleichmäßige Naturbelastung/-zerstörung implizieren, also auch eine Bewahrung hochgradig natürlicher Biotope verhindern.

Die Bewertungsgewichte können somit unterschiedlich gelegt werden, sind aber nicht aus der Ökologie selbst zu erschließen, sondern den jeweiligen menschlichen Bedürfnissen angepaßt. Demnach führen auch jeweils unterschiedliche Wege zur Zielerfüllung. Sind z.B. nach dem BUNDESNATURSCHUTZGESETZ die Ziele von Naturschutz und Landschaftspflege im besiedelten und unbesiedelten Raum dieselben, so werden sie aber auf unterschiedliche Art und Weise angestrebt. Während nämlich im Freiland die Erhaltung natürlicher Strukturen im Vordergrund steht (einschließlich solcher, die unter extensiver Bewirtschaftung entstanden sind, wie z.B. Heideflächen), dominiert im urban-industriellen Bereich die Erhaltung und Pflege von natürlichen Elementen, die sich mit der Stadt entwickelt haben, im wesentlichen im Dienste des Menschen stehen, dadurch aber auch mehr oder weniger stark von ihm beeinflußt werden.

Naturschutz ist also in einem menschenbestimmten Ballungsraum eher in einem weitgefaßten Sinne zu verstehen, nämlich als das Bestreben, ökologische Prinzipien soweit wie mögliche in der Landnutzung (vgl. ERZ 1978), in den Bau- und Siedlungsformen, in den Wirtschaftsformen und in den sonstigen menschlichen Handlungsweisen durchzusetzen. Diese eher anthropozentrische Sichtweise bedeutet zum einen nicht gleichzeitig die Abkehr vom eng verstandenen Naturschutz, sie bedeutet zum anderen aber auch nicht, daß in der Stadt automatisch den ökonomischen Zielen Vorrang vor den ökologischen Zielen eingeräumt wird. Sie bedeutet allerdings, daß der Naturhaushalt in erster Linie in seiner

Dienstbarkeit für den Menschen betrachtet wird, das heißt, es interessieren zunächst die naturhaushaltlichen Leistungen und Funktionen. Dabei läßt sich der wirtschaftlich, wissenschaftlich und ästhetisch begründete Naturschutz leicht in dieses anthropozentrische Gedankenbild einpassen, unberücksichtigt bleibt allerdings der ethisch/moralisch begründete Naturschutz (Erhaltung von natürlichen/naturnahen Systemen schlechthin, aus sittlicher Verantwortung des Menschen gegenüber der Natur, speziell gegenüber allem Leben). Der Schutz der Natur um ihrer selbst willen ist allenfalls in einer im weiteren Sinne anthropozentrischen Sicht begründbar, indem die Rücksichtnahme gegenüber der Natur auf die "naturgeschichtliche Bestimmung des Menschen" zurückgeführt wird, der nur in Gemeinschaft mit den Komponenten der natürlichen Umwelt "wahrhaft Mensch" sein könne (vgl. MEYER-ABICH 1984).

1.3 Die Stadt als Ökosystem

Zunächst sei eine Begriffsklärung vorgenommen: Der Ökosystem-Begriff geht inhaltlich auf WOLTERECK (1928) zurück, der aufgrund von Untersuchungen an im freien Wasser lebenden Cladoceren (Zooplankton) als erster von "morphologischen und ökologischen Gestaltsystemen" sprach. Erst TANSLEY (1935) brachte den Begriff in seinem Aufsatz über den Gebrauch und Mißbrauch von Pflanzenkonzepten und -begriffen auf seine jetzige terminologische Form. Die heute in der Literatur am häufigsten angeführte Ökosystem-Definition ist die von ELLENBERG (1973, S. 1): "Ein Ökosystem ist ein Wirkungsgefüge von Lebewesen und deren anorganischer Umwelt, das zwar offen, aber bis zu einem gewissen Grade zur Selbstregulation befähigt ist." Von dieser auf biologischem Ökologieverständnis beruhenden Formulierung haben sich in der Folgezeit eine Reihe weitergefaßte und detailliertere abgeleitet (s. z.B. auch KLINK 1980).

Die Stadt als Ökosystem

In seiner "Hierarchie der Ökosysteme" teilt ELLENBERG bereits 1973 die Ökosysteme der Erde nach ihren Energiequellen in zwei große Gruppen ein: In die von der Sonnenenergie abhängigen natürlichen oder naturnahen und in die urban-industriellen Ökosysteme, deren Stabilität im wesentlichen von der Steuerung und Energiezufuhr durch den Menschen abhängig ist. Im Gegensatz zu den natürlichen und naturnahen Ökosystemen wurden die städtischen von den Ökologen erst in den letzen Jahren näher "entdeckt". So bekam auch der Ökosystembegriff erst spät einen Zuschnitt, der auch auf die Bedingungen einer Kulturlandschaft ausgerichtet ist, in der die anthropogen-technischen Elemente die natürlichen überwiegen. TOMASEK formuliert 1979: "Ein Ökosystem ist ein System aus Lebewesen, technischen Systemen und unbelebten Bestandteilen, die untereinander und mit ihrer Umwelt Energie und Stoffe austauschen." Angeregt dadurch wurde 1980 auf einem Kolloquium über ökologische Terminologie ein neuer Ökosystem-Begriff erarbeitet und zur Diskussion gestellt (vgl. ERIKSEN 1983): "Ein Ökosystem ist ein Wirkungsgefüge aus Lebewesen, unbelebten natürlichen Bestandteilen und technischen Elementen, die mit ihrer Umwelt in energetischen, stofflichen und informatorischen Wechselwirkungen stehen. Die drei Hauptsysteme können auch eigene Subsysteme (im Sinne integrierter Einzelelemente) darstellen."

Diese beiden jüngeren Definitionen unterscheiden sich von der ELLENBERGschen zunächst durch die Nennung der technischen Elemente als Ökosystembestandteile. Das ist zwar formal spezieller, inhaltlich allerdings insofern weitergefaßt, als sie nicht nur zwischen organischen und anorganischen Bestandteilen unterscheiden.

ELLENBERG betont in seiner Ökosystem-Definition besonders den Selbstregulationsmechanismus. TOMASEK und die Autoren des Kolloquiums führen ihn in ihrer Begriffsausweitung nicht explizit an. Stellt man sich doch unter Selbstregulations- bzw. Selbstorganisationsprozessen Vorgänge vor, die in definierten Raumbereichen ohne gezielte Eingriffe (durch den Menschen) zu Strukturen mit höherem Komplexitätsgrad führen (vgl. SCHUSTER 1977). Naturnahe Ökosysteme erfüllen diese charakteristische Anforderung. Will man den Menschen als Teil des Ökosystems ansehen, so bricht das diese Ökosystem-Vorstellung nicht, solange er als Jäger und Sammler in Erscheinung tritt und lediglich **einen** Konsumenten unter vielen darstellt. In der heute weit verbreiteten Form seines Auftretens als Stadtmensch aber beeinflußt er durch chemische, physikalische (z.B. mechanische, hydrische, thermische) sowie biologische Prozesse die Ökosysteme in tiefgreifender und nachhaltiger Weise.

Es stellt sich die Frage, inwieweit man dann die Stadt überhaupt noch als Ökosystem im ursprünglichen Sinne bezeichnen darf, hat sie sich doch in ihrem Wesen weit von den natürlichen Ökosystemen entfernt. Betrachtet man sie als geschlossenes, selbständiges Gebilde, so kann sie die Anforderungen der Selbstregulation nicht erfüllen. Zwar läßt es sich vorstellen, daß der Mensch mit Hilfe seiner technischen Fähigkeiten und aufbauend auf fossile Energie, es im Stadtbereich fertigbrächte, gleichzeitig die Funktion des Primärproduzenten, Konsumenten und Destruenten zu übernehmen und so auch sein Schlüsselarten-Ökosystem[13] selbstregulierend zu erhalten.

Tatsächlich aber wird er weltweit dieser Selbstregulationsfähigkeit nicht gerecht. Daraus resultieren Belastungen sowohl für die natürlichen/naturnahen als auch für seine urbanen Strukturen (vgl. u.a. MÜLLER 1977, S. 46, ERIKSEN 1983, S. 5). Eine Stadt als Ökosystem verstehen zu wollen, verlangt also, sie in ihren **Input-Output-Beziehungen** zu betrachten, das heißt, in ihren vielfältigen ökono-

---

[13] Ein Ökosystem, das von einer Art bestimmt wird, nennt man Schlüsselarten-Ökosystem. Es ist in seiner Existenz mehr oder weniger mit der Existenzmöglichkeit der Art verbunden, d.h. es steht und fällt mit seiner Schlüsselart (Beispiele: Ameisenhügel, Bibersee, Stadt).

mischen, soziologischen und ökologischen Verflechtungen mit dem Umland. Das führt ZACHARIAS und KATTMANN (1981, S. 75) dazu, Ökosysteme nach zwei Typen einzuordnen:

1. in "selbstorganisierte Ökosysteme", das sind "solche Ökosysteme, die in abgrenzbaren Raumbereichen ohne planendes Eingreifen von außen eine charakteristische Struktur entwickeln und aufrechterhalten" und

2. in "Mensch-organisierte Ökosysteme", das sind solche Ökosysteme, "deren Elemente und Beziehungen durch zielgerichtete Tätigkeit des Menschen eine spezifische, im Hinblick auf menschliches Nutzungsinteresse funktionalisierte Anordnung erhalten haben" (s. auch KATTMANN 1978 und ZACHARIAS 1978).

Die "Mensch-organisierten" Ökosysteme, auch als "anthropogene Ökosysteme" oder "man-made-ecosystems" bezeichnet, umfassen die Forst- und Agrar-Ökosysteme und urban-industriellen Ökosysteme. Sie können naturnah, das heißt, selbstorganisierte Systembereiche beinhalten (z.B. eine innerstädtische Brachfläche, Spontanansiedlungen von Pflanzen im agrarisch-forstlichen Bereich). ZACHARIAS und KATTMANN (1981) stellen in ihrem Mensch-organisierten Ökosystem-Modell die Dislokation, das heißt, die Trennung funktional verschiedener Systemteile heraus. "Agrarischforstlicher und urban-industrieller Bereich bilden räumlich getrennte, aber durch die Tätigkeit des Menschen funktional verbundene Teile ein und desselben Mensch-organisierten Ökosystems." Folgendes wird nun deutlich (s. Abb. 3, vgl. auch Abb. 2):

Durch menschliche Organisation werden ursprünglich natürliche/naturnahe ("selbstorganisierende") Ökosysteme vereinseitigt und zu Systemteilen (Produzentenbereich, Konsumentenbereich) degradiert. Funktional schließen sie sich

Ökologie und Stadt

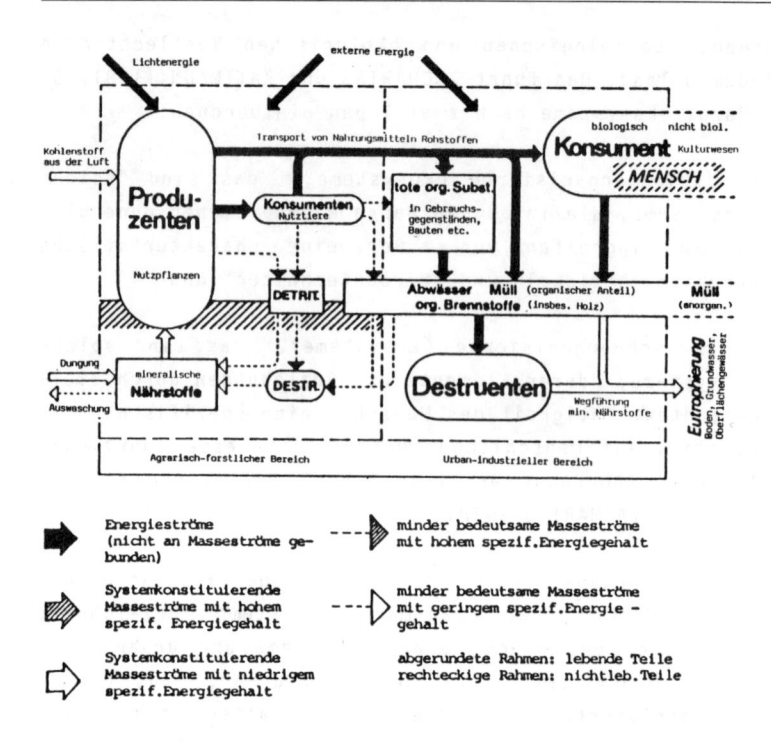

Abb. 3: Vereinfachtes Modell eines vom Menschen organisierten Landökosystems (Darstellung ohne Wasserkreislauf und Stoffaustausch mit der Atmosphäre)

Aus: ZACHARIAS/KATTMANN 1981

zu einem großen System zusammen. Der Mensch ist gezwungen, dort, wo primäre Beziehungen zwischen den Ökosystembestandteilen unterbrochen werden, Sekundärbeziehungen an ihre Stelle zu setzen. Dies bewerkstelligt er z.B. durch die Schaffung und Aufrechterhaltung eines ausgeklügelten Transportsystems. Das kostet ihn allerdings einen ständigen hohen Energieaufwand (und erzeugt Belastungen). Verfolgt man den Hauptweg der Stoffe im System (breite Pfeile), so kommt zum Ausdruck, daß das Mensch-organisierte Ökosystem in seiner überwiegenden Form ein stoffliches Durchflußsystem ist (bekannt aus der Rohstoff- und Abfallproblematik). In den natürlichen/naturnahen Ökosystemen dagegen zirkulieren die Stoffe weitgehend und bleiben dem System erhalten.

Doch selbst in den Input-Output-Beziehungen betrachtet, ließe sich gegen ein ökosystemares Verständnis von "Stadt" anführen, daß der Steuerungsmechanismus ihrer Selbstorganisationsprozesse ein anderer, nämlich nicht mehr naturgesetzlich bestimmter sei. Dem läßt sich entgegenhalten (vgl. FORRESTER 1971, FORRESTER 1972, HELLY 1975, SCHÖNBECK 1975, WHITTICK 1974, MÜLLER 1977), daß die Funktionsfähigkeit des städtischen System nicht subjektiv bestimmbar ist, sondern naturgesetzlichen Prozessen unterliegt, mögen auch viele nicht naturgesetzliche Prozesse in ihm ablaufen. Der Mensch kann in seinem Schlüsselarten-Ökosystem Stadt zwar nach seinem Willen Entscheidungen treffen, die **Entscheidungsqualität** muß jedoch immer im Hinblick auf die Funktionsfähigkeit des gesamten Systems gewichtet sein.

Abbildung 4 "Beziehungsgefüge der Kompartimente eines städtischen Ökosystems" verdeutlicht die **Entscheidungsebenen**. Sie liegt einerseits an der Schnittstelle zwischen den Naturkompartimenten und den Kulturkompartimenten (Feststellung der Nutzungseignung), sie sollte andererseits aber auch an der Schnittstelle Kulturkompartimen-

Die Stadt als Ökosystem

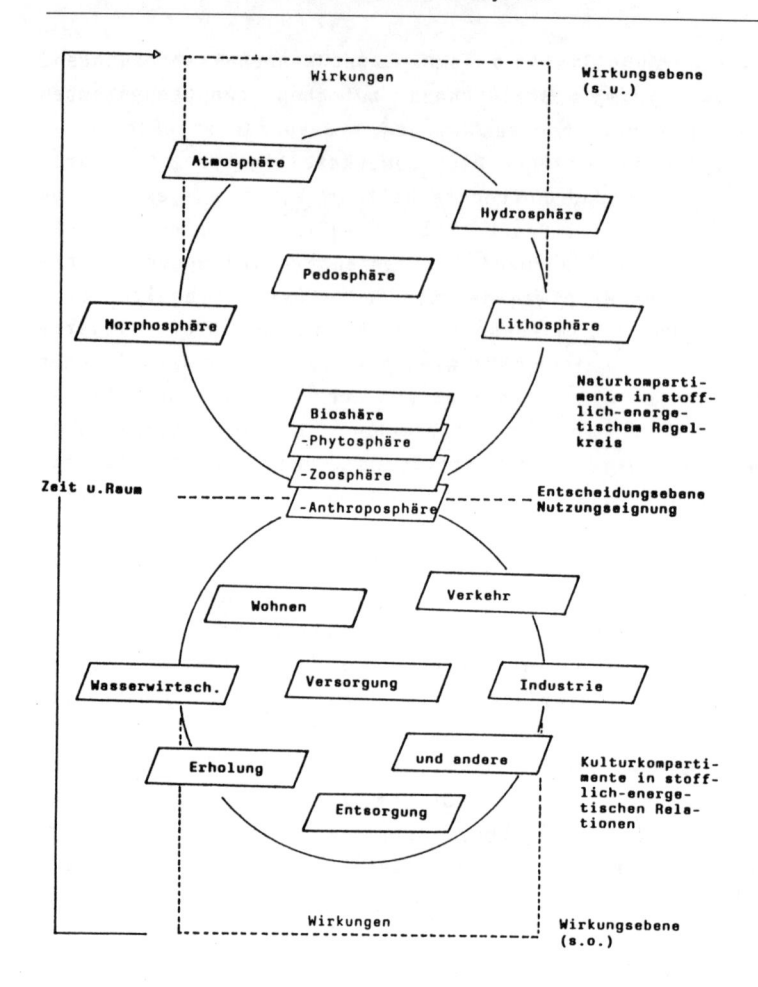

Abb. 4: Beziehungsgefüge der Kompartimente eines
städtischen Ökosystems

Die Stadt als Ökosystem

te/Naturkompartimente liegen. Die zweite Entscheidungsebene (Feststellung der Wirkung auf die Naturgegebenheiten) findet dabei in der Stadtplanung bislang noch nicht die ihr zustehende Beachtung. Beide Entscheidungsebenen werden im Rahmen dieser Ausarbeitung angesprochen.

Zur weiteren Erläuterung der Abbildung 4: Die ökologische Struktur einer Stadt ist abgängig von deren historischer Entwicklung (Sukzession), ihrer Entwicklungsstufe (Sukzessionsstufe) und deren geographischer Lage. Sie ist ein Ergebnis der Wechselwirkungen zwischen den Naturkompartimenten und den Kulturkompartimenten. Die Nutzungsfähigkeit der natürlichen Bestandteile ist dabei nicht unbegrenzt. (Die äußere graphische Form der Abbildung ähnelt deshalb nicht ganz zufällig einer Sanduhr.) Der stadtökologische Kreislauf schließt sich über die Sukzession, die natürliche Grenze liegt im Klimax-Stadium. Alle Entscheidungen für oder gegen Nutzungen sind im Hinblick auf das Erreichen dieses Stadiums zu wichten, was eine gesamtheitliche (holistische) Betrachtungsweise erfordert.

Die Entwicklung und das Wachstum eines Stadtkörpers weisen interessanterweise verschiedene Parallelen zur Sukzession biologischer Systeme auf, von der Pionierbesiedlung bis hin zur hochgradigen Spezialisierung und Arbeitsteilung. Dabei ist jede Stadt deutlich individuell geprägt, das heißt, jedes urbane System weist eine eigene Struktur auf. Auch stadtökologische Forschungsergebnisse sind demnach nur bedingt übertragbar. Dennoch lassen sich einige allgemeine Aussagen treffen zur besonderen Ausprägung ökologischer Parameter einer Stadt im Vergleich zu ihrem Umland sowie in ihrer innerstädtischen Differenzierung in Abhängigkeit von den baulichen Strukturen. Die im Rahmen dieses relativ jungen Forschungskomplexes erlangten Erkenntnisse werden hier als bekannt vorausgesetzt. Das entsprechende umfangreiche Schrifttum ist bibliographisch festgehalten in BRAUN/KAERKES (1985).

1.4 Ökologische Prinzipien in der Stadtplanung

Der Mensch verfügt prinzipiell über die Fähigkeit, nicht nur kontraproduktiv, also durch Behebung vorhandener Mißstände, seine Umwelt zu gestalten, sondern auch durch das Einrichten von Systemen, die weitgehend an den ökologischen Prinzipien orientiert sind. Auch die Sukzession seines Lebensraums Stadt ist ein geordneter, logisch gerichteter und damit vorhersagbarer Prozeß einer Gemeinschaftsentwicklung. Zu klären ist demnach, welche ökologischen Grundsätze bei einer konstruktiven ökologischen Gestaltung von Bebauung und Flächennutzung in die Planung einer Kommune einfließen sollten.

Deshalb scheint hier ein kurzer Überblick angebracht über die wichtigsten biokybernetischen Grundregeln, deren Beachtung und Einhaltung bei kommunalen Planungsvorhaben zu einer Harmonisierung zwischen der anthropogen/künstlichen und der natürlichen Umwelt des Menschen führen können:

Die Kompartimente von Ökosystemen passen sich den wechselnden Ökotop-/Biotopbedingungen an. Ein natürliches System strebt auf einen optimalen Energie- und Materialumsatz zu, um bei geringstem Einsatz maximale Leistungen zu erbringen. Somit läßt sich zum ersten Prinzip einer auch ökonomisch sinnvollen Planung die **optimale Anpassung** des Planungsvorhabens an die natürlichen Umweltbedingungen nennen. Aus der Geofaktoren-Analyse lassen sich die vorhandenen Ökotop-/Biotopbedingungen erschließen, die wiederum Rückschlüsse zulassen, wie eine Ökosystem-Planung in Richtung auf eine optimale resistente System-Stabilität vorzunehmen ist. Erst dann sind genaue Standortausweisungen (im Flächennutzungsplan) oder Festsetzungen von Art und Maß der baulichen Nutzung (nach Baunutzungsverordnung im Bebauungsplan) zu treffen. Ziel sollte nach Möglichkeit die Verstärkung der naturräumlichen Gegebenheiten, genauer, ihrer Eigenarten und natürlichen Funktionsmechanismen sein und nicht deren Nivellierung oder Beseitigung. Vielmehr gehört dazu auch deren Reaktivierung durch gezielte Planungsmaßnahmen, wie etwa durch ökologische Pflegemaßnahmen, Biotop-Neuanlagen, Bach-Freilegungen, Naturführungen von Flüssen usw.

Die Versorgung des Menschen mit Energie, Materialien und Nahrung sollte sich, um langfristig sichergestellt zu sein, ebenfalls orientieren an der **hohen Effizienz**, mit der in der Natur die vorhandenen Energie- und Materiequellen ausgenutzt werden. Bereits existierende Kräfte und Energien sollten auch in der Planung herangezogen bzw. im gewünschten Sinne gelenkt werden. Das bedeutet auch, daß insbesondere das von der Natur gegebene Energiepotential in seiner gesamten Bandbreite voll ausgeschöpft wird (Wind-, Sonne-, Wasserkraft-, Wellen-, Gezeiten-, Biomassenenergie, Energiekopplungen). Energieverluste sind zu minimieren (Wärmedämmung, Kraft-Wärme-Kopplung u.ä.), Luft-, Boden- und Gewässerbelastung insbesondere durch Verkehr und Industrie sind durch **Kreislaufbildung** und **Vernetzung** einzudämmen (Schadstoff-Filterung, Weiterverarbeitung von Filtergut, Abfall- und Bauschutt-Recycling, Abwärmenutzung). Kleinteilige Produktions- und Verteilungsstrukturen können dazu beitragen, durch zentrale Ballung entstandene Mißstände aufzulösen.

Auch im Siedlungsbereich sind Kreislaufstrukturen, Vernetzungen und Natureinbindungen anzustreben. Eine Dezentralität von Siedlungseinheiten mit ausgeglichenen Bilanzen für Nahrung, Energie und die wesentlichsten Gebrauchsgüter vermeidet einen unverhältnismäßig großen Material- und Personenverkehr, der auf Kosten des Naturhaushaltes ermöglicht bzw. aufrechterhalten werden muß.

Die Ausgeglichenheit der Energie- und Stoffbilanz ist wesentlich vom **Vielfältigkeits**grad der Vernetzungen, das heißt, vom Grad der gegenseitigen und vollständigen Verwertung von Energie-, Nähr- und Gebrauchsstoffen abhängig.

Nach dem Prinzip der resistenten Stabilität bleibt das Gesamtsystem stabil auch bei Ausfall einzelner Systemglieder. Dabei ist die menschliche Siedlungstätigkeit, wenn sie nach ökologischen Gesichtspunkten abläuft, nicht als Störfaktor aufzufassen, sondern als Bereicherung der Vielfalt und fester Bestandteil eines Schlüsselarten-Ökosystems mit der Schlüsselart Mensch.

Dazu gehört, wie in natürlichen Systemen auch, die **positive und negative Rückkopplung** zwischen Schlüsselarten-System und der Schlüsselart. Das heißt z.B., ökologisch angemessenes Verhalten sollte belohnt werden, systemschädigendes Verhalten direkt oder indirekt (z.B. durch höhere Besteuerung des einzelnen oder gesamtwirtschaftlich) auf die Individuen der Schlüsselart zurückfallen. Nach den biokybernetischen Grundregeln stabilisiert sich ein Regelkreis über die negative Rückkopplung, indem die Ausgangsgröße im gegensätzlichen Sinn auf die Eingangsgröße zurückwirkt (vgl. VESTER 1976, KREEB 1979). Ein Teilsystem, das endgültig in eine positive Rückkopplung übergeht, schaukelt sich auf (oder ab) bis zu seiner selbständigen Vernichtung. Es scheidet damit als störendes Glied aus dem Gesamtsystem aus.

So kann sich z.B. auch die Populationsdichte bei optimaler Systemgestaltung im Laufe einer **gesteuerten Sukzession** nur erhöhen bis zum Erreichen des Klimax-Stadtiums. Dieses für den Ort **angemessene Dichtemaß** darf im Sinne einer ausgewogenen Vielfalt nicht überschritten werden, weil sonst andere, vom Menschen unerwünschte Mechanismen der Populationsregulation einsetzen.

Die Population des Ökosystems Stadt, mit ihnen aber auch andere Systembestandteile wie Wohnsiedlungsbereiche, Gewerbe-, Verkehrsflächen usw. können entsprechend der biokybernetischen Grundregeln nicht auf ständiges, kontinuierliches Wachstum angelegt sein[14]. Die Eindämmung von Flächenfraß und Ausbreitung ist z.B. zu erzielen über eine multifunktionelle Nutzung einzelner Flächen, das heißt, durch eine Nutzungsüberlagerung bei möglichst geringer gegenseitiger Störung sowie durch die Wiedernutzbarmachung von Brachflächen (z.B. von aufgelassenen Betriebsgeländen), durch Baulückenschließung u.ä. (Stichwort: "Flächenrecycling"). Kreislaufbildung und **Mehrfachnutzung** sollte auf allen räumlichen Ebenen (im Haus, im Siedlungsbereich, im Stadtteil, im Gesamtsystem Stadt) stattfinden. Durch Kreislaufbildung wird ein **hohes Maß an Eigenständigkeit** erreicht, was gleichzeitig eine räumliche Dezentralität ermöglicht bzw. bedingt. Das Erreichen der Eigenständigkeit durch Kopplung von Wohnen, Arbeiten, Freizeit, Ver- und Entsorgung ist der gegenteilige Prozeß zur Zersiedlung von Ballungsrandgebieten. Der hohe und uneffektive Aufwand in Versorgung, Verkehr und Verwaltung kann vermieden werden, Landschaft wird in dezentralen selbständigen Strukturen erhalten und in ihrer Eigenart eher unterstützt und verstärkt[15].

Die weitgehend eigenständigen Systeme sollen mit ihrer Umgebung harmonisieren und ebenfalls mehr oder weniger geschlossene Teilsysteme darstellen, die ihr Klimax-Stadium anstreben (z.B. Siedlungsgruppen). Die zusammengefaßten Teilsysteme wiederum können ein ganzes ökologisch abgerun-

---

[14] Hier hat auch das Schlagwort des "Konsumverzichts" seine wesentliche Quelle, aufgebaut auf der Hypothese, daß ständiges Wachstum einem Einschaukeln auf einen Gleichgewichtszustand widerspricht und zwangsläufig zu Instabilität und Verarmung führt.
Der Verfasser ist sich bewußt, daß diese systemtheoretisch-kybernetische Betrachtungsweise, also das Herausstellen quantifizierender und ahistorischer Methoden, nicht unbedingt ausreicht, wenn es um die Zusammenhänge von Natur und Mensch geht und vielleicht um die Beschreibung von qualitativ Neuem. Allerdings können dadurch, wenn auch nicht umfassende Erklärungen gegeben, so doch wesentliche Aspekte erhellt werden.

[15] In diesem Zusammenhang wäre interessant, das System der Zentralen Orte auf ihre ökologische Relevanz hin zu untersuchen.

detes System bilden. Bei Abstimmung aller Planungsfaktoren untereinander und mit der natürlichen Umwelt könnte ein anthropogen geplantes Ökosystem seine **Klimax** schneller erreichen als ein auf lange Sukzession angelegtes natürliches System. Je stärker die Planung ökologisch orientiert ist, umso eher wäre dieser Endzustand zu erreichen, umso leichter wäre er auch zu halten. Planen und Bauen muß somit als die **Einleitung einer Sukzession** verstanden werden.

Die Einbringung zuvor genannter ökologisch abgeleiteter Prinzipien in die Raumordnung zur Verbesserung des Status quo hat zur Herleitung einer ökologischen Theorie der Landnutzung geführt: "Ökologisches Landnutzungsmodell" (ODUM 1969, HABER 1971, HABER 1972, SCHEMEL 1976, KAULE 1977). BUCHWALD (1980) hat dieses planungstheoretische, ökologisch-begründbare Raumnutzungsmodell nochmals dargestellt. FINKE (1983) hat es nachträglich thesenartig hergeleitet. Das Modell sei hier als räumliche Konklusion des oben Gesagten nochmals grob dargestellt:

Natürliche Systeme sind selbstregulierend, technische nicht. Natürliche/naturnahe Systeme vermögen deshalb die künstlichen Systeme der Kulturlandschaft zu stabilisieren, eine entsprechende Dimensionierung, Zuordnung und Mischung vorausgesetzt. Die Ökosystemstabilität wird entscheidend bestimmt von der funktionalen und strukturellen Vielfalt der Systemteile und -komplexe, das heißt, in der Flächennutzung ist keine große Monostrukturierung, sondern ein vielfältiges Nutzungsmuster von sich weitgehend selbstregulierenden Systemen anzustreben[16]. Sollen von den natürlichen/naturnahen Ökosystemen ökologische Ausgleichsleistungen für andere Räume mit übernommen werden, so erfordert das eine ökologisch differenzierte Landnutzung. Dabei

---

[16] Das Vielfältigkeitsprinzip ist zwar seit JACOBS (1963) ein Grundsatz der Stadtplanung (Stichwort: Funktionsmischung); es ist allerdings weniger aus einer ökologischen, sondern mehr aus einer sozioökonomischen Perspektive entstanden.

lassen sich (auch im kommunalen Planungsraum), ausgehend von einer überkommenen Siedlungs-/Nutzungsstruktur grob vier Typen von Schwerpunktnutzungen unterscheiden:

1. Der Typ vorwiegend städtischer bzw. städtisch-industrieller Nutzung
2. Der Typ vorwiegend landwirtschaftlicher Nutzung (Produktiv-Typ)
3. Der Typ mit vorwiegender Erhaltungs- und Ausgleichsfunktion (Protektiv-Typ)
4. Der Typ der Kompromiß- oder Mehrfachnutzung.

Der Typ 1 wurde als Ökosystem Stadt im Kap. 1.3 bereits angesprochen. Der Typ 2 besteht aus strukturell, visuell und ökologisch wenig vielfältigen, großkammerigen Agrosystemen, bei denen eine Fremdregulierung erforderlich ist. Von diesen jungen, unreif gehaltenen Wirkungsgefügen können in nicht unerheblichem Maße Belastungen ausgehen (Pestizide, Dünger). Typ 3 stellt einen strukturell, visuell und ökologisch vielfältigen, kleinkammerigen Ökosystemtypen dar. Er umfaßt vom Menschen kaum beeinflußte Bereiche und übernimmt wesentliche Regenerations- und Ausgleichsfunktionen für die Raumnutzungen 1 und 2. Die Systemstabilität bildet sich allein aufgrund naturgesetzlicher Abläufe aus. Typ 4 repräsentiert sowohl natürliche/naturnahe Ökosysteme sowie auch Agrar- und Forstökosysteme überwiegend kleinkammeriger Struktur mit deutlich räumlich-zeitlichem Wechsel und starker Durchdringung wirtschaftlich intensiv mit wirtschaftlich extensiv oder gar nicht genutzten Flächen. Er zeigt insgesamt ein ausgeglichenes Verteilungsverhältnis aller Nutzungen und kann ebenfalls Ausgleichsfunktionen für die Raumtypen 1 und 2 übernehmen (s. dazu auch Abb. 5).

Diese idealtypische Konstruktion eines ökologischen Landnutzungsmodells verbindet zwei Teilstrategien zu einer Gesamtstrategie: Die Bildung von Vorrangräumen (mit Ausnahme des Typs 4), die Wiederholung in sich (oder inneren Differenzierung). Neu ist dabei nicht die Schwerpunkt- oder Vorrangfunktionszuweisung, sondern das Primat der **ökologischen** Abgrenzungskriterien für die Schwerpunkte - und nicht das der ökonomischen Abgrenzungskriterien - sowie "die parallel zur Schwerpunktausweisung betriebene 'innere Differenzierung', womit der ökologisch widersinnigen Tendenz der großräumigen Entmischung, Spezialisierung und Monostrukturierung der Landschaft schon vom theoretischen Ansatz her entgegengewirkt wird." (SCHEMEL 1976, S. 161)

Die 4 Raumtypen gliedern sich "ebenso in Anlehnung an die Sukzessionsstadien nach dem Grad ihrer ökologischen Reife: nämlich von der einheitlich strukturierten und hoch produktiven Pioniergesellschaft bis hin zur stark differenzierten und im Gleichgewicht befindlichen Klimax-Gesellschaft" (SCHEMEL 1976, S. 161).

In Verdichtungsräumen ist der Veränderungsdruck auf natürliche Systeme (Raumtyp 3) derart stark, daß nur wenige Flächen als Naturschutzgebiet geschützt werden können. Der Typ 4 erlangt somit hier eine wesentliche Bedeutung. In ihm können durch eine Flächenbewirtschaftung bestimmte Ausgleichsfunktionen (Frischluftschneisen, Immissionsschutzwälder, Lärmschutzstreifen, Erholungsfunktion u.a.) erfüllt werden. Zudem kann auch eine stärkere Durchdringung des urban-industriellen Raumtyps (Typ 1) mit einer forst- und landwirtschaftlichen Schwerpunktnutzung (Typ 2) geboten sein. Bei Räumen, die wie die Raumtypen 3 und 4 Ausgleichsfunktionen für andere Räume (etwa für die Raumtypen 1 und 2) übernehmen sollen/können, erweist sich neben ihrer ausreichenden Flächengröße, eine möglichst wirkungsvolle Verteilungsstruktur als entscheidend (vgl. HABER 1972).

Prinzipien in der Stadtplanung

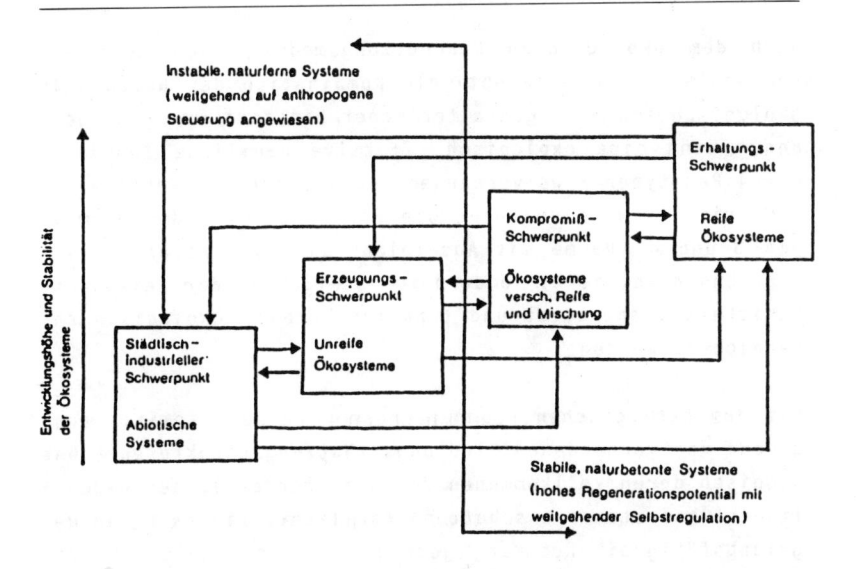

Abb. 5: Schema der differenzierten Bodennutzung
(nach HABER 1971, verändert) aus SCHEMEL 1976

Das ökologische Regenerationspotential nimmt von links nach rechts zu (in Korrelation mit dem Anteil komplexer, ökologisch reifer Systemkomponenten pro Flächeneinheit).

Nach dem ökologischen Landnutzungsmodell kann auch auf kommunaler Ebene eine optimale Kombination der Nutzung in ökologisch sowie in gestalterischer Hinsicht erreicht werden, wenn eine ökologisch effektive räumliche Zuordnung der 4 Raumtypen - wo vorhanden - gesichert, ansonsten neu eingerichtet wird und wenn die Flächenanteile der Raumtypen 3 und 4 (Räume mit Ausgleichsfunktion) nicht verringert und nivelliert, sondern zur Steigerung der Leistungsfähigkeit ausgeweitet und funktionsbezogen ökologisch angereichert werden.

Mit dem ökologischen Raumnutzungsmodell soll somit, ausgehend von vorhandenen Siedlungs-/Nutzungsstrukturen (ohne utopisch deren vollkommenen Umbau zu fordern), den wesentlichen Ökosystemeigenschaften **Stabilität, Vielfalt und Regelungsfähigkeit** Rechnung getragen werden. Ausgehend von den Leistungskategorien der Ökosysteme (vgl. BUCHWALD 1980, S. 10), nämlich den Produktionsleistungen (zur Erzeugung von Agrarprodukten, Frischluft, Grundwasser u.ä.), den Trägerleistungen (zur Deckung des Flächenbedarfs), den Informationsleistungen (für wissenschaftliche Zwecke) und den Regulationsleistungen (zum Erhalt des dynamischen Gleichgewichts) lassen sich für die Raumplanung (auch für die kommunale) die folgenden Grundprinzipien ableiten (vgl. HABER 1972):

1. Ermittlung, Sicherung und Pflege der in den Ökosystemen verfügbaren natürlichen Regelungs- und Trägerleistungen;

2. Ermittlung, Sicherung, Pflege und ggf. Neuschaffung von Elementen der Landschaft, die Träger-, Informations- und Regelungsleistungen erbringen können;

3. räumliche Verteilung und Dimensionierung gesellschaftlich genutzter ökologischer Systeme unter Verzicht auf vollständige Entmischung und großer Einheitlichkeit.

Prinzipien in der Stadtplanung

Eine Stadtplanung muß somit in ökologischer Hinsicht nicht orientierungslos verlaufen. Vielmehr lassen sich aus der kybernetischen Wissenschaft, wie in diesem Kapitel angerissen, einige klare Grundsätze und Prinzipien ableiten, die in das stadtplanerische Zielsystem eingearbeitet und praktisch umgesetzt werden sollten. Dazu bedarf es insbesondere einer entsprechenden instrumentellen Ausstattung des kommunalen Bauleitplanungsprozesses. Im folgenden soll dazu ein Verfahrensansatz im Sinne einer integrierten Umweltverträglichkeitsprüfung vorgestellt werden.

2. Umweltverträglichkeitsprüfung in der Bauleitplanung

2.1 UVP: Begriff und Problem

Eine einheitliche UVP-Definition existiert zur Zeit nicht, vielmehr wird gerade im deutschsprachigen Raum sehr großzügig mit dem Begriff umgegangen. SPINDLER (1983, S. 219 ff.) liefert einen Überblick über vorhandene Definitionsansätze und systematisiert sie

a) nach der allgemeinen UVP-Ziel- und Zweckbestimmung sowie ihrem Aufgabenfeld,
b) nach der UVP-Bedeutung für Projekte/Objekte,
c) nach ihrer Verwendung für Pläne, Programme und politische Absichtserklärungen.

Als Gemeinsamkeit der von ihm zitierten 60 Definitionsansätze stellt SPINDLER heraus, daß die UVP im allgemeinen "als hilfreiche Möglichkeit" bezeichnet wird, "die Umwelt-Auswirkungen und -Implikationen planerisch systematisch zu erfassen und zu bewerten." Ausgehend von einem sehr umfassenden Umweltbegriff definiert SPINDLER (1983, S. 29) den UVP-Begriff folgendermaßen: "Nach meiner Vorstellung sollen mit Hilfe der UVP a l l e von bestimmten Maßnahmen und Vorhaben ausgehenden U m w e l t e f f e k t e in ihrer planerischen Bedeutung umfassend beurteilt werden. Die UVP ist damit ein umweltpolitisches Instrument des präventiven Umweltschutzes, das dazu dient, alle denkbaren Umwelt-Auswirkungen einer Planung aufzuzeigen und transparent zu machen und ökologisch abgesicherte Alternativen ins Entscheidungskalkül zu rücken." Ziel der UVP ist also, eine politische Entscheidung (Abwägung) über ein umweltrelevantes Vorhaben vorzubereiten, **nicht** sie zu ersetzen. Die UVP ist somit lediglich ein Instrument zur Ausgestaltung eines Planungsverfahrens[17] mit den abwägungsrelevanten Umweltbelangen. Sie ist dabei nicht die Methode an sich, nach der materiell bewertet oder politisch entschieden wird.

Eine UVP soll aufzeigen, auf welcher Datengrundlage ökologische Bewertungen vorgenommen bzw. politische Entscheidungen getroffen werden, das heißt, sie dient indirekt auch dem Aufzeigen materieller Grundlagen- und Bewertungsdefizite.

Für alle Planer, Politiker, Umweltverbände u.ä. sowie den betroffenen und interessierten Bürger sollen somit Planungen und Entscheidungen transparenter werden. Das kann deren Akzeptanz erhöhen und dazu beitragen, Fehlplanungen zu vermeiden, insbesondere bei **frühzeitiger** UVP-Durchführung. Letztlich soll also eine Vereinfachung und Effektivitätssteigerung von Planung und Planungsvorhaben stattfinden. Die UVP soll möglichst auch planerische Alternativen aufzeigen - auch unter Berücksichtigung der Null-Variante - sowie notwendige Umweltschutzmaßnahmen zum Ausgleich darlegen.

Zusammengefaßt verfolgt die UVP somit folgende wesentliche Zielsetzungen (vgl. auch KOMMUNALE GEMEINSCHAFTSSTELLE FÜR VERWALTUNGSVEREINFACHUNG/KGSt 1986):

> Sie soll zur Versachlichung und Durchdringung komplexer Planungsvorhaben beitragen, indem sie schrittweise vorgeht und den Diskussions- und Bewertungsprozeß analytisch transparent aufbereitet.
> Dadurch soll sie politische Entscheidungen über umweltrelevante Vorhaben verbessern.

---

[17] Das komplexe UVP-Thema wird hier nur in seiner **planerischen** Relevanz aufgegriffen, nicht z.B. im Sinne einer Produkt-UVP (etwa von Erzeugnissen) oder im Sinne eines "Technology Assessment", also einer Technologiefolgeabschätzung.

Als Instrument der Umweltvorsorge soll sie die von den geplanten Vorhaben zu erwartenden schädlichen Auswirkungen auf die Umwelt feststellen und entsprechende Vermeidungs-, Minderungs- oder Ausgleichsmaßnahmen aufzeigen.

Dabei handelt es sich immer um eine ressort- und medienübergreifende Untersuchung, um der Gefahr entgegenzuwirken, die aus der ökosystemar isolierten Betrachtung eines einzelnen Umweltfaktors gegeben sein kann[18].

Liegt auch dieser Ausarbeitung im Prinzip die von SPINDLER (1983) gegebene UVP-Definition zugrunde (s.o.), so jedoch mit einem wesentlichen Unterschied: Der Umweltbegriff bleibt beschränkt auf den Bereich der physischen Umwelt und beinhaltet nicht, SPINDLERs UVP-Anspruch folgend, darüberhinausgehende Umweltaspekte (vgl. Kap. 0.3). Die geforderte Berücksichtigung sozial-psychologischer Aspekte würde dabei zu einer nur schwerlich zu bewältigenden Komplexität führen.

Aus den von SPINDLER gesammelten Definitionsansätzen wird deutlich, daß die UVP-Begriffsformulierungen im wesentlichen noch politische Willensbekundungen oder ein theoretisches Anspruchsdenken widerspiegeln und weniger einen planungspraktischen Erfahrungsschatz zur Grundlage haben. Zeit- und sachgemäße sowie verwaltungsmäßig handhabbare Umsetzungs- und Durchführungshilfen scheinen deshalb dringend erforderlich, um die Worthülse "Umweltverträglichkeitsprüfung" mit Inhalt zu füllen. KARPE u.a. (1979,

---

[18] Beispielhaft kann das für sich allein sicher begründete Argument zur Verminderung innerörtlicher Verkehrsbelastungen (Umweltfaktoren Luft:Immissionen, Erholung: Lärm) genannt werden, das dazu dient, z.B. Ortsumgebungen "ökologisch" zu rechtfertigen. Umweltfolgewirkungen für das Umland bleiben bei sektoraler Betrachtungsweise unbeachtet. Die UVP soll dieser "verkürzten" Sichtweise durch eine ganzheitliche Betrachtungsweise entgegentreten, um auf dieser Grundlage zu einer Entscheidungsfindung zu gelangen.

S. 93) stellen dazu fest, daß "nach wie vor anwendungsbezogene, pragmatische und auf die tatsächliche Verwaltungskapazität zugeschnittene Empfehlungen" fehlen. SPINDLER (1983, S. 29) sieht die Begründung für das "Dilemma" darin, "daß die Praxis nur schwer das richtige Modell entwickeln kann und die Wissenschaft sich hierzu nicht berufen fühlt", nämlich eine praxisorientierte UVP-Operationalisierung zu entwickeln.

Zwar haben einige wenige Städte (z.B. Essen, Düsseldorf, Bergisch-Gladbach, Karlsruhe, Köln, Leverkusen, Hagen) bereits Bemühungen unternommen, die UVP (zum Teil nicht nur in der Bauleitplanung) einzuführen. Doch fehlt es bislang an praktikablen und wissenschaftlich aufbereiteten Ansätzen sowie insbesondere an Beispielen aus der Praxis der Bauleitplanung. Nach der KOMMUNALEN GEMEINSCHAFTSSTELLE FÜR VERWALTUNGSVEREINFACHUNG (KGSt) wird nun auch die Amtsleiterkonferenz des DEUTSCHEN STÄDTETAGES NW[19] über Wege der UVP-Realisierung debattieren und Erfahrungen - sofern vorhanden - austauschen. Die Bemühungen sollten generell über die organisatorische Diskussion hinaus insbesondere auch auf inhaltlich/methodische Aspekte abzielen. In der vorliegenden, zwischen der wissenschaftlichen Grundlagenforschung und der Planungspraxis vermittelnden Ausarbeitung, soll

1. für die UVP innerhalb der Flächennutzungsplanung ein möglicher planungstheoretischer Verfahrensweg aufgezeigt werden sowie

2. die UVP im Rahmen der Bebauungsplanung in allen ihren Betrachtungsebenen und Komponenten Darstellung finden (als echte Vorbereitung für planungspraktische Beispiele).

---
[19] Der Verfasser ist Mitglied dieses Gremiums.

2.2 UVP-Vorlauf

Die skizzierte UVP-Grundidee stammt aus den USA. Sie geht zurück auf den 1970 in Kraft getretenen "NATIONAL ENVIRONMENTAL POLICY ACT" (NEPA), dessen Section 102, eine zunächst unscheinbar erscheinende Klausel, rechtliche Grundlage wurde für die US-amerikanische Umweltverträglichkeitserklärung ("Environmental Impact Statement")[20]. Jene Klausel entwickelte sich zu einem Modell für entsprechende Regelungen in zahlreichen Ländern bis hin zur grenzüberschreitenden/internationalen RICHTLINIE DER EUROPÄISCHEN GEMEINSCHAFT (1985) "über die Umweltverträglichkeitsprüfung bei bestimmten öffentlichen und privaten Projekten".

Auf bundesdeutscher Ebene wurde eine Vorschrift über ein unverbindliches, das heißt informelles Verfahren zur Bewertung der Umweltauswirkungen von Maßnahmen des Bundes verabschiedet (GRUNDSÄTZE DES BUNDES 1975). Diese Bundes-UVP hat sich allerdings als relativ wirkungslos erwiesen, weil sie erhebliche Schwachstellen aufwies, insbesondere war nur ein unklarer inhaltlicher Bezug zu bestimmten Projekten, Plänen, Programmen oder Politikbereichen vorhanden, weiter war sie durch einen hohen Abstraktions- und Unverbindlichkeitsgrad ausgezeichnet sowie nicht zuletzt durch das Fehlen von Formulierungen über methodische Mindestanforderungen bei der UVP-Durchführung. Auch der Beschluß der Umweltministerkonferenz von 1975, die Bundes-UVP-Regelung inhaltsgleich über die Bundesländer einzuführen, hat keinen erkennbaren Durchbruch im Verwaltungshandeln bewirkt (sieht man einmal von den Bemühungen des Stadtstaates Berlin ab, die Grundsätze direkt auch im Rahmen von Umweltverträglichkeitsprüfungen verschiedener Ausprägungen auszuwenden).

---

[20] Der Gesamtkomplex der UVP wird ausführlich beschrieben in SPINDLER (1983), so daß hier nur noch wichtige Positionen gesetzt werden müssen.

Erst die im Juni 1985 verabschiedete EG-Richtlinie hat in der Bundesrepublik Deutschland das Interesse am UVP-Thema wieder erneut aufleben lassen. Auf kommunaler Ebene wurde dies u.a. auch verstärkt durch politisch getragene Beschlüsse, durch die Existenz von dem Umweltschutz direkt verpflichteten städtischen Dienststellen, der Synthese aus beiden sowie nicht zuletzt auch durch die Erkenntnis, daß Planungen mit dem "Stempel" der Umweltverträglichkeit größere Akzeptanz in einer zunehmend umweltsensiblen Bevölkerung erfahren als solche ohne dieses Prüfsiegel.

Zum wesentlichen Motor für UVP-Anwendungs- und Umsetzungsbemühungen ist aber eindeutig die EG-Richtlinie geworden, die den Mitgliedstaaten vorschreibt, diese Richtlinie innerhalb von 3 Jahren (Bekanntgabe der Richtlinie am 3. Juli 1985: also bis 2. Juli 1988) in unmittelbar wirksames Recht zu überführen (s. RICHTLINIE DER EUROPÄISCHEN GEMEINSCHAFT 1985, Art. 12, Abs. 1).

2.3 Die EG-Richtlinie

Kernpunkte der in nationale Regelungen umzusetzenden RICHTLINIE DER EUROPÄISCHEN GEMEINSCHAFT (1985) sind:

- die Darlegungspflichten des Projektträgers zu Vorhaben, voraussichtlichen Umweltauswirkungen und geplanten Umweltschutzmaßnahmen;
- die Beteiligung der Behörden, die von dem Vorhaben in ihrem umweltbezogenen Aufgabenbereich berührt werden;
- die Öffentlichkeitsbeteiligung in direkter Form;
- die Beteiligung der betroffenen Nachbar-Mitgliedsstaaten bei Vorhaben mit möglicherweise grenzüberschreitenden Umweltauswirkungen;

- die Identifizierung, Beschreibung und Bewertung der unmittelbaren und mittelbaren Auswirkungen des Vorhabens auf Mensch, Fauna, Flora, Boden, Wasser, Luft, klimatische Faktoren, Landschaft, Sachgüter und kulturelles Erbe.

Wörtlich werden in der Richtlinie dem Projektträger folgende Mindestanforderungen abverlangt (Art. 5, Abs. 2):

"Die vom Projektträger gemäß Absatz 1 vorzulegenden Angaben umfassen mindestens folgendes:
- eine Beschreibung des Projekts nach Standort, Art und Umfang;
- eine Beschreibung der Maßnahmen, mit denen bedeutende nachteilige Auswirkungen vermieden, eingeschränkt und soweit möglich ausgeglichen werden sollen;
- die notwendigen Angaben zur Feststellung und Beurteilung der Hauptwirkungen, die das Projekt voraussichtlich für die Umwelt haben wird;
- eine nicht-technische Zusammenfassung der unter dem ersten, zweiten und dritten Gedankenstrich genannten Angaben."

Die EG-Richtlinie über die Umweltverträglichkeitsprüfung trifft neben den verfahrensmäßigen Regelungen keine materiellen Festlegungen etwa über Belastungsricht- oder -schwellenwerte, über die Art der Vermeidungs- oder Ausgleichsmaßnahmen oder ähnliches. Sie ist also im Prinzip lediglich die Anweisung einer bestimmten Vorgehensweise, mit deren Hilfe man rational und nachvollziebar, im EG-Raum einheitlich zu einem möglichst umfassenden Urteil über die Umwelterheblichkeit und -verträglichkeit eines Vorhabens gelangen soll. Dieses Urteil soll schließlich bei der politischen Entscheidung über ein Vorhaben als ein Abwägungsbestandteil eingehen.

EG-Richtlinie

Zur Frage, inwieweit die EG-Richtlinie auf die Bauleitplanung anzuwenden ist, hat sich der Bundesgesetzgeber auch im Entwurf zum geplanten Baugesetzbuch nicht definitiv geäußert (s. Kap. 2.4.2). Im Anhang II der EG-Richtlinie werden allerdings unter den Vorhaben, für die eine UVP angewandt werden kann, auch die Gegenstände der Bauleitplanung generell mit dem Begriff der "Städtebauprojekte" (10.b) sowie auch in deren spezieller Ausprägung "Industriezonen" u.ä. genannt. Aus dem bestehenden Baurecht ergeben sich hinsichtlich der Anwendung der EG-Richtlinie auf die Bauleitplanung keine Hinderungsgründe. Wie noch zu zeigen sein wird, ergeben sich ganz im Gegenteil zahlreiche Ansatzpunkte für die Unverzichtbarkeit einer UVP-Installation in die Verfahren der kommunalen Bauleitplanung (s. Kap. 2.4).

Da die EG-Richtlinie keinerlei einschränkende Wirkung hat, die Städte zudem im Rahmen der kommunalen Bauleitplanung **hoheitlich** städtebaulich tätig werden, ergibt sich auch vor diesem Hintergrund die Frage, wie die Richtlinienumsetzung hier stattfinden soll. Das EG-Papier nennt in Art. 2 Abs. 2 als mögliche Umsetzungsstrategien folgende:

1. die Umsetzung kann im Rahmen bestehender Genehmigungsverfahren erfolgen oder, falls solche nicht bestehen,
2. im Rahmen anderer Verfahren oder
3. im Rahmen von Verfahren, die noch einzuführen wären.

Ausgangspunkt dieser Ausarbeitung ist der mögliche Strategievorschlag Nummer 2, nämlich die Integration der Umweltverträglichkeitsprüfung in das gesetzlich bereits vorgegebene Verfahren der Bauleitplanung. Damit soll insbesondere dem Aspekt der **frühzeitigen** Berücksichtigung von Umweltbelangen Rechnung getragen werden (vgl. Kap. 2.1 und 4.3.3), nämlich schon bei der Planung von Vorhaben und nicht erst bei ihrer Genehmigung eine UVP durchzuführen. Der gewählte Weg hält sich somit nicht eng an die in der EG-Richtlinie schwerpunktmäßig vorgesehenen projektmäßigen Betrachtungsweise im Rahmen von Genehmigungen, sondern geht **begründet** darüber hinaus, nämlich auf die Ebene, in der die eigentliche raumrelevante Auseinandersetzung mit den flächenbeanspruchenden Nutzungen stattfindet und die deshalb zur Konfliktlösung am besten geeignet ist: die Bauleitplanung. Die Einführung völlig neuer Verfahrensweisen wird hier realistischerweise nicht angestrebt.

Mit der EG-Richtlinie hat die UVP explizit eine rechtsverbindliche Absicherung erhalten, wie sie ihr durch die Bundesgesetzgebung nicht mitgegeben ist. Hier wird sie in verschiedenen Gesetzestexten nur indirekt vorgeschrieben. Für die Bundesbaugesetzgebung und das BUNDESNATURSCHUTZGESETZ soll dies im folgenden belegt werden.

2.4 UVP und bedeutende bundesrechtliche Grundlagen

2.4.1 Das Bundesbaugesetz (BBauG)

2.4.1.1 Ordnungsprinzip

Für die Gemeinden ist das ihnen in § 2 Abs. 1 BBauG (alte Fassung von 1960, seit 1.1.1977 gilt die Fassung von 1976) zugestandene Recht der Bauleitplanung zum bedeutendsten Instrument geworden, um ihre natürliche Umwelt zu gestalten und zu entwickeln. Die Bauleitplanung, also die Aufstellung von Flächennutzungsplänen und Bebauungsplänen im Sinne des § 1, Abs. 2 BBauG geschieht für die Kommune in eigener Verantwortung mit der Aufgabe, die bauliche und sonstige Nutzung der Grundstücke, sowohl in den vom Menschen gestalteten Bereichen als auch in den naturnahen Räumen vorzubereiten und zu leiten. Somit fällt der Bauleitplanung eine hohe Umweltrelevanz zu. Ihr Zweck ist nach § 1 Abs. 1 BBauG 1960 die städtebauliche Entwicklung in Stadt und Land zu ordnen. Die 1960er Fassung des BBauG stellte der gesamten Gesetzgebung das Ordnungsprinzip voraus, um dessen Bedeutung ausdrücklich zu betonen. Die städtebauliche Ordnung, wohl allgemein als positiver Wertbegriff zu verstehen, setzt zweifelsohne die gegenseitige Verträglichkeit der Nutzungen voraus. Eine entsprechende Überprüfung der gegenseitigen Verträglichkeit ist hier also schon implizit mitgefordert (vgl. auch STICH u.a. 1980, S. 58). Der Grundsatz der städtebaulichen Ordnung wird in der Fassung des BUNDESBAUGESETZES von 1976 § 1 Abs. 6 auf eine Aufgabentrias ausgeweitet, die nun ausdrücklich noch auf die Gewährleistung einer dem Wohl und der Allgemeinheit entsprechenden sozialgerechten Bodennutzung und auf die Sicherung einer menschenwürdigen Umwelt hinweist. Die zahlreichen inhaltlichen Änderungen und Ergänzungen der BBauG-Fassung 1976 nehmen nicht selten, wie auch bei den Hauptzielen gleich deutlich wird, Bezug auf den Umweltschutz. Dies unterstreicht die indirekte Forderung nach der bereits im alten BBauG versteckt eingebrachten Prüfung der Umweltverträglichkeit, wobei deutlich gemacht wird, daß sogar von einem umfassenden, sich nicht nur auf die physische Umwelt erstreckenden Umweltbegriff ausgegangen wird.

Die programmatischen Hauptleitsätze aus § 1 Abs. 6 werden durch 18 nicht ausschließlich gemeinte Leitsätze verdeutlicht, wohl um dem Planungsträger beispielhaft klarzumachen, worum es bei seinen Planungen gehen kann (vgl. ERNST-ZINKHAHN-BIELENBERG). Die Anordnung der Richtlinien/Leitsätze ist dabei ohne festes System, weist zahlreiche Überschneidungen auf und ist unterschiedlich konkret. Es wird also offenbar lediglich ein Überblickscharakter angestrebt, wobei im folgenden die physisch-ökologisch bedeutsamen Belange genannt werden sollen, wie sie sich aus dem BUNDESBAUGESETZ ergeben.

2.4.1.2 Die physisch-ökologischen Belange

Den ökologisch relevanten Leitsätzen läßt sich folgende Hierarchie zugrundelegen (vgl. auch ERNST-ZINSKHAHN-BIE-LENBERG): Von den Gemeinden sind nach § 1 Abs. 6 BBauG insbesondere zu berücksichtigen
 Generalklausel
 (Nr. 12) - Die Belange des Umweltschutzes

Legt man die Umweltschutz-Definition der EG-Kommission zugrunde (1. Mitteilung der Kommission über die Politik der Gemeinschaft auf dem Gebiet des Umweltschutzes vom 22.7.1971), so muß hierunter der Schutz der "Gesamtheit der Gegebenheiten, die in komplexem Zusammenwirken Lebensraum, Milieu und Lebensbedingungen des Menschen und der Gesellschaft bilden" verstanden werden. Hier ist neben der physisch-ökologischen Komponente der psychisch-soziologische Bereich eingeschlossen. In sämtlichen Umweltprogrammen oder -berichten des Bundes und der Länder wird der Umweltschutz übereinstimmend als die folgenden Sachbereiche umfassend begriffen:

 Landespflege
 - Landschaftspflege
 - Naturschutz
 Reinhaltung der Gewässer
 Abfallbeseitigung
 Immissionsschutz
 - Luftreinhaltung
 - Lärmbekämpfung
 Schutz der Hohen See
 Schutz von Lebens- und Arzneimitteln
 Strahlenschutz
 Schutz des Bodens und der Kulturpflanzen
 Schutz der Erholungslandschaft und des Freiraumes

Darin liegt dem Umweltschutz allein ein physisch-ökologisches Begriffverständnis zugrunde, mit nach wie vor, wenn auch enger gefaßtem Generalklauselcharakter. In wertfreier Reihenfolge wird nach dem Gesetzestext die Generalklausel mit unterschiedlichen konkreten Leitsätzen aufgefüllt, die explizit physisch-ökologische Relevanz aufweisen und sich alle so oder ähnlich, teilweise auch nur indirekt in den genannten Sachbereichen des physischen Umweltschutzes wiederfinden. So sind die Gemeinden nach § 1 Abs. 6 BBauG gehalten, insbesondere zu berücksichtigen:

(Nr. 8) - Die natürlichen Gegebenheiten sowie die Entwicklung der Landschaft und die Landschaft als Erholungsraum;
(Nr. 13) - die Erhaltung und Sicherung der natürlichen Lebensgrundlagen, insbesondere des Bodens einschließlich mineralischer Rohstoffvorkommen, des Wassers, des Klimas und der Luft;
(Nr. 14) - die Belange des Naturschutzes und der Landschaftspflege;
(Nr. 10) - die Gestaltung des Orts- und Landschaftsbildes.

Von den Gemeinden insbesondere zu berücksichtigende Leitsätze mit lediglich implizit physisch-ökologischer Relevanz sind die folgenden:

(Nr. 1) - Die allgemeinen Anforderungen an gesunde Wohn- und Arbeitsverhältnisse und die Sicherheit der Wohn- und Arbeitsverhältnisse;
(Nr. 15) - die Belange von Sport, Freizeit und Erholung.
(Nr. 9) - die erhaltenswerten Ortsteile, Bauten, Straßen und Plätze von geschichtlicher, künstlerischer und **städtebaulicher** Bedeutung;
(Nr. 19) - die Belange des Verkehrs einschließlich einer mit der angestrebten Entwicklung abgestimmten Verkehrsbedienung durch den öffentlichen Personennahverkehr;

(Nr. 16) - die Belange der Wirtschaft, der Energie, Wärme und Wasserversorgung sowie der Land- und Forstwirtschaft.

Zu Nr. 8: Mit den Sätzen 13 und 10 bildet dieser Satz Nr. 8 den zusammenhängenden, vielfach als "Landespflege" bezeichneten Sachbereich, der eine Aufgabenüberschneidung zwischen Naturschutz[21], Landschaftspflege[22] und der Gestaltung von Orts- und Landschaftsbild[23] beinhaltet[24].

Zu Nr. 13: Dieser Satz stellt einen verdeutlichenden Maßnahmebezug zu Nr. 12 'Umweltschutzbelange' dar.

Zu Nr. 14: Wie schon bei Nr. 8 kommentiert, stellt dieser Satz zwei Teilbereiche aus dem als Landespflege bezeichneten Sachbereich heraus.

Zu Nr. 10: Auch hier handelt es sich um einen Teilbereich des Sachbereiches Landespflege.

Zu Nr. 1: Gesundheit und Sicherheit sind hier wohl als Begriffspaar zu verstehen, das deutlich machen soll, daß es hier nicht nur um enggefaßte wohn- und arbeitshygienische und medizinische Belange geht, sondern auch um die Gesundheit und Sicherheit gewährleistende strukturelle Anfor-

---

[21] Der Naturschutz erstrebt den Schutz von Landschaften, Landschaftsteilen, gefährdeten Tieren und Pflanzen und deren Lebensräumen sowohl in der freien Landschaft als auch im Siedlungsbereich.
(vgl. BUCHWALD, K. u. W. ENGELHARDT 1980)

[22] Die Landschaftspflege erstrebt den Schutz, die Pflege und die Entwicklung von Landschaften mit optimaler und nachhaltiger natürlicher Leistungsfähigkeit für den Menschen.
(vgl. BUCHWALD, K. u. W. ENGELHARDT 1980)

[23] Hier geht es nicht nur um gestalterische Belange, sondern vielmehr auch um die funktionale Zuordnung von Ortschaft und Landschaft, d.h. um die Harmonie zwischen den Grünstrukturen und der Bebauung.

[24] BUCHWALD (1980) rechnet der Landespflege zudem die Grünordnung zu.

Bundesbaugesetz

derungen an den Raum. Hierin kommt die besondere physisch-ökologische Bedeutung stärker zum Ausdruck.

Zu Nr. 15: Dieser Punkt ist insofern auch von physisch-ökologischer Relevanz, da es durch die Schaffung von Sport-, Freizeit- und insbesondere Erholungsflächen auch zur Einrichtung ökologisch wirksamer Räume kommen kann, insbesondere in Verdichtungsräumen.

Zu Nr. 9: Wenn dieser Punkt auch in erster Linie kulturdenkmalschützende Ausrichtung aufweist, so wird im Denkmalschutzgesetz Art. 1 Abs. 1 auch seine Gültigkeit für wissenschaftliche und städtebauliche Objekte hervorgehoben. Die Konsequenzen sind somit u.a. auch zum Schutze dieser Objekte angelegte planerische Maßnahmen, wie z.B. einzelne Begrünungsaktionen oder die Anlage von Grünflächen zum Schutze vor Luftverunreinigungen. Hiermit sei auch in diesem Punkt auf die Umweltrelevanz hingewiesen.

Zu Nr. 17: Selbst bei der Berücksichtigung der vielfach mit ökologischen Belangen in Konflikt tretenden Belange des Verkehrs wird ausdrücklich auf die ökologisch äußerst bedeutsame Entwicklung des öffentlichen Personennahverkehrs hingewiesen. Durch seinen Ausbau kann wesentlich zum Abbau vorhandener Konflikte zwischen Verkehr und Umwelt beigetragen werden.

Zu Nr. 16: Hier wird das häufig genannte Konfliktpaar Ökonomie und Ökologie angesprochen. Die Belange der Energie-, Wärme- und Wasserversorgung müssen langfristig ebenso wie die der Land- und Forstwirtschaft auf eine Ressourcensicherung angelegt sein und nicht auf eine Ausbeute unter kurz- bis mittelfristigem Gewinn. Aus dieser mit mannigfachen Beispielen zu rechtfertigenden

Betrachtungsweise bedeutet die Berücksichtigung ökologischer Belange direkt auch die Berücksichtigung wirtschaftlicher Belange.

Von besonderer physisch-ökologischer Bedeutung ist letztlich noch die die Aufzählung abschließende Ermahnung (Soll-Bestimmung), land- oder forstwirtschaftliche oder für Wohnzwecke genutzte Flächen nur im notwendigen Umfang für andere Nutzungsarten vorzusehen oder in Anspruch zu nehmen.

Als Resultat ist festzuhalten, daß im BUNDESBAUGESETZ die Belange des physisch-ökologischen Umweltschutzes erstens allgemein angesprochen sind sowie zweitens die Sachbereiche in unterschiedlich konkreter und direkter Weise auch speziell genannt werden, um ihre Berücksichtigung in der kommunalen Bauleitplanung zu gewährleisten.

2.4.1.3 Abwägungsgebot

Das BUNDESBAUGESETZ spricht sich aber nicht nur darüber aus, **was** berücksichtigt werden soll, sondern auch **wie** die Berücksichtigung der physisch-ökologischen Belange stattzufinden hat. Dazu wird in § 1 Abs. 7 das Abwägungsgebot genannt. Danach sind bei der Aufstellung der Bauleitpläne "die öffentlichen und privaten Belange gegeneinander und untereinander gerecht abzuwägen" (§ 1 Abs. 7 BBauG). Das heißt, die angesprochenen physisch-ökologischen Belange sind gerecht untereinander aber auch gegen die wirtschaftlichen, sozialen, verkehrsmäßigen, verteidigungsmäßigen u.a. Belange abzuwägen[25]. Diese Abwägung ist somit Kern

---

[25] Die Berücksichtigung von Umweltbelangen bzw. deren Einstellung in die Abwägung ist darüber hinaus u.a. noch in folgenden Gesetzen festgeschrieben: § 2 RAUMORDNUNGSGESETZ (ROG), § 41 und § 51 BUNDESWALDGESETZ (BWaldG), § 16 ff. BUNDESFERNSTRASSENGESETZ (BFernG), § 6 WASSERHAUSHALTSGESETZ (WHG), § 37 FLURBEREINIGUNGSGESETZ (FlurbG), § 1 STÄDTEBAUFORDERUNGESETZ (StBauFG), § 1 BUNDESNATURSCHUTZGESETZ (BNatSchG, s. Kap. 2.4.3).

des eigentlichen Planungsaktes. Fraglich bleibt und muß bleiben, um den Abwägungscharakter an sich überhaupt zu erhalten, die Gewichtung der einzelnen Planziele. Dennoch fällt auf, daß bei der mehr oder weniger konkreten, teils nur beispielhaft vorgenommenen Vorstellung der 18 insbesondere zu berücksichtigenden Punkte schon mehr als die Hälfte auch implizit oder explizit von physisch-ökologischer Relevanz sind.

Des weiteren ist festzustellen, daß der Gesetzgeber an den Anfang seiner Aufzählung einen in physisch-ökologischer Hinsicht außerordentlich relevanten Punkt gesetzt hat, indem er eingangs die Anforderungen an gesunde und sichere Wohn- und Arbeitsverhältnisse angesprochen hat sowie die Sicherung der Wohn- und Arbeitsbevölkerung. Diese hervorgehobene Stellung läßt darauf schließen, daß diesem Punkt im Vergleich zu den anderen Planzielen eine gesteigerte Bedeutung beizumessen ist, das heißt, daß bei einer Abwägung dem Erhalt der menschlichen Gesundheit erste Priorität einzuräumen ist. Sucht man weiter nach graduellen Unterschieden in der Ansprache der Planziele, so fällt ferner eine sprachliche Differenzierung auf zwischen zu berücksichtigenden **Anforderungen, Bedürfnissen, Belangen** und zwischen Planzielen, die ohne Zusätze genannt werden. Hier läßt sich insofern eine terminologische Abstufung erkennen, daß der Gestaltungsraum bei der Abwägung von Anforderungen und Bedürfnissen enger gefaßt sein mag als wenn terminologisch weniger zwingend und bestimmt von den Planzielen allein oder deren Belangen gesprochen wird. Hiernach wird allerdings auch den "Belangen des Umweltschutzes" keine hervorgehobene Bedeutung zugemessen, sondern eine den anderen Belangen gegenüber gleichrangige (vgl. auch MÜLLER 1975, S. 30/31).

Das eigentliche Kernstück der Bauleitplanung bleibt also das in § 1 Abs. 7 verankerte Gebot der Abwägung. Dies ergibt sich auch aus dem allgemeinen Verständnis von Planung als einem mehrphasigen, auf die Zukunft gerichteten Pro-

zeß, in dem die Erfassung der gegenwärtigen Situation und
die Prognose der zukünftigen Entwicklung die Beiphasen zur
eigentlich schöpferischen Ordnungsphase, den planerischen
Abwägungsvorgang darstellen. Hier wird durch eine Bünde-
lung und Entscheidung von Interessen (und nicht durch ihre
bloße additive Aneinanderreihung) eine Zusammenschau und
Bewertung von Zusammenhängen herbeigeführt, die über Ent-
wurfsphasen zur Realisierung eines Planungsvorhabens führt
("querschnittsorientierter" Charakter der Bauleitplanung).
Dieser überragenden Bedeutung des Abwägungsgebotes ist in
der Fassung des Bundesbaugesetzes von 1976 offenbar insofern auch Rechnung getragen worden, daß ihm, entgegen der
früheren Fassung von 1960, ein eigenständiger Platz innerhalb des § 1 zuerkannt wurde. Allerdings bemerkt SCHMIDT-
ASSMANN (1979, Rdnr. 302), müßte dem Abwägungsgebot als
"... überhaupt ein dem Wesen rechtsstaatlicher Planung
innewohnender Grundsatz..." auch dann Rechnung getragen
werden, wenn es das BBauG überhaupt nicht ausdrücklich
vorschriebe.

Von Wichtigkeit ist aber nun, daß die Anwendung des Abwägungsgebotes an bestimmte einzuhaltende Maßstäbe gebunden
ist und nicht der Willkür des einzelnen Planbearbeiters
unterliegt. Diese Maßstäbe ergeben sich grundsätzlich aus
einem Gerechtigkeitsempfinden heraus, wie es in erster
Linie in der Verfassung niedergelegt ist, und zwar insbesondere im Art. 20 Abs. 1 GRUNDGESETZ. Hier ist vor allem
das Rechtsstaatsprinzip angesprochen, welches die Beachtung der Grundsätze der Verhältnismäßigkeit gebietet. Auf
die Bauleitplanung bezogen, bedeutet der Grundsatz der
Verhältnismäßigkeit, die verschiedenen Belange bzw. Planziele so zu berücksichtigen, daß sie untereinander zu einem Ausgleich gebracht werden, das heißt, in einem ausgewogenen, vernünftigen Verhältnis untereinander stehen
(Grundsätze der Abwägung siehe Kap. 4.3.2.4). Die gesetzlichen Leitpunkte, SCHMIDT-ASSMANN (1979) nennt sie Abwä-
gungsdirektiven, prägen die Bauleitplanungs-Entscheidungen
für gewisse Sektoren und in bestimmten Punkten bei unter-

schiedlichem Konkretheitsgrad vor. Die Ziele der Raumordnung und Landesplanung, nach § 1 Abs. 4 BBauG kommt ihnen eine besondere Bedeutung zu, müssen hier ebenso genannt werdem wie die in § 1 Abs. 6 BBauG katalogmäßig erfaßten, gesetzlich unbestimmten Begriffe (vom Bundesverwaltungsgericht "Abwägungsmaterial" genannt). Eine ordnungsgemäße Abwägung hat demnach nur dann stattgefunden, wenn das **gesamte** Abwägungsmaterial zur Kenntnis genommen wurde. Nach einem Urteil des Bundesverwaltungsgerichtes vom 5.7.1974 - "Flachglas"[26] - gilt: "Allem Abwägen vorausgesetzt ist die Zusammenstellung des Abwägungsmaterials...". Ergänzbar ist dies nach SCHMIDT-ASSMANN (1979, Rdnr. 13, 304) aus der Definition der Planung als einem normativen Ordnungsentwurf "... in Erfassung gegenwärtiger Lagen und der Prognosen künftiger Entwicklungen". Dies ist ein Gebot zur Prüfung der Umweltverträglichkeit eines geplanten Vorhabens, wie es deutlicher nicht ausgesprochen werden könnte.

Erfaßt man die Struktur der Abwägung in seiner dynamischen Komponente, dem Vorgang der Abwägung, und in seiner statischen Komponente, dem Ergebnis der Abwägung, so sind hier beide Strukturelemente angesprochen. Das heißt, das Gebot der gerechten Abwägung ist nur dann einzuhalten, wenn einmal das **Ergebnis** einer Planung in den Belangen abgewogen ist, das heißt, die jeweiligen Vor- und Nachteile überprüft sind. Zum zweiten ist aber auch schon dann gegen das Abwägungsgebot verstoßen, wenn zwar die Planungsentscheidung in ihren Vor- und Nachteilen durchleuchtet ist und auch abgewogen erscheint, jedoch der vorausgegangene Abwägungs**vorgang** überhaupt nicht oder nur unzureichend stattgefunden hat (vgl. ERNST-ZINKHAHN-BIELENBERG).

Für die physisch-ökologischen Belange im Rahmen der Bauleitplanung bedeutet das, daß sie sowohl bei dem Planungsvorgang als auch im Planungsergebnis Berücksichtigung gefunden haben müssen, was durch eine Überprüfung des Pla-

---

[26] DVBl. 1974, 767 ff. = BauRU 1974, 311 = BRS Bd. 28 Nr.4

nungsvorhabens in bezug auf seine Beeinflussung der Umweltfaktoren geschieht. Diese Überprüfungsnotwendigkeit ergibt sich aber nicht nur allein aus dem Abwägungsgebot nach § 1 Abs. 7 BBauG, auch wenn dessen zentrale, verfassungsgetragene Bedeutung von der Verwaltungsrechtsprechung am besten herausgearbeitet wurde.

2.4.1.4 Der Inhalt des Flächennutzungsplanes

So ist nach § 5 Abs. 1 BBauG "für das ganze Gemeindegebiet die sich aus der beabsichtigten städtebaulichen Entwicklung ergebende Art der Bodennutzung nach den voraussehbaren Bedürfnissen der Gemeinde in den Grundzügen" im Flächennutzungsplan darzustellen. Insbesondere sind nach § 5 Abs. 2 folgende auch in stadtökologischer Hinsicht interessante Flächen auszuweisen: Grünflächen wie Parkanlagen, Dauerkleingärten, Sport-, Spiel-, Zelt- und Badeplätze, Friedhöfe; Flächen für die Beseitigung von Abwasser und festen Abfallstoffen; Wasserflächen und für die Wasserwirtschaft vorgesehene Flächen sowie Flächen, die im Interesse des Hochwasserschutzes und der Regelung des Wasserabflusses freizuhalten sind; Flächen für die Land- und Forstwirtschaft. Neu aufgenommen in dem beispielhaften Katalog der darzustellenden Flächen sind nach dem BBauG 1976 ausdrücklich auch die Flächen für Nutzungsbeschränkungen oder für Vorkehrungen zum Schutz gegen schädliche Umwelteinwirkungen im Sinne des BUNDES-IMMISSIONSSCHUTZGESETZES.

Durch diese Einfügung ist nicht nur die in der Sache notwendige Verbindung zwischen Immissionsschutz und Städtebau hergestellt und die Verknüpfung der entsprechenden Rechtsgrundlagen gegeben, es sind auch nicht nur endlich für die im BUNDES-IMMISSIONSSCHUTZGESETZ definierten "schädlichen

Umwelteinflüsse" die Bezugsobjekte eindeutig festgelegt[27], sondern es ist auch indirekt ein Überprüfungsgebot ausgesprochen. Aus der Entscheidung für die eine oder andere Darstellung von Flächen für Nutzungsbeschränkungen oder für Vorkehrungen zum Schutz gegen schädliche Umwelteinflüsse sowie anderer mit ökologischer Ausgleichsfunktion ausgestatteter Flächen ergibt sich schließlich zunächst einmal die Notwendigkeit einer Überprüfung der Sachlage. Ausgleichsräume können nur dann sinn- und zweckgerecht dargestellt werden, wenn zuvor die Wirkung von Überlastungsräumen festgestellt und geprüft ist (vgl. Kap. 3.1.2.4.2). Hier ist die Verbindung zwischen Städtebau- und Immissionsschutzgesetzgebung durch § 50 BUNDES-IMMISSIONSSCHUTZGESETZ hergestellt, der vorschreibt, daß bei raumbedeutsamen Planungen und Maßnahmen die für eine Nutzung vorgesehenen Flächen untereinander so zuzuordnen sind, daß schädliche Umwelteinwirkungen auf die ausschließlich oder überwiegend dem Wohnen dienenden Gebiete sowie auf sonstige schutzbedürftige Gebiete soweit wie möglich vermieden werden (vgl. auch PLANUNGSERLASS NW). Wie aber soll das sichergestellt sein, ohne eine entsprechende Überprüfung der ökologischen Wirkung ausgewiesener Flächennutzungen vorzunehmen?

2.4.1.5 Der Inhalt des Bebauungsplanes

Das Überprüfungsgebot muß aber erst recht gelten für die konkretere Planungsstufe der Bebauungspläne, die schließlich aus dem Flächennutzungsplan zu entwickeln sind (§ 8 Abs. 2 BBauG). Auf dieser entscheidenden Planungsebene geht es nicht nur um die Möglichkeit der Darstellung ökologisch relevanter Vorkehrungen, sondern um die rechtsverbindliche Festsetzung von Einzelheiten für die städtebau-

---

[27] Menschen, Tiere, Pflanzen und andere Sachen (§ 1 BImschG). Die Abwägung hat also nicht nur unter **streng** anthropozentrischen Gesichtspunkten zu erfolgen.

liche Ordnung (§ 8 Abs. 1 BBauG). So hat nach § 9 Abs. 1 der Bebauungsplan u.a. folgende physisch-ökologisch besonders relevante Festsetzung zu treffen: die Art und das Maß der baulichen Nutzung.

Wenn dies, wie der § 1 Abs. 6 und 7 BBauG vorschreibt, unter Abwägung der privaten und öffentlichen Belange geschieht, so heißt das, wie bereits oben angeführt, daß auch festgestellt werden muß, wie die Art und das Maß der baulichen Nutzung die öffentlichen und privaten Belange (u.a. den Umweltschutz) berührt. Die entsprechenden Wirkungen müssen zur Abwägung aufgezeigt und transparent aufbereitet sein. Das Überprüfungsgebot ergibt sich indirekt also auch an dieser Stelle.

Ähnliches gilt für die Festsetzung von Flächen, die von der Bebauung freizuhalten sind, und ihre Nutzung (§ 9 Abs. 10 BBauG). Wie sollen z.B. ökologisch wirksame Ausgleichsflächen und ihre funktionsgerechte Nutzung (etwa Immissionsschutzflächen oder Artenschutzflächen) festgesetzt werden, wenn nicht zuvor ihre funktionale Zuordnung und der erforderliche Funktionserfüllungsgrad festgestellt wurde?

Deutlicher ergibt sich das Überprüfungsgebot noch nach § 9 Abs. 20, 23, 24, 25 BBauG. Nach Abs. 20 sind, soweit erforderlich, festzusetzen: Maßnahmen zum Schutz, zur Pflege und zur Entwicklung der Landschaft, soweit solche Festsetzungen nicht nach anderen Vorschriften getroffen werden können (etwa nach landesrechtlichen Ausführungsbestimmungen zum BUNDESNATURSCHUTZGESETZ)[28].

---

[28] Dieser Passus wurde erst 1976 in das BBauG eingefügt. Bereits die Begründung zur Regierungsvorlage (Bundestagsdrucksache 7.2496, S. 17, Nr. 17), die später Gesetz geworden ist, weist darauf hin, daß Schutz, Pflege und Entwicklung der Landschaft gerade im städtischen und verstädterten Raum besondere Bedeutung erlangt haben.

Nach Abs. 24 sind festzusetzen: die von der Bebauung freizuhaltenden Schutzflächen und ihre Nutzung, die Flächen für besondere Anlagen und Vorkehrungen zum Schutz vor schädlichen Umwelteinwirkungen im Sinne des BUNDES-IMMISSIONSSCHUTZGESETZES sowie die zum Schutz vor solchen Einwirkungen zu treffenden Vorkehrungen. Abs. 25 wird noch konkreter. Hiernach sind für einzelne Flächen oder für ein Bebauungsplangebiet oder Teile davon mit Ausnahme der für land- oder forstwirtschaftliche Nutzungen festgesetzten Flächen

a) das Anpflanzen von Bäumen und Sträuchern
b) Bindungen für Bepflanzungen und für die Erhaltung von Bäumen, Sträuchern und Gewässern,

soweit erforderlich, festzusetzen[29]. Ausdrücklich auf den Immissionsschutz bezieht sich der ebenfalls 1976 ins BBauG aufgenommene Abs. 23. Danach sind, soweit erforderlich, festzusetzen: die Gebiete, in denen bestimmte, die Luft erheblich verunreinigende Stoffe nicht verwendet werden dürfen[30]. Ist auch diese Festsetzungsmöglichkeit nicht unmittelbar auf den vorhandenen Zustand anwendbar und insbesondere auf erst zu verwirklichende Bebauungspläne bezogen, so schließt der Abs. 23 eine derartige Festsetzung in bereits bebauten Gebieten in Fällen, bei denen längerfristig eine Verbesserung herbeigeführt werden soll und bei der Realisierung eine Vereinbarkeit mit dem Abwägungsgebot vorliegt, nicht aus. BIELENBERG (1981, Rdnr. 800) merkt hierzu an, daß sich aus dieser Möglichkeit der Festsetzung

---

[29] Jüngere Überlegungen gehen dahin, ob der Bebauungsplan zur Festlegung von Art und Maß der baulichen Nutzung über Grundflächen-, Geschoßflächen- und Baumassenzahl (entsprechend der BAUNUTZUNGSVERORDNUNG - BauNVO) nicht auch den Grünanteil **festschreiben** müßte etwa über "Phyto- oder Grünmassenzahlen" (vgl. z.B. WÜST 1981). Denkbar wäre auch die Festlegung von Versiegelungswerten o.ä.

[30] Diese Gebiete sind nicht identisch mit Luftreinhaltegebieten, für die im Sinne des § 47 BImSchG Luftreinhaltepläne aufgestellt werden bzw. aufzustellen sind.

nach Abs. 23 aus den Grundsätzen der Bauleitplanung heraus unter Umständen sogar eine Pflicht zur Festsetzung ergibt. In jedem Fall ergibt sich, um das Abwägungsgebot erfüllen zu können, zunächst einmal eine Überprüfungsnotwendigkeit geplanter Einrichtungen, ggf. (s.o.) auch vorhandener Einrichtungen im Hinblick auf deren Emission, Transmission und Immission. Weitere in ökologischer Hinsicht relevante Festsetzungsmöglichkeiten im Bebauungsplan enthalten die Absätze 4, 14, 15, 16, 17 und 19 des § 9, auf die an dieser Stelle im Hinblick auf die UVP jedoch nicht näher eingegangen werden muß.

2.4.1.6 Gebot zur Beteiligung der Träger öffentlicher Belange (TöB)

Nach § 2 Abs. 5 BBauG sollen bei der Aufstellung der Bauleitpläne die Behörden und Stellen beteiligt werden, die Träger öffentlicher Belange sind. Eine vollständige Aufzählung der Behörden und Stellen, die die öffentlichen Belange zu vertreten haben, ist nicht möglich, so daß vom Gesetzgeber ein allgemeiner funktionaler Sammelbegriff für sie angeführt wird. Zu den Trägern öffentlicher Belange (TöB) gehören (vgl. BIELENBERG 1981, Rdnr. 92):

- Behörden und sonstige Dienststellen der unmittelbaren und mittelbaren Staatsverwaltung;
- natürliche und juristische Personen des Privatrechts, denen hoheitliche Befugnisse durch Gesetz oder aufgrund eines Gesetzes übertragen sind (sog. Beliehene);
- Privatpersonen oder privatrechtliche Unternehmen, die durch staatliche Konzessionen berechtigt sind, öffentliche Aufgaben zu erfüllen, für die sich der Staat ein Beleihungsrecht vorbehalten hat.

Die zu beteiligenden TöB ergeben sich im einzelnen indirekt aus den in § 1 Abs. 4 und 6 BBauG angegebenen Gesichtspunkten, die bei der Aufstellung der Bauleitplanung

Bundesbaugesetz

---

zu berücksichtigen sind. Die TöB wollen feststellen, wie ihre zum Teil auch physisch-ökologischen Belange Berücksichtigung fanden oder nicht. Dies muß ihnen aus der Planung deutlich werden. Somit ergibt sich auch aus dem § 2 Abs. 5 BBauG über die Pflicht zur Beteiligung der TöB bei der Bauleitplanung ein Ansatzpunkt für die sorgfältige Aufarbeitung der Umweltbelange, die durch das Planungsvorhaben berührt werden. Aus der Beteiligungspflicht fachlich kompetenter Instanzen, die sich schließlich qualifiziert zu zukünftigen, sich aus dem Flächennutzungsplan oder Bebauungsplan ergebenden Entwicklungen äußern sollen, entsteht ein zeitlich vor der TöB-Beteiligung liegendes Überprüfungsgebot. Folglich ist einer in die Bauleitplanung integrierten UVP auch an dieser Stelle des BBauG der Weg gewiesen.

2.4.1.7 Bürgerbeteiligung

Der § 2 des BBauG liefert eine weitere wesentliche Begründung für eine UVP-Installation in die Verfahren der Bauleitplanung. Dort heißt es in Abs. 2 u.a. (Hervorhebungen vom Verfasser): "Die Gemeinde hat die allgemeinen **Ziele und Zwecke der Planung** öffentlich auszulegen. ... Öffentliche Darlegung und Anhörung sollen **in geeigneter Weise** und **möglichst frühzeitig** erfolgen; dabei sollen auch die **voraussichtlichen Auswirkungen** der Planung aufgezeigt werden. Soweit verschiedene sich wesentlich **unterscheidende Lösungen** für die Neugestaltung oder Entwicklung eines Gebietes in Betracht kommen, soll die Gemeinde diese aufzeigen." Der zitierte Gesetzestext spricht ohne Interpretation für die Einführung eines nachvollziehbaren, verständlichen sowie die Planungswirkungen und -alternativen aufzeigenden Prüfungs- und Entscheidungsverfahrens **vor** der Bürgerbeteiligung. Damit wird direkt eine wesentliche Zielkomponente der Umweltverträglichkeitsprüfung angesprochen (vgl. Kap. 2.1 und Kap. 4.3.5).

2.4.1.8 Fazit

Festzuhalten bleibt bisher: aufgrund des BBauG ist eine angemessene Berücksichtigung physisch-ökologischer Belange in der Bauleitplanung vorgeschrieben, entsprechende Festsetzungsmöglichkeiten sind gegeben. Was angemessen heißt, ergibt sich im Einzelfall aus der Abwägung. Die Pflicht hierzu erwächst aus dem Abwägungsgebot. Zur Vermeidung von Abwägungsdefiziten bzw. -fehlern ist zunächst auch eine entsprechende Aufbereitung der Umweltdaten notwendig. Zur sinnvollen TöB- und Bürgerbeteiligung hat dies in frühester Planungsphase zu geschehen. Den Planungsträgern ist somit, wenn auch indirekt, eine entsprechende Umweltverträglichkeitsprüfung, oder wie auch immer man dieses zur Entscheidungsvorbereitung notwendige Instrument nennen will, vorgeschrieben.

Wird eine entsprechende Prüfung der Umweltverträglichkeit von Planungsvorhaben im BBauG auch nicht ausdrücklich angesprochen, so bedeutet das nicht unbedingt, daß der Gesetzgeber eine derartige Prüfung für überflüssig hielt. Möglicherweise ist dies als Zurückhaltung in der Reglementierung zu deuten, um den Ländern u.a. aus verfassungsrechtlichen Gründen, die genauere Verfahrensausgestaltung zu überlassen. Auch bei der 1976er Fassung des BBauG herrschte die Meinung vor, die Bauleitplanung nicht mit engen Verfahrensreglementierungen zu belasten (vgl. ERNST/ZINKHAHN/BIELENBERG, Rdnr. 3 der Vorbemerkungen zu den §§ 145 bis 166 BBauG alte Fassung), auch um Klagen wegen Verstöße gegen rechtlich vorgeschriebene Verfahrensregeln einzuschränken.

Aus der einerseits bislang eher "stiefmütterlich" gehandhabten Berücksichtigung phyisch-ökologischer Belange bei andererseits steter Bekundung ihrer Bedeutung und Wichtigkeit muß jedoch angezweifelt werden, ob diese Bedenken des Gesetzgebers bei der Zurückhaltung in der Verfahrensreglementierung für den Umweltbereich gerechtfertigt sind und die Entscheidung für das derzeit noch gültige BBauG wohlabgewogen ist. Dennoch sollte die gesetzliche Vorstrukturierung der UVP als integraler Teil der Bauleitplanung ihre grundsätzliche Notwendigkeit und Zweckmäßigkeit ausreichend dokumentieren.

2.4.2 Das neue Baugesetzbuch (BauGB)

Im Zusammenhang mit der Auswertung des BBauG von 1976 im Hinblick auf seine UVP-Relevanz soll noch auf Tendenzen bei der Fortentwicklung dieses Gesetzes hingewiesen werden, wie sie sich aus seiner beabsichtigten Novellierung in Form des sog. "Baugesetzbuches" (BauGB) (BUNDESMINISTER FÜR RAUMORDNUNG, BAUWESEN UND STÄDTEBAU 1985, Entwurf) ergeben. Wiedergegeben ist der Sachstand des Monats März 1986.

Auch im neuen Baugesetz wird die Umweltverträglichkeitsprüfung nicht explizit festgeschrieben und gefordert, wie auch in weiteren Teilen bestehende umweltrelevante Regelungen abgeschwächt werden und insbesondere ebenfalls hinter den Anforderungen der EG-Richtlinie zurückbleiben. Im Kap. II, 1 (S. 12) der Begründung heißt es unter "Vorgesehene Regelungen, Bauleitplanung" allenfalls: "Ein Teil der Änderungen der Vorschriften über die Aufgabenstellung der Bauleitpläne soll dazu dienen, verbesserte Grundlagen zur Lösung der Gegenwarts- und Zukunftsaufgaben des Städtebaus zu schaffen. Für eine verstärkte Berücksichtigung des Umweltschutzes, des Naturschutzes und der Landschaftspflege in der Bauleitplanung sind vorgesehen:" u.a.

..." - Hinweise zur Prüfung der Umweltverträglichkeit der Planungen."

Jene "Hinweise" finden im BauGB allerdings keine direkte Nennung. Sie lassen sich allenfalls auf interpretatorischem Wege ermitteln, ähnlich wie in der 1976er Fassung

des BBauG. So soll es in § 1 BauGB zukünftig unter Abs. 5 heißen (S. 2 des Textentwurfs): "Die Bauleitpläne sollen eine geordnete städtebauliche Entwicklung und eine dem Wohle der Allgemeinheit entsprechende sozialgerechte Bodennutzung gewährleisten und dazu beitragen, eine menschenwürdige Umwelt zu sichern oder die natürlichen Lebensgrundlagen zu schützen. Bei der Aufstellung der Bauleitpläne sind insbesondere zu berücksichtigen
... 6. die Belange des Umweltschutzes und des Naturschutzes und der Landschaftspflege, insbesondere des Immissionsschutzes und des Schutzes des Bodens, des Wassers und der Luft, sowie das Klima".

Damit wird zwar formell auch die Bauleitplanung zum planungsrechtlichen Instrument des vorsorgenden Umweltschutzes entsprechend einer BauGB-Zielsetzung (vgl. S. 8 der Erläuterungen). Offen gelassen wird aber z.B., in welcher Form "die Pflicht zur Darlegung der wesentlichen Auswirkungen der Planung" (S. 37, Erläuterungen zum § 9 c) Abs. 8) vorzunehmen ist. Kein Zweifel wird allerdings über den Fakultativ-Charakter dieser Darlegungspflicht im Bereich Umweltschutz gelassen (S. 37 der Erläuterungen): "Die Pflicht der Darlegung der Auswirkungen in der Begründung des Bebauungsplanes **kann** daher auch die Darlegung der von der Planung berührten Umweltbelange mit umfassen, soweit sie für die Abwägung in den zentralen Punkten wesentlich sind." (Hervorhebung vom Verfasser).

Weitere Änderungen, wie sie hier nur stichwortartig angeführt werden sollen, deuten eher auf eine Schwächung der Umweltschutzposition hin und weniger auf seine Stärkung, so z.B.

- die Streichung der Entwicklungsplanung (etwa auch der Freiraumentwicklungsplanung);
- das Anzeigeverfahren bei den Bebauungsplänen anstelle der Genehmigung;

- die Verfahrensbeschleunigungen und -erleichterungen bei der Öffentlichkeitsbeteiligung und der der Träger öffentlicher Belange;
- die Außenbereichsöffnung für privilegierte und sonstige Vorhaben;
- die sog. "Textvereinfachung", das heißt, der Verzicht auf inhaltliche Anforderungen an die Bauleitpläne und spezielle Begründungspflichten.

Das neue Baugesetzbuch spiegelt insofern, leicht nachvollziehbar, die im Eröffnungsteil der Begründung (S. 2) genannten politischen Zielsetzungen einer Baugesetznovellierung wider, die da insbesondere sind:

" - Beschleunigung und Vereinfachung der Aufstellung von Bauleitplänen und der Zulassung von Bauvorhaben
- Erleichterung des Bauens
- Erweiterung des eigenverantwortlichen gemeindlichen Entscheidungsspielraumes".

Ob es mit einem unter den genannten Zielsetzungen gefertigten Rechtsinstrumentarium bei nicht wegzudiskutierendem akuten Finanzdruck auf die Gemeinden gelingen kann, entsprechend der folgenden Begründung zum Baugesetzbuch - nämlich allein durch die Stärkung der Bauleitplanung - auch dem vorsorgenden Umweltschutzgedanken Genüge zu tun, mutet eher widersinnig an und muß an dieser Stelle bezweifelt werden. Auf Seite 8 der Begründung heißt es: "Eine weitere zentrale Aufgabe für Städte und Gemeinden ist der Umweltschutz. Hierzu soll im Baugesetzbuch die Bauleitplanung, die im Rahmen ihrer Aufgabenstellung auch Bedeutung als planungsrechtliches Instrument des vorsorgenden Umweltschutzes hat, in dieser Beziehung erhalten und gestärkt werden, insbesondere damit die heutigen und zukünftigen stadtökologischen Aufgaben erfüllt werden können."

Zur Erfüllung der "heutigen" und insbesondere auch der "künftigen stadtökologischen Aufgaben" bedarf es aber eines logisch aufgebauten, durch die Gesetzgebung vorgezeichneten Weges. Dieser führt über die Umweltbestandsaufnahme (z.B. in Form von Umweltberichten/-informationssystemen) zur Formulierung von an ökologischen Prinzipien orientierten Umweltzielen (z.B. in Form von Umweltprogrammen, -konzepten und Vorsorgestandards), die schließlich Bewertungsgrundlage für die "Darlegung der Auswirkungen der Planung" (S. 37 Begründung BauGB) sein müssen. Ohne entsprechendes Instrumentarium ist diese Darlegung nicht vorstellbar.

Der Gesetzgeber hat aber die Möglichkeit, die Idee der Umweltverträglichkeitsprüfung für die kommunale Planungsebene explizit im BauGB zu begründen und zu konkretisieren nicht genutzt, so daß auch mit Verabschiedung einer neuen Baugesetzgebung eine normative Lücke zwischen EG-Richtlinie und der kommunalen Planungspraxis klaffen wird. Vor diesem Hintergrund ist nur schwer verständlich, wie das neue BauGB das gesteckte Ziel der "Erhöhung der Rechtssicherheit im allgemeinen Bau- und Planungsrecht" (S. 3 der Begründung) erfüllen soll und nicht eher zur Verunsicherung insbesondere umweltsensibler Gemeinden führt.

2.4.3   Das Bundesnaturschutzgesetz (BNatSchG)

2.4.3.1 Abwägung

Gegenüber dem alten Reichsnaturschutzgesetz geht das Gesetz über Naturschutz und Landschaftspflege von 1976 (BUNDESNATURSCHUTZGESETZ - BNatSchG) weit über den Schutz von Pflanzen, Tieren und markanten Landschaftserscheinungen heraus. Der § 1 bildet die Grundlage des Gesetzes und nennt in Abs. 1 die Ziele des Naturschutzes und der Landschaftspflege:

Bundesnaturschutzgesetz

"Natur und Landschaft sind im **besiedelten** und **unbesiedelten** Bereich so zu schützen, zu pflegen und zu entwickeln, daß

1. die Leistungsfähigkeit des Naturhaushaltes,
2. die Nutzungsfähigkeit der Naturgüter,
3. die Pflanzen und Tierwelt sowie
4. die Vielfalt, Eigenart und Schönheit von Natur und Landschaft

als **Lebensgrundlage** des Menschen und als Voraussetzung für seine Erholung in Natur und Landschaft nachhaltig gesichert sind." (Hervorhebungen vom Verfasser). Schutz, Pflege und Entwicklung von Natur und Landschaft haben also einen vielfältigen Zweck zu erfüllen, wobei sich der Geltungsbereich nicht nur auf das Freiland beschränkt, sondern gegenüber dem alten Reichsnaturschutzgesetz ausdrücklich auch auf den besiedelten Bereich ausgedehnt ist. Der Siedlungsbereich wird sogar noch vor dem unbesiedelten Bereich genannt. Mit § 1 Abs. 2 enthält das BNatSchG ein Abwägungsgebot, vergleichbar dem des BBauG: "Die sich aus Abs. 1 ergebenden Anforderungen sind untereinander und gegen die sonstigen Anforderungen der Allgemeinheit an Natur und Landschaft abzuwägen."

Mit der besonders nachhaltigen Verankerung des Abwägungsgebotes im BNatSchG - es findet sich auch noch in § 2 Abs. 1, § 5 Abs. 2 und § 8 Abs. 3 - weist der Gesetzgeber auf die Lebenswichtigkeit von Natur- und Landschaftsschutz hin. Das Abwägungsgebot verpflichtet die Behörde und öffentlichen Stellen, die Entscheidungen zu treffen haben, wonach öffentliche Belange betroffen sein könnten, eine zweifache Abwägung vorzunehmen: Die Anforderungen, die Naturschutz- und Landschaftspflege an die Qualität von Natur und Landschaft stellen, sind

1. untereinander und
2. gegen die Nutzungsansprüche, die die Allgemeinheit an Natur und Landschaft stellt, abzuwägen.

In gleicher Konsequenz wie aus dem Abwägungsgebot des BBauG ergibt sich die Notwendigkeit einer Ermittlung von Wirkungen und Risiken, die die Befriedigung dieser Nutzungsansprüche auf die Qualität von Natur und Landschaft hat. Eine UVP ist damit auch hier gesetzlich vorgeschrieben. Die Maßstäbe, innerhalb derer Maßnahmen im Sinne des BNatSchG zu beurteilen sind, ergeben sich aus den Zielbestimmungen des § 1 sowie aus den Grundsatzbestimmungen des § 2. In Verbindung mit dem Abwägungsgebot bilden sie den Kern des Gesetzes. Hier seien, stichwortartig verkürzt, nur einige stadtökologisch besonders interessante Grundsätze herausgegriffen, nach denen die Ziele des Naturschutzes und der Landschaftspflege zu verwirklichen sind:

§ 2 Abs. 2: Unbebaute Bereiche sind zu erhalten
§ 2 Abs. 3: Boden ist zu erhalten
§ 2 Abs. 7: Luftverunreinigungen und Lärmeinwirkungen sind gering zu halten
§ 2 Abs. 8: Beeinträchtigungen des Klimas, insbesondere des örtlichen Klimas, sind zu vermeiden
§ 2 Abs. 9: Unbebaute Flächen, deren Pflanzendecke beseitigt worden ist, sind wieder standortgerecht zu begrünen
§ 2 Abs. 10: Historische Kulturlandschaften und -landschaftsteile von besonders charakteristischer Eigenart sind zu erhalten.

Im § 3 wird zudem allen Behörden und öffentlichen Stellen auferlegt, im Rahmen ihrer Zuständigkeit die Verwirklichung der Ziele des Naturschutzes und der Landschaftspflege zu unterstützen. Dazu haben sie nach Abs. 2 "die für Naturschutz und Landschaftspflege zuständigen Behörden bereits bei der Vorbereitung aller öffentlichen Planungen und Maßnahmen, die die Belange des Naturschutzes und der

Landschaftspflege berühren könnten, zu unterrichten und anzuhören, soweit nicht noch eine weitergehende Form der Beteiligung vorgeschrieben ist", wie z.B. gerade im Städtebaurecht für die Beteiligung der Träger öffentlicher Belange (s. Kap. 2.4.1.6).

In § 8 BNatSchG ist diese Beteiligungspflicht abermals in noch weitgehenderer Form ausdrücklich vorgeschrieben. Der Gesetzgeber ordnet in Abs. 2 Satz 1 an: "Der Verursacher eines Eingriffs ist zu verpflichten, vermeidbare Beeinträchtigungen innerhalb einer zu bestimmenden Frist durch Maßnahmen des Naturschutzes und der Landschaftspflege auszugleichen, soweit es zur Verwirklichung der Ziele des Naturschutzes und der Landschaftspflege erforderlich ist." Weiter heißt es in Abs. 2 Satz 4: "Ausgeglichen ist ein Eingriff, wenn nach seiner Beendigung keine erhebliche oder nachhaltige Beeinträchtigung des Naturhaushaltes zurückbleibt..." und in Abs. 3: "Der Eingriff ist zu untersagen, wenn die Beeinträchtigungen nicht zu vermeiden oder nicht in erforderlichem Maße auszugleichen sind...".

Aus diesen Paragraphen ergeben sich für die zuständige, als TöB am Planungsverfahren zu beteiligende (untere) Landschaftsbehörde drei Möglichkeiten zu reagieren, wenn im Sinne des Gesetzes ein erheblicher Eingriff vorliegt:

Rechtsfolgen des Eingriffs (vgl. KOLODZIEJCOK/RECKEN 1977, Nr. 1125, Rdnr. 16)
- der Eingriff wird zugelassen, der Verursacher wird jedoch verpflichtet, vermeidbare Beeinträchtigungen zu unterlassen
- der Eingriff wird zugelassen, der Verursacher wird jedoch verpflichtet, unvermeidbare Beeinträchtigungen auszugleichen
- der Eingriff wird untersagt.

Soll eine Landschaftsbehörde eine konkrete Entscheidung dieser Art treffen, so setzt das zweifellos das **Vorliegen** einer auf die Entscheidung ausgerichteten Untersuchung voraus. Zwangsläufig ist hier zur Analyse der möglichen Auswirkungen des Eingriffs eine UVP unumgänglich und an dieser Stelle mit besonderer Deutlichkeit implizit gesetzlich festgeschrieben.

2.4.3.2 UVP-Verantwortung

Läßt sich die Pflicht zur Anfertigung einer UVP aus den verschiedensten planungsrelevanten Verordnungen und Gesetzen herleiten, so bleibt noch zu klären, wer für ein solches Zusatzinstrumentarium zur Bauleitplanung verantwortlich ist. Schon aus der im GRUNDGESETZ Art. 28 Abs. 2 verankerten kommunalen Planungshoheit ergibt sich, daß allein den Gemeinden die Zuständigkeit für ein derartiges Prüfungs- und Entscheidungsinstrument zufällt. Dies läßt sich noch deutlicher herleiten aus dem bereits erwähnten § 8 des BNatSchG, nämlich aus der sog. "Eingriffsregelung". Danach ist der Verursacher eines Eingriffs dazu zu verpflichten, nicht nur vermeidbare Beeinträchtigungen von Natur und Landschaft zu unterlassen, sondern auch unvermeidbare Beeinträchtigungen auszugleichen (vgl. § 8 Abs. 2 Satz 1 BNatSchG). Die Verantwortung der kommunalen Planungsträger für ein entsprechendes Instrumentarium ergibt sich daraus folgendermaßen:

In der genannten Eingriffsregelung findet auch das Verursacherprinzip seinen gesetzlichen Niederschlag[31], also das Prinzip, nach dem derjenige, der für die Entstehung einer

---

[31] Das Verursacherprinzip, wie es z.B. auch im ABWASSERABGABENGESETZ vom 13.9.1976 verankert ist, soll einen marktwirtschaftlichen Internalisierungsprozeß simulieren, also den fehlenden Marktmechanismus bei der Nutzung von Umweltgütern/-ressourcen ersetzen. Jüngste "umweltökonomische" Modelle zielen deshalb darauf ab, durch Zuweisungen von "Umwelteigentums/-nutzungsrechten" (Aktienanteile innerhalb einer "Luftbelastungsglocke" o.ä.), d.h. über die "Umweltprivatisierung", eine Internalisierung zu erstreben.

Umweltbelastung verantwortlich ist, auch für die Vermeidung und Abhilfe entstehender Umweltbeeinträchtigungen Rechnung tragen muß[32]. Diese Eingriffsregelung ist sogar auf alle Tatbestände ausgedehnt, die "die Leistungsfähigkeit des Naturhaushaltes oder das Landschaftsbild beeinträchtigen **können**" (§ 8 Abs. 1 Satz 1 BNatSchG, Hervorhebung vom Verfasser). Damit wird dem Verursacher auch die mögliche Unklarheit über die schädigende Wirkung seines Vorgehens angelastet (Umkehr der Beweislast).

Hier konnte der Gesetzgeber wohl wegen des vorausschauenden, eine künftige Beeinträchtigung abwehrenden oder hindernden Charakters der Eingriffsregelung bei der Definition des Eingriffs nicht auf die tatsächliche, bereits erfolgte und nachgewiesene Beeinträchtigung abstellen, sondern mußte schon von ihrer Möglichkeit ausgehen. Da sich aber ein Eingriff im Vorherein mit ausreichender Sicherheit nur beurteilen läßt, wenn die ökologischen Gegebenheiten des Planungsraumes und die möglichen Eingriffswirkungen bekannt sind, gebietet m.E. die konsequente Anwendung des Verursacherprinzips, daß der Planungsträger nicht nur den planerischen Nachweis über Ausgleichsmaßnahmen erbringt (wie dies bei der Bebauungsplanung im Rahmen von landschaftspflegerischen Begleitplänen bzw. Grünordnungsplänen stattfindet), sondern daß er auch die volle Tragweite des Eingriffs darlegt. Die Eingriffsregelung ist nicht dadurch außer kraft gesetzt, daß keine Begleitplanung durchgeführt wird, weil davon auszugehen ist, daß die Umweltbelange in der zur Gesamtplanung gehörenden Landschaftsplanung zum Zuge kommt.

Der Träger der Bauleitplanung, also die Kommune, muß somit den gesamten Eingriffstatbestand, von den Planentwürfen des Eingriffs angefangen, über die Bestimmung der Eingriffserheblichkeit bis zu den Ausgleichsmaßnahmen **plane-**

---

[32] Die besonderen Rechtsprobleme mit der Anwendung des Verursacherprinzips s. z.B. OLSCHOWY 1981, Bd. 3, S. 885, Anm. 23.

risch lösen. Die nach den Grundsätzen des § 2 BNatSchG zu behandelnden Konflikte sind im Bauleitplan zu bereinigen. Dem kann der Träger der Bauleitplanung aber nur entsprechen, wenn er innerhalb der Planungsphase, also in jedem Fall bereits lange vor Durchführung des eigentlichen (baulichen) Eingriffs, zur Ermittlung der potentiellen Eingriffserheblichkeit und der vorzunehmenden Ausgleichsmaßnahmen eine entsprechende Prüfung vornimmt.

Voraussetzung einer derartigen Verpflichtung nach dem Verursacherprinzip ist, daß für den Eingriff "in anderen Rechtsvorschriften eine behördliche Bewilligung, Erlaubnis, Genehmigung, Zustimmung, Planfeststellung, sonstige Entscheidungen oder eine Anzeige an eine Behörde vorgeschrieben ist." (§ 8 Abs. 2 Satz 2 BNatSchG). So setzt der Gesetzgeber den Rahmen für die Eingriffsregelung und das damit verbundene Verursacherprinzip rechtlich formell fest. Er geht dabei von der Tatsache aus, daß jede Veränderung der Gestalt oder Nutzung von Grundflächen, die auch nur von einigem Belang ist, heute ohnehin nach **anderen Rechtsvorschriften** von einer behördlichen Entscheidung abhängig ist oder bei einer Behörde anzeigepflichtig ist, so daß auch nur derartige Eingriffe den Regelungen nach § 8 BNatSchG zu unterwerfen sind. Danach hat der Gesetzgeber nicht nur eine Beschränkung auf das Wesentliche erreicht, sondern auch die Einrichtung neuer Genehmigungsverfahren vermieden. Unter "anderen Rechtsvorschriften", das heißt, unter Rechtsvorschriften, die außerhalb der Naturschutz- und Landschaftspflege-Gesetzgebung liegen, müssen vornehmlich solche des Baurechts, der Zulassung gefährlicher Anlagen, des Straßenbaurechts, auch des Flurbereinigungsrechts und des Bergrechts verstanden werden (vgl. KOLODZIEJCOK/RECKEN 1977, Nr. 1125, Rdnr. 14). Das u.a. auch die Bauleitplanung begründende Baurecht[33] ist hier also unzweifelhaft inbegriffen, so daß auch der for-

---

[33] "Baurecht" ist der zusammenfassende Oberbegriff der beiden funktional miteinander verbundenen Materien des Städtebaurechts und des Bauordnungsrechts.

mal-rechtliche Rahmen für eine konsequente des Verursacherprinzips im oben beschriebenen Sinne als erfüllt angesehen werden muß.

Eine mögliche Ursache für Mißstände in dieser Hinsicht sowie Unentschlossenheit beim Gesetzesvollzug, kann in der Eigenart des Bebauungsplanes begründet sein, der nach § 29 BBauG für die meisten Vorhaben erst über Verwaltungsakte deren Zulässigkeit schafft (Erlaß über Bauordnung). Es läßt sich deshalb argumentieren, daß der Bebauungsplan in den nach § 8 Abs. 2 Satz 2 BNatSchG genannten "behördlichen Bewilligungen, ..." (s.o.) nicht enthalten ist, weil er kein "Fachplan" ist. Dem ist leicht entgegenzuhalten, daß manche nach einem Bebauungsplan abgewickelten Vorhaben, wie z.B. straßenbauliche (in den Ländergesetzen als **Regelfall eines Eingriffs** definiert) keinerlei zusätzlicher behördlicher Bewilligung bedürfen, sie aber trotzdem den Bestimmungen des § 8 BNatSchG (Eingriffsregelung/Verursacherprinzip) unterliegen.

Da aber bei derartigen, auf der alleinigen Grundlage eines Bebauungsplanes beruhenden Entscheidungen keinerlei Benehmensherstellung mit den Naturschutzbehörden mehr erforderlich ist (§ 8 Abs. 5 Satz 2 BNatSchG), **muß** angenommen werden, daß die Eingriffsregelung schon früher zum Tragen gekommen ist, also im gemeindlichen Bebauungsplanverfahren[34].

---

[34] Leider wird diese Rechtsunsicherheit/-lücke von Gemeinden z.T. ausgenutzt, um bei eingriffserheblichen Straßenplanungen die Eingriffsregelung auszuhebeln, indem die Planung nämlich nicht über ein **fachplanerisches** Planfeststellungsverfahren, sondern über einen Bebauungsplan betrieben wird.

2.4.3.3 Verfahrensmäßig-rechtliche Absicherung

Es bleibt die Frage nach der verfahrensmäßig-rechtlichen Absicherung einer UVP im Rahmen der Bauleitplanung: Im § 5 Abs. 1 BNatSchG schreibt der Gesetzgeber vor, daß die überörtlichen Erfordernisse und Maßnahmen zur Verwirklichung der Ziele des Naturschutzes und der Landschaftspflege unter Beachtung der Grundsätze und Ziele der Raumordnung und Landesplanung für den Bereich des Landes in Landschaftsprogrammen einschließlich Artenschutzprogrammen oder für Teile des Landes in Landschaftsrahmenplänen darzustellen sind. Durch diese zwingende Vorschrift wäre eine UVP überörtlich verfahrensmäßig abgesichert, zumal nach Abs. 2 dieses Paragraphen die raumbedeutsamen Erfordernisse und Maßnahmen der Landschaftsprogramme und Landschaftsrahmenpläne unter Abwägung mit anderen raumbedeutsamen Planungen und Maßnahmen in die Raumordnungspläne bzw. Raumordnungsprogramme aufgenommen werden sollen.

Aber auch für die Ortsebene hat der Bundesgesetzgeber die verfahrensmäßige Absicherung ausdrücklich gewährleistet. In § 6 Abs. 4 Satz 3 BNatSchG eröffnet er nämlich den Ländern die Möglichkeit, Darstellungen der Landschaftspläne als Darstellungen oder Festsetzungen in die Bauleitpläne aufzunehmen. Zudem weist er in § 9 Abs. 4 BBauG die Länder ausdrücklich darauf hin, daß sie durch Rechtsvorschriften bestimmen können, auf Landesrecht beruhende Regelungen, also z.B. auch landschaftsplanerische/grünordnerische Festsetzungen in den Bebauungsplan aufzunehmen.

2.4.3.4 Fazit

Auch im BNatSchG wird durch die Verknüpfung des Abwägungsgebotes mit den Grundsätzen, nach denen die Ziele des Naturschutzes und der Landschaftspflege zu verwirklichen sind, sowie durch die vorgeschriebene Beteiligungspflicht und Beteiligungsart der Landschaftsbehörden eine UVP ge-

Bundesnaturschutzgesetz

setzlich vorgeschrieben. Die Verantwortung für ein derartiges Prüfungs- und Entscheidungsverfahren liegt nach konsequenter Auslegung des Verursacherprinzips bei dem Träger der Bauleitplanung, also der Kommune. Die verfahrensmäßige Absicherung der UVP auf Ortsebene ergibt sich rechtlich sowohl nach dem BNatSchG als auch nach dem BBauG durch die Möglichkeit einer Verknüpfung der Pläne der Landschaftsplanung mit denen der Bauleitplanung.

3. Die Umweltverträglichkeit in der Flächennutzungsplanung

Die UVP soll mehr sein als "das übliche Abfragen eines punktuellen Gutachtens - für mich meint UVP das Aufarbeiten eines Umweltproblems mit den Mitteln der Planung." So SPINDLER (1983, S. 23). Dieses UVP-Verständnis soll auch dem hier angestrebten Vorgehen zugrunde liegen. Vorgestellt wird deshalb in dem sich räumlich konkretisierenden Verfahren der Bauleitplanung ein integriertes Verfahren mit sich verdichtenden Informationen bei zunehmendem Detaillisierungsgrad. Die physisch-ökologischen Umweltbelange sollen möglichst frühzeitig in das Planungsverfahren einfließen, um den häufig praktizierten sog. "Quereinstieg" zu vermeiden.

Vorgegeben durch das Basisinstrumentarium der Bauleitplanung ist das verfahrenstechnische Vorgehen auf zwei Ebenen zu betrachten, nämlich auf der Stufe der Flächennutzungsplanung und der der Bebauungsplanung. Dargestellt werden sollen somit zwei aufeinander abgestimmte, zunehmend konkreter werdende Prüfschritte.

Nicht behandelt wird hier die der Bauleitplanung vorgeschaltete Stadtentwicklungsplanung, die wegen ihrer richtungsweisenden Bedeutung unbedingt ebenfalls auf ihre ökologische Verträglichkeit hin zu überprüfen ist. Auszugehen ist dabei in erster Linie von der Erkenntnis, daß das landschaftliche Potential einer Kommune, ähnlich wie die Kapazität einer Kläranlage, begrenzt ist. Dadurch würde der Bedarf an Verkehrs-, Gewerbe- und Wohnbauflächen viel mehr und entscheidender zu einer zu hinterfragenden und nicht allein zu einer zu befriedigenden Größe. Die Verträglichkeitsprüfung der Entwicklungsplanung würde somit zum Instrument einer auch ökologisch ausgerichteten Bedarfsplanung und hätte raumplanerisch prozessualen Charakter. Entsprechend wäre das Verfahren auch als dynamischer raumplanerischer Ansatz prozeßhaft auszurichten (Prozeß-UVP) (vgl. SPINDLER 1983, näheres zu Prozeß- und Projekt-UVP s. Kap. 4.3.3).

Im folgenden sollen zunächst die planerisch-verfahrensmäßigen Faktoren einer raumbezogenen Umweltverträglichkeitsprüfung innerhalb der Flächennutzungsplanung skizziert werden.

3.1 Die raumbezogene Umweltverträglichkeitsprüfung

Der Flächennutzungsplan stellt, in der Regel im Maßstab 1:10000, für das beplante Stadtgebiet die beabsichtigte Art der Bodennutzung dar (Wohnbauflächen, Verkehrsflächen, Grünflächen usw.). Somit erhält er die zukünftige Gesamtkonzeption für die räumliche Entwicklung er Stadt. Der zeitliche Geltungsbereich ist durch das BUNDESBAUGESETZ nicht eingeschränkt, es sei denn, die Gemeinde hebt den Leitplan auf und ersetzt ihn durch einen anderen (allgemein zehnjährige Laufzeit). Eine Veränderung der rahmensetzenden Bedingungen der Stadtentwicklungsplanung, z.B. durch Rückbesinnung auf eine Aktivierung der Innenstädte oder durch Überprüfung der Ziele der Landesplanung, etwa in Folge einer veränderten Bevölkerungsentwicklung oder eines stärkeren Umweltbewußtseins können Anlaß sowohl für eine nachträgliche Änderung als auch für eine generelle Überarbeitung des Flächennutzungsplanes sein. Die räumliche Planung muß dann entsprechend der neuen Zielsetzung geändert werden. Unter Einbeziehung der raumordnerischen Ziele (z.B. räumliche Synthese zwischen Erholungsfunktion und Schutz der Landschaft, Förderung des öffentlichen Personennahverkehrs, Schaffung von Wohnraum, Ausweisung von Gewerbeflächen usw.) führt eine entsprechende Standortfindung zu Modifikationen. Dabei befinden sich einige Ziele der räumlichen Ordnung untereinander im Konflikt. So sind etwa die Zielvorgaben des BUNDESNATURSCHUTZGESETZES und der Ländernaturschutzgesetze nur ein Zielbereich unter den vielen anderen.

Aufgabe eines ökologisch ausgerichteten Prüfungs- und Entscheidungsinstrumentariums auf Flächennutzungsplan-Ebene muß also sein, schon bei der Standortfindung Konflikte zwischen den Belangen von Ökologie und Umweltschutz und den anderen Flächen beanspruchenden Nutzungen aufzuzeigen und nach Möglichkeit von vornherein auszuklammern.

Die frühe Berücksichtigung der Umweltbelange führt dabei nicht nur zu einer Kosten- und Zeitersparnis im weiteren Planungsverlauf, sondern sie bewirkt auch die bessere Durchsetzung einer Planung, bei der die Konflikte schon vorzeitig erkannt und minimiert wurden[35].

In jedem Fall unzulänglich erscheint ein Abgleich der flächenbeanspruchenden Nutzung mit den ökologischen Belangen erst beim Abwägungsprozeß selbst. Umweltbelange unterliegen gerade dann häufig den schon geschaffenen sog. "Sachzwängen" in Form von bereits erbrachten Investitionszusagen, Vorleistungen o.ä. Die Null-Variante und somit das grundsätzliche Überdenken der Planung ist damit von vornherein ausgeschlossen. Allenfalls kann man dann die relativ umweltverträglichere Modifikation berücksichtigen, das heißt, lediglich das kleinere Übel wählen.

Es ist deshalb notwendig, dem Flächennutzungsplaner eine **zielorientierte Raumanalyse und -bewertung** vorzugeben, damit er nur solche Planungsalternativen entwickelt, die schon von vornherein eine Beeinträchtigung der physisch-ökologischen Umwelt möglichst weitgehend ausschließen. So gehen entsprechend dem Vorsorgeprinzip auch nur vorgeprüf-

---

[35] Deshalb dürften auch Befürchtungen, insbesondere kleinerer und mittlerer Gemeinden, um die Einschränkung ihrer kommunalen Planungshoheit bei der Einführung einer generellen UVP-Regelung nicht gerechtfertigt sein.

Zielanalyse und Begründung

te Planungsvarianten in die konkretere Planungsebene der Bebauungsplanung ein und erfahren hier eine engere Überprüfung in bezug auf die Umweltbelange. Hauptaufgabe dieser als raumbezogene Umweltverträglichkeitsprüfung zu bezeichnenden gröberen Untersuchung innerhalb der Flächennutzungsplanung ist somit die Darstellung des räumlich-ökologischen Umweltkonfliktpotentials.

Dieser Kern der raumbezogenen UVP sei im folgenden dargestellt. Die methodischen, organisatorischen sowie kommunalpolitischen Aspekte entsprechen im Grundsatz denen der Bebauungsplanung und finden ausführliche Behandlung in Kap. 4. Die raumbezogene Umweltverträglichkeitsprüfung soll (in grober Orientierung an Art. 5 der RICHTLINIE DER EUROPÄISCHEN GEMEINSCHAFT 1985 sowie den GRUNDSÄTZEN DES BUNDES zur Umweltverträglichkeitsprüfung 1975) in folgenden Verfahrensschritten vorgestellt werden:

1. Die Zielanalyse und Begründung der vorgesehenen Flächenfunktion
2. Die zielorientierte Raumanalyse und -bewertung
3. Die Feststellung der raumbezogenen Umweltverträglichkeit
4. Die Ergebnisdarstellung.

3.1.1 Zielanalyse und Begründung

Zu Beginn der raumbezogenen UVP sollte zunächst die geplante Flächennutzung allgemein nach Lage und Lagebeziehungen, Dimensionen, Historie u.ä. vorgestellt sowie auf ihre Begründung eingegangen werden. Dabei kann sich eine im Flächennutzungsplan vorgesehene "neue" Flächenfunktion aus einer Reihe von übergeordneten oder gleichrangigen gesetzlich vorgegebenen Zielvorstellungen begründen. Hier seien nur die wichtigsten kurz angesprochen:

UVP Flächennutzungsplanung

a) Die Ziele der **Raumordnung** und **Landesplanung** finden auf der obersten Stufe ihren Ausdruck in den "Grundsätzen der Raumordnung", wie sie in § 2 RAUMORDNUNGSGESETZ aufgestellt wurden. Aus diesen Grundsätzen ebenso wie aus den sie ergänzenden Grundsätzen der Raumordnung und Landesplanung, wie sie sich teils in den Landesplanungsgesetzen, teils in den Landesentwicklungsprogrammen finden, lassen sich in konkreter Form allerdings kaum Ziele ableiten, die unmittelbar in die Flächennutzungsplanung zu übertragen wären. Eine Konkretisierung findet somit auch vornehmlich in den regionalen Raumordnungsplänen (Gebietsentwicklungsplänen) statt, die die anzustrebende räumliche Ordnung und Entwicklung einer Region oder eines sonstigen Teilgebietes eines Landes zielmäßig festlegen.

b) Aufgrund verschiedener gesetzlicher Vorschriften sind entsprechend im Flächennutzungsplan übergeordnete fachplanerische Zielvorstellungen zu berücksichtigen und/oder nachrichtlich zu übernehmen. Dies kann der Fall sein z.B. bei
- Richtfunktrassen der Deutschen Bundespost
- Ferngasleitungen
- Hochspannungsfreileitungen
- Verkehrsflächen der Deutschen Bundesbahn
- Wasserschutzzonen der Wasserwerke
- u.ä.

c) Nach § 1 Abs. 5 BBauG sind die Ergebnisse einer von der Gemeinde beschlossenen Entwicklungsplanung, soweit sie städtebaulich von Bedeutung sind, bei der Aufstellung des Flächennutzungsplanes zu berücksichtigen. Diese können als Gesamtkonzept der Stadtentwicklung und querschnittsorientiert für die Bauleitplanung vorliegen oder als inhaltlich oder ressortmäßig mehr oder weniger eingegrenzte Zielvorstellungen (z.B. Siedlungsschwer-

Zielorientierung

punkte-Konzept nach dem Landesentwicklungsprogramm[36], Generalverkehrsplan, Schulentwicklungsplan, Sportstättenleitplan, Kindergarten- und Kinderspielplatz-Bedarfsplan, Altenplan, Freiflächenplan, Landschaftsplan u.ä.).

Der Punkt c) umfaßt damit die im Verlauf der raumbezogenen UVP zu überprüfenden wesentlichen Zielvorgaben aus den Bereichen der Stadtentwicklungsplanung, Bauleitplanung, der verschiedenen Fachplanungen sowie der Landschaftsplanung. Die sich aus diesen Zielen ergebenden Planvorstellungen, welche nun im Flächennutzungsplan behördenverbindlich festgeschrieben werden sollen, sind zuvor auf ihre raumbezogene Umweltrelevanz hin zu untersuchen.

Nach der Zielanalyse und der entsprechenden Begründung der vorgesehenen Flächenfunktion kann als nächster Schritt der raumbezogene UVP die zielorientierte Raumanalyse und -bewertung erfolgen.

3.1.2 Zielorientierte Raumanalyse und -bewertung

3.1.2.1 Zielorientierung

Nach der RICHTLINIE DER EUROPÄISCHEN GEMEINSCHAFT (1985) soll eine UVP die "unmittelbaren und mittelbaren Auswirkungen" eines Projektes auf folgende Faktoren identifizieren, beschreiben und bewerten (vgl. Kap. 2.3):

---

[36] Siedlungsschwerpunkte sind Standorte innerhalb einer Gemeinde, die sich für ein räumlich gebündeltes Angebot von öffentlichen und privaten Entwicklungen der Versorgung, der Bildung und der Kultur, der sozialen und medizinischen Betreuung, der Freizeitgestaltung sowie der Verwaltung eignen. In bezug auf ihre ökologische Relevanz s. Kap. 1.4.

a) Mensch, Fauna und Flora
b) Boden, Wasser, Luft, Klima und Landschaft
c) die Wechselwirkungen zwischen a) und b)
d) Sachgüter und das kulturelle Erbe

Wenn man die Sachgüter als schützenswerte Bestandteile der Kulturlandschaft versteht sowie den Menschen als Teil des Naturhaushaltes (vgl. Kap. 1.2), wie dieser letztlich auch für den Menschen als gesunde Lebensgrundlage und Produktionsbasis geschützt und erhalten werden soll, so läßt sich als Oberziel einer UVP-Durchführung der § 1 des BNatSchG heranziehen (vgl. Kap. 2.4.3.1 und Kap. 4.3.1). Hier findet im übrigen auch das dem UVP-Gedanken zugrundeliegende Umweltvorsorgeprinzip seine Verankerung durch den Begriff einer "nachhaltigen" Sicherung, denn:

Nach § 1 Abs. 1 BNatSchG sind Natur und Landschaft so zu schützen, zu pflegen und zu entwickeln, daß die **Leistungsfähigkeit** des Naturhaushaltes, die **Nutzungsfähigkeit** der Naturgüter, die Pflanzen- und Tierwelt sowie die Vielfalt, Eigenart und Schönheit von Natur und Landschaft **nachhaltig** gesichert sind. Der Naturhaushalt wird hier also eindeutig als ein komplexes Wirkungsgefüge aller Naturfaktoren wie Boden, Wasser, Luft, Klima, Pflanzen- und Tierwelt verstanden. Neben diesen Naturgütern (natürliche Ressourcen), von denen Pflanzen- und Tierwelt nochmals besonders hervorgehoben sind, wird mit Vielfalt, Eigenart und Schönheit das äußere Erscheinungsbild der Landschaft angesprochen. Doch ist deren Erhaltung nicht allein von ästhetischem Wert, sondern gleichzeitig der optimale Ausdruck eines intakten, noch weitgehend der Selbstregulation fähigen Ökosystems. Nach dem Gesetz ist dies nicht nur ein für den unbesiedelten Bereich anzustrebender Zustand, sondern -ausdrücklich vorgeschrieben- auch für den besiedelten Bereich. Hier deckt sich das Gesetz mit den eingangs geschilderten ökologischen Vorstellungen für die dauerhafte Sicherung des vom Menschen besiedelten Lebensraumes Stadt.

In § 1 Abs. 1 BNatSchG, deutlicher aber noch bei der Eingriffsdefinition in § 8 Abs. 1, wird auf die Erhaltung der Leistungsfähigkeit des Naturhaushaltes abgehoben. Selbstverständlich schließt das den Schutz der Naturgüter in einem funktionsfähigen Naturhaushalt an sich mit ein, wie dieser auch Voraussetzung für die Erhaltung der Pflanzen- und Tierwelt ist. Allerdings heißt das auch, daß die in eine Prüfung einzustellenden Umweltbelange nicht allein auf die Naturgüter selbst gerichtet sind, sondern ebenfalls alle an Naturgüter gebundene Nutzungen und ihre durch eine Planungsmaßnahme möglichen Veränderungen mitumfaßt. Naturgutgebundene Nutzungen wie etwa Wasserwirtschaft, Landwirtschaft, Forstwirtschaft u.a. sind demgemäß in eine fachliche Beurteilung von seiten des Umwelt- und Naturschutzes ebenso miteinzubeziehen wie die landschaftsgebundene Erholung.

Oberstes Ziel ist also die Erhaltung der Umweltqualität durch die nachhaltige Sicherung der natürlichen Gegebenheiten als Lebensgrundlage für den Menschen. Der Mensch, letztlich Leidtragender eines gestörten Naturhaushaltes und Akzeptor der durch Flächeninanspruchnahme hervorgerufenen **indirekten** Umweltbelastungen, stellt somit auch im BUNDESNATURSCHUTZGESETZ den Bezugspunkt aller Betrachtungen dar. Ziel muß es dann aber erst recht sein, auch den Menschen selbst als Teil des Naturhaushaltes (vgl. RICHTLINIE DER EG 1985), in der Stadt räumlich gesehen also insbesondere seinen Wohnsiedlungsbereich, vor **direkten** Beeinträchtigungen zu schützen (nähere Begründung s. Kap. 3.1.2.4.2; Zielsystem s. Kap. 3.1.2.6).

3.1.2.2 Grundbelastung

Grundlage einer jeden Raumanalyse und -bewertung muß somit die Ermittlung der Vorbelastung des zur Beplanung anstehenden Raumes sein und zwar hinsichtlich der **direkten** Beeinträchtigung des Menschen, insbesondere durch

- Lärmimmissionen
- Luftverunreinigungen
- negative Klimabeeinflussung
- Bodenverunreinigung.

Zu ermitteln sind diese Daten aus Katastern, Einzelgutachten, Wärmekarten und Thermalluftbildern, Altlastenkatastern und -untersuchungen, zusammenfassenden Umweltberichten u.ä. oder indirekt über die Betrachtung der Realnutzung, die über reine Flächenfunktionen hinaus auch Auskunft über die Raumqualität gibt. Eine hohe Grundbelastung an einem zu beplanenden Standort kann bereits zur Ablehnung z.B. eines Wohnbauvorhabens führen.

Neben diesen direkten Belastungen gilt es weiter, die für den Menschen **indirekten** Beeinträchtigungswirkungen festzustellen. Für diesen zweiten Aspekt der umweltrelevanten Raumanalyse und -bewertung kann der nach den Landschaftsgesetzen zu erstellende Landschaftsplan eine wesentliche Grundlage (insbesondere wesentlicher Grundlagenlieferant) sein. Die somit sogar gesetzlich abgesicherte Vorgehensweise soll im folgenden im Rahmen der raumbezogenen UVP entwickelt werden. Dazu muß zunächst auf den Landschaftsplan in seiner Bedeutung für die UVP kurz eingegangen werden.

3.1.2.3 Landschaftsplan und UVP

Der Landschaftsplan wird **gesamträumlich** erstellt und ist nicht projektbezogen. Da es hier um eine raumbezogene UVP geht, ist die gesamträumliche Betrachtungsweise in diesem Planungsstadium ohnehin unabdingbar. Um die Projektbezogenheit herauszustellen, muß somit aber ein über den Landschaftsplan hinausgehender UVP-Schritt der Konfliktermittlung mit der geplanten Flächenfunktion stattfinden (s. Kap. 3.1.3).

Landschaftsplan

Zum Verständnis folgendes vorweg: Alle Bundesländer praktizieren eine mehrstufige Landschaftsplanung, jedoch haben sie sowohl das Verhältnis zur Regional- und Bauleitplanung als auch den Inhalt ihrer Pläne sowie das Planaufstellungsverfahren in ihren Landschaftsgesetzen unterschiedlich geregelt. Es muß hier nicht insgesamt auf die entsprechenden Organisationsformen und Verbindlichkeiten eingegangen werden[37]. Hingewiesen sei lediglich auf das nordrhein-westfälische Vorgehen auf der Ebene der Flächennutzungsplanung mit der Besonderheit der eigenen Rechtsverbindlichkeit des Landschaftsplanes (Konzeption als eigener Fachplan) und seinem Geltungsbereich außerhalb der im Zusammenhang bebauten Ortsteile und des Geltungsbereiches des Bebauungsplanes.

Im Gegensatz zu anderen Ländergesetzen enthält das LANDSCHAFTSGESETZ NW konkrete Inhaltsangaben zum Landschaftsplan. So hat der Landschaftsplan neben der nachrichtlichen Wiedergabe der Ziele und Erfordernisse der Raumordnung und Landesplanung zu enthalten:

- die Darstellung des Landschaftszustandes (§ 17),
- die Darstellung der Entwicklungsziele der Landschaft (§ 18),
- die Ausweisung besonders geschützter Flächen und Landschaftsbestandteile (§ 9-23),
- die Zweckbestimmung für Brachflächen (§ 24),
- besondere Festsetzungen für die forstliche Nutzung (§ 25) und
- die Entwicklungs-, Pflege- und Erschließungsmaßnahmen (§ 26).

Der Landschaftsplan liefert somit die erste und wichtigste Orientierung über den Ist-Zustand von Natur und Landschaft sowie über die Soll-Vorstellung der räumlichen Entwicklung

---

[37] Ein tabellarischer Gesamtüberblick über die Landschaftsplanung in den Bundesländern findet sich bei MERIAN/WINKELBRANDT 1984.

aus Sicht der Landschaftsplanung. Das Planungsvorhaben muß mit diesen Zielen abgeglichen werden und sollte mit ihnen übereinstimmen (vgl. Kap. 3.1.1) bzw. sich aus ihnen begründen.

Kernstück des Landschaftsplanes ist die Darstellung der planungsrelevanten ökologisch begründeten Landschaftseinheiten (LE) als kartographischer Niederschlag der Analyse des Naturhaushaltes (genauer: seiner einzelnen Elemente). Die LE sind Gebiete, die innerhalb eines Areals gleiche oder ähnliche natürliche Gegebenheiten aufweisen und gleichartig auf Eingriffe in den Naturhaushalt reagieren. Die den Naturhaushalt ausmachenden natürlichen Gegebenheiten ergeben sich aus den Landschaftsfaktoren Untergrundgestein, Relief (Oberflächenform), Boden, Wasserhaushalt, Geländeklima, Vegetation und Tierwelt. Die Grenze einer LE wird dort angesetzt, wo sich die ökologischen Eigenschaften eines oder mehrerer Faktoren so weit voneinander entfernt haben, daß andersartige ökologische Bedingungen (andersartige Strukturdynamik) vorliegen (vgl. u.a. KLINK 1975, KLINK 1981). Die Festlegung, wann eine ökologisch relevante Änderung eines Faktors erfolgt, geschieht mit Hilfe von Kartierkriterien und Schwellenwerten (s. u.a. MARKS 1979). Im Rahmen der Landschaftsplanung wird notwendigerweise aber nicht nur eine gründliche Analyse des Naturhaushalts durchgeführt, sondern auch eine **Bewertung des natürlichen Potentials**. In Nordrhein-Westfalen wird dies von der 2. Durchführungsverordnung zum Landschaftsgesetz (§ 1) gefordert. Ziel der Bewertung soll sein, die ökologische Bedeutung von Landschaftsteilen zu ermitteln und daraus planerische Aussagen zur Ableitung der Entwicklungsziele und Festsetzungen zu treffen. Eine Vielzahl ökologischer Bewertungsverfahren kommt dabei zum Einsatz (vgl. u.a. MARKS 1979).

3.1.2.4 Das Instrument der Vorrangflächenzuweisung

Voraussetzung für eine Aussage über Konflikte aufgrund von Nutzungsüberlagerungen, -beeinflussungen, -störungen ist die Feststellung des Akzeptors, das heißt, die Aufdeckung dessen, was überhaupt beeinträchtigt werden kann. Der zentrale Teil der raumbezogenen UVP ist, im Feinheits- und Genauigkeitsgrad dem Maßstab der Flächennutzungsplanung angepaßt, also zunächst eine Darstellung der Schutzbedürftigkeit und Nutzungsfähigkeit von Teilen des Planungsraumes als Indikator für **ökologisch bzw. ökologisch-funktional bedeutsame Räume.** Damit ist das entsprechende instrumentelle Vorgehen eine Zuweisung von Vorrangfunktionen für die Räume, in denen sich die umweltbedeutsamen Belangen nach § 1 BNatSchG widerspiegeln. Hinter diesem Vorgehen nach dem Vorrangflächenprinzip verbirgt sich die dieser Ausarbeitung zugrundegelegte schwerpunktmäßig anthropozentrische Gesichtsweise. Es geht um die physisch-ökologischen Funktionen im Ökosystems Stadt und Umland, das heißt, um Leistungen für den Menschen.

Diese räumlich zu betrachtenden Leistungen, heute im allgemeinen als "Naturraumpotentiale" bezeichnet, sind eine Inwertsetzung des Naturhaushaltes. Ihre Darstellung ist zum frühzeitigen Erkennen von Konflikten, ausgelöst durch die Flächenbeplanung, unabdingbar. Die raumbezogene UVP gibt Auskunft darüber, inwieweit sich die geplante Flächenfunktion bzw. deren Raumwirkung mit der Vorrangfunktion als unvereinbar bzw. als vereinbar erweist (vgl. Kap. 3.1.3). Dazu sollte die Vorrangflächenzuweisung, sofern möglich, in einer Anspruchsdifferenzierung stattfinden (ähnlich den Abstufungen der Wasserschutzzonen). Ebenso sollten die von der geplanten Nutzung ausgehenden Belastungswirkungen möglichst qualifiziert und quantifiziert angegeben sein. Das Ergebnis dieser so vorgenommenen Raumanalyse und -bewertung ist schließlich ein System sich ganz oder teilweise überlagernder Vorrangflächen für ökologisch bedeutsame Funktionen, soweit möglich mit entsprechender Abstufung hinsichtlich ihrer Empfindlichkeit.

3.1.2.4.1 Definition und Entwicklung

Nach BRÖSSE (1981, S. 19) ist ein Vorranggebiet ein Gebiet, "... das vorrangig einer Nutzung vorbehalten ist und andere Nutzungsmöglichkeiten nur dann erlaubt, wenn dadurch die Vorrangfunktion nicht beeinträchtigt wird." Die Vorrangfunktionen entstehen dabei durch planerische Zuweisung von ausschließlich einer Funktion oder mehreren Funktionen an den Raum. Dadurch werden normalerweise bestimmte, räumlich bereits vorhandene Funktionen rangmäßig aus der Reihe der anderen Raumfunktionen herausgehoben. Die Notwendigkeit, bestimmte Funktionen planerisch zu stärken, das heißt, Nutzungsprioritäten zu setzen, scheint in der Fachliteratur unumstritten. WEYL (1981, S. 12/13) sieht in der Vorrangflächenzuweisung die Grundlage für Planung überhaupt. Er meint sogar, "daß Raumplanung recht eigentlich mit dem Setzen von Vor- und Nachrängen in der Nutzung unterschiedlich strukturierter Teilräume gleichzusetzen ist." Räumliche Planung setzt sich danach also zusammen aus der Positiv-Planung, welche die Ausweisung von Nutzungsmöglichkeiten umfaßt, und einer Negativ-Planung, welche die Festsetzung von Nutzungsbeschränkungen beinhaltet.

Vorranggebiete werden im allgemeinen damit begründet, daß eine räumliche Funktionsteilung zu gesamträumlichen Vorteilen führen können. Es ist aber anzumerken, daß diese Begründung in erster Linie aus ökonomischen Plausibilitätsüberlegungen entstand und nicht aus ökologischen. Zudem erweckt es den Anschein, als wenn bei den Überlegungen zu den Kostenvorteilen, die sich aus der arbeitsteiligen Produktion ergeben, mehr privatwirtschaftliche Kalkulationen im Vordergrund standen als volkswirtschaftliche (z.B. dürften in die Rechnung kaum Kosten für eine Waldsanierung eingeflossen sein, die heute vielerorts notwendig geworden ist und zwar nicht zuletzt auch durch ein erhöhtes Verkehrs- bzw. Abgasaufkommen gerade wegen dieser strikt eingehaltenen Funktionstrennung, z.B. von Wohnen und Arbeiten oder von Wohnen und sich Versorgen).

Die Entwicklung des Instruments der Vorrangflächenzuweisung ist eng verbunden mit der Diskussion um die Operationalisierung der Ziele von Raumordnung und Landesplanung, wie sie in Abb. 6 mit den Formulierungen des BUNDESRAUMORDNUNGSPROGRAMMS 1975 dargestellt sind. BARTH (1984) hat sie mit den umweltpolitischen Zielen verknüpft. Ein mangelhaftes Greifen der traditionellen Instrumente der Raumplanung (Infrastrukturplanung, positive und negative Anreizplanung, Siedlungsflächensteuerung) ließen ein Vollzugsdefizit entstehen und stellten die raumordnungspolitischen Ziele und Instrumente zunehmend in Frage. Praktische Verhaltensregeln fehlten, insbesondere auch, weil sich die raumordnerischen Problemfelder verlagert hatten (z.B. geht es heute weniger darum, räumliche Infrastrukturdefizite abzubauen, sondern vielmehr steht im Mittelpunkt die Eindämmung struktureller Arbeitslosigkeit, der Schutz und Erhalt der Umwelt u.a.).

3.1.2.4.2 Ökologische Vorrangflächen

Das Vorrangflächenprinzip kann nun aber auch zu einem Instrument werden, mit dem diese neuen rahmensetzenden Bedingungen berücksichtigt werden. Dabei läßt sich zeigen, daß dieses Instrument insbesondere im Hinblick auf eine bessere ökologische Orientierung der Raumordnung ausgesprochen effizient sein kann. Jene ökologische Orientierung ist aus den Erkenntnissen der ökologischen Forschung abzuleiten. Dementsprechend muß von einem Raumordnungskonzept ausgegangen werden, nach dem die grundlegenden Eigenschaften relativ stabiler (natürlicher bzw. naturnaher) Ökosysteme genutzt werden zur Stützung der übrigen räumlich

UVP Flächennutzungsplanung

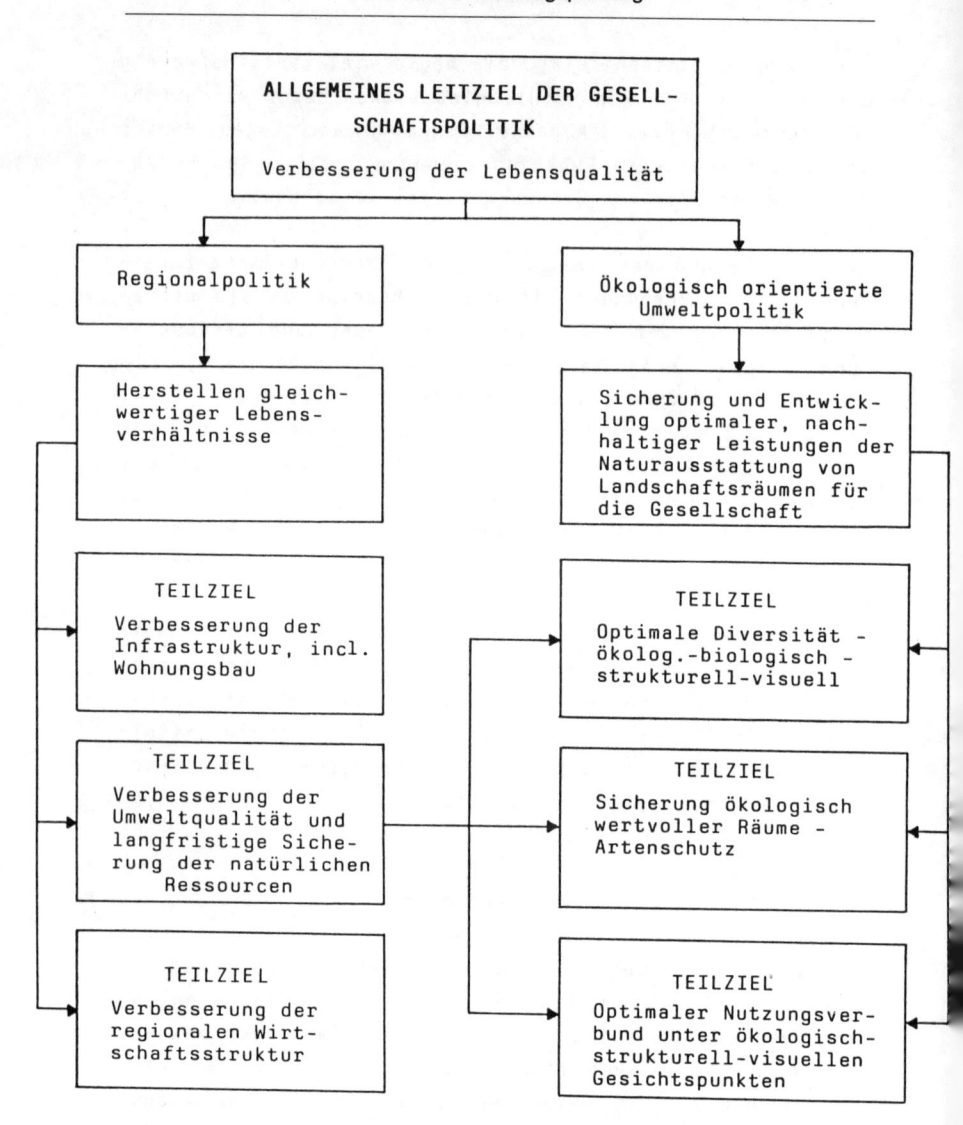

```
                ┌─────────────────────────────┐
                │ ALLGEMEINES LEITZIEL DER    │
                │ GESELLSCHAFTSPOLITIK        │
                │                             │
                │ Verbesserung der            │
                │ Lebensqualität              │
                └─────────────────────────────┘
```

Regionalpolitik	Ökologisch orientierte Umweltpolitik
Herstellen gleichwertiger Lebensverhältnisse	Sicherung und Entwicklung optimaler, nachhaltiger Leistungen der Naturausstattung von Landschaftsräumen für die Gesellschaft
TEILZIEL Verbesserung der Infrastruktur, incl. Wohnungsbau	TEILZIEL Optimale Diversität - ökolog.-biologisch - strukturell-visuell
TEILZIEL Verbesserung der Umweltqualität und langfristige Sicherung der natürlichen Ressourcen	TEILZIEL Sicherung ökologisch wertvoller Räume - Artenschutz
TEILZIEL Verbesserung der regionalen Wirtschaftsstruktur	TEILZIEL Optimaler Nutzungsverbund unter ökologisch-strukturell-visuellen Gesichtspunkten

Abb. 6: Ziele der Regional- und Umweltpolitik
Nach: BARTH 1984

zugeordneten weniger stabilen, weil intensiv genutzten Ökosysteme. Weiter sind die natürlichen Ökosysteme in ihrer bedeutsamen Funktion für den Gesamtraum möglichst so abzustecken, daß sie die anthropogen bedingten Raumelemente sorgsam umschließen. Die labilen, künstlichen Systeme selbst sind so anzulegen, daß sie nicht auf die natürlichen/naturnahen Systeme zerstörerisch einwirken (und damit auf den Gesamtraum). Dazu sollten sie so weit wie möglich nach dem Vorbild der selbstregulierenden Systeme gestaltet werden (weitgehend geschlossene Stoff- und Energiekreisläufe, Straßen-, Fassaden-, Dachbegrünungen usw.). Das ökologische Leitbild für ein solches Raumordnungskonzept wurde in seinen wesentlichen Grundzügen bereits in Kap. 1.4 vorgestellt.

3.1.2.4.3 Dimension

Im Zusammenhang mit der Ausweisung ökologisch bedeutsamer Vorranggebiete auf kommunaler Ebene ist unbedingt noch auf die Dimensionsfrage einzugehen. Schon die ein Vorranggebiet auszeichnende, relativ strenge Bestimmung, daß andere Nutzungen die Vorrangfunktion nicht negativ beeinflussen dürfen, weist darauf hin, daß Vorranggebiete realistischerweise eher klein dimensioniert sein müssen. Großräumige Vorranggebiete dagegen umfassen eine Vielzahl von Nutzungen, deren Flächen innerhalb der großen Vorrangfläche verstreut liegen und sich mehr oder weniger überlagern. So ist z.B. das Sauerland großräumiges Erholungsgebiet und mit seinen eingelagerten Talsperren wichtigstes Trinkwasserreservoir für das Ruhrgebiet, doch gleichzeitig ist es auch ein Siedlungsraum, ausgestattet mit Gewerbebetrieben und entsprechender Infrastruktur. Sicher ist auch in kleinräumigen Vorranggebieten eine Nutzungsüberlagerung gegeben, allerdings scheint in diesem Maßstab die Anerkennung nur einer Funktion besser durchsetzbar als in einem großräumig abgesteckten Gebiet. Dieser an den Planungsrealitäten gemessenen Favorisierung der kleinräumigen Vorrangflächen kommen die jüngsten Erkenntnisse der Ökologie entgegen.

Zwar lassen sich über die wirksame Größe von ökologischen Vorranggebieten bislang wenig konkrete, allgemein verbindliche Aussagen treffen. In der raumorientierten ökologischen Forschung scheint sich allerdings mehr und mehr die Erkenntnis durchzusetzen (vgl. FINKE u.a. 1976, FINKE 1978, HABER 1979c), daß der gewünschte stabilisierende Effekt von natürlichen/naturnahen Ökosystemen in bezug auf die anthropogen bestimmten künstlichen urbanen Ökosysteme am besten in einem kleinräumig angeordneten Nutzungsmuster, sozusagen in engen Nachbarschaftsbeziehungen, zu erreichen ist (entgegen der Meinung von HÜBLER 1977). LESER (1975), zitiert in FINKE (1978), ist der Auffassung, daß sich der ökologische Austausch kleinräumig intensiv auf zahlreiche Faktoren und Systemelemente erstreckt, während er in großen Erdräumen auf wenige ökologische Ausgleichswirkungen beschränkt ist.

Sicher sind aus planerischer Sicht nicht alle Ausgleichsleistungen der ökologisch bedeutsamen Vorrangflächen gleichermaßen wichtig. Der Ausgleich ergibt sich nämlich zunächst aus der bestehenden zu beseitigenden oder einer geplanten und zu verhindernden Belastungssituation. Sie ergibt sich nicht aus der **Anzahl** der funktionalen Zuordnungen der natürlichen zu den künstlichen Ökosystemen. Soll etwa durch die Vorrangfläche ein dringend notwendiger lufthygienischer Ausgleichsraum erhalten werden, rücken z.B. die biotischen, pedologischen und hydrologischen Verflechtungen in den Hintergrund. Das heißt, auch die engen multifunktionalen Ausgleichswirkungen werden bedeutungslos, wenn nicht die Belastung nur **eines** Systembestandteiles (z.B. Lufthygiene) hinreichend kompensiert wird.

Vorrangflächenzuweisung

Hier wird aber auch deutlich, daß selbst innerhalb des ökologischen Zielrahmens reichlich Konfliktstoff enthalten ist, so z.B. zwischen dem wasserwirtschaftlichen Ziel der Trinkwassergewinnung und dem landwirtschaftlichen Ziel der Produktion auch unter Düngereinsatz oder zwischen forstlichen Interessen und einer durch Abholzung herbeizuführenden Frischluftzufuhr (vgl. Kap. 4.3.2.2). Trotz dieser nicht außer acht zu lassenden Überlegungen bleibt im Hinblick auf die Dimensionsfrage festzuhalten: Aufgrund des heutigen naturwissenschaftlich-ökologischen und planerischen Kenntnisstandes scheint sich die Hypothese zu erhärten, daß gerade in Ballungsgebieten im Hinblick auf eine ökologische Orientierung der Raumplanung besonders das Instrument der kleinräumigen Vorrangflächenausweisung geeignet erscheint.

Im Rahmen der hier vorgeschlagenen raumrelevanten UVP innerhalb der Flächennutzungsplanung soll deshalb auf dieses Instrumentarium zurückgegriffen werden. Diese Planungsebene, als flächenschärfste Ebene der Raumordung, scheint besonders prädestiniert für eine Anwendung des ökologischen Vorrangflächenprinzips, denn in der Flächennutzungsplanung selbst wird nach dem Prinzip der Positiv-Negativ-Planung verfahren. Denn die Festlegung bestimmter Nutzungsformen schließt gleichzeitig bestimmte andere Landnutzungsformen aus. So klammert z.B. die Ausweisung einer Fläche als "reines Wohngebiet" ihre Nutzung als Gewerbegebiet ebenso aus wie jede andere Nutzungsform, auch die eines "gemischten Wohngebietes"[38]. Eine Ausweisung im Flächennutzungsplan ist also im Prinzip nichts anderes als eine Vorrangflächenzuweisung, allerdings nicht auf der im Rahmen der UVP angestrebten ökologischen Grundlage. Weitere Unterschiede sind: die Flächenfestlegungen im Flächennutzungsplan sind flächendeckend und haben eine formal-rechtliche

---

[38] Im Bebauungsplan geschieht vergleichbares für die Nutzungsintensität insbesondere durch die Festlegung von Art und Maß der baulichen Nutzung durch Geschoßflächenzahl, Baumassenzahl und Grundflächenzahl (vgl. Kap. 2.4.1.5).

Absicherung, Überlagerungen treten bei ihm nicht auf, sie sind planerisch eindeutig und haben amtliche Bindungswirkung. Sie sind durch Abwägung entstanden und nicht als ökologische Entscheidungshilfe konzipiert. Schließlich sind sie aus einer positivistischen Planungssicht her angelegt, das heißt, sie weisen aus, wo etwas hin soll. Die ökologischen bedeutsamen Vorrangflächen werden dagegen ausgewiesen mit der Zielaussage, wo welche die Vorrangfunktion beeinflussende Nutzung nicht bzw. so nicht hin soll (restriktive Sicht).

3.1.2.5 Naturraumpotentiale und ökologisch bedeutsame Funktionen als Vorrangflächen

3.1.2.5.1 Methodische Grundlagen

Methodische Grundlagen der vorzunehmenden Verknüpfung von nutzungsbezogenen gesellschaftlichen Anforderungen an den Raum bilden, aufbauend auf Überlegungen von NEEF (1966, 1969), Untersuchungen von HAASE (1973). Genannt werden zunächst sechs, später (HAASE u.a. 1974) sieben "partielle Naturraumpotentiale". NEEF spricht aus geographischer Sicht bereits 1966 von "gebietswirtschaftlichem Potential", einem gerade in stadtökologischer Hinsicht nicht unpassenden Begriff. Genannt werden:

- biotisches Ertragspotential
- Bebauungspotential
- Entsorgungspotential
- Wasserdargebotspotential
- Rohstoffpotential
- Rekreationspotential
- Biotisches Regenerationspotential
  (nach HAASE 1973, verändert nach HAASE u.a. 1974 aus: JÄGER/HRABOWSKI 1974, S. 29)
- klimatisches Regenerationspotential
  (nach BIERHALS 1978)

Naturraumpotentiale

BECKER-PLATEN und LÜTTIG (1980) und SCHREIBER (1980) greifen den Potentialansatz unter verschiedenen Schwerpunkten auf. BIERHALS (1978) ergänzt die Liste um das gerade auch in stadtökologischer Sicht besonders bedeutsame "klimatische Regenerationspotential". In seinen Anmerkungen zur Konzeption einer Landschaftsdatenbank zeigt er auf, daß "durch Landschaftsplanung sowohl der Aspekt der Eignung des Potentials als auch derjenige der Nutzungsüberlagerung, des Nutzungskonflikts in der Raumplanung eingebracht werden muß". FINKE (1984) unterstreicht dies und die Bedeutung der Naturraumpotentiale, indem er in seinem Vortrag auf dem 44. Deutschen Geographentag in Münster 1983 sogar die Forderung aufstellt, ganz von der in der Landschaftsplanung üblichen Gliederungsmethodik nach landschaftsökologischen Komplexen (Raumeinheiten) abzugehen und die Methode stattdessen inhaltlich und methodisch in Richtung auf die Erstellung von Einzelkarten der natürlichen, landschaftlichen Potentiale weiterzuentwickeln. Auch aus der Sicht der hier zu behandelnden raumbedeutsamen UVP würde sich dies zweckdienlich erweisen. FINKE (1984) nennt die Gründe für seine Forderung (sinngemäß):

- Die Erstellung flächendeckender, landschaftsökologischer Komplexkarten ist zeitaufwenig, und es besteht in der Planung kein Bedarf für solche allumfassenden wertfreien Karten.
- Dort, wo landschaftsökologische Komplexkarten als Planungsgrundlage dienen, werden sie ohnehin über zwischengeschaltete Bewertungen in Nutzungseignungskarten uminterpretiert (Informationsverlust).
- Die komplexe landschaftsökologische Raumgliederung hebt ab auf die Kennzeichnung der ökologischen Struktur und des haushaltlichen Geschehens innerhalb der einzelnen Einheiten. Vom Standpunkt der Planung her wäre eine Aussage über die Zusammenhänge zwischen den landschaftlichen Ökosystemen wertvoller (insbesondere in Ballungs-

gebieten, wo die knappen Freiflächen als ökologische Leistungsträger und ökologische Ausgleichsflächen zu sichern sind).
- Die Kenntnis der räumlichen und qualitativen Differenzierung von Naturraumpotentialen ermöglicht es, Schutz- und Vorranggebiete auszuweisen. Mit einem solchen System ist automatisch die Regionalisierung ökologischer Belastungsstandards eingeführt. Diese ergeben sich aus einer für den jeweiligen Planungsfall durchzuführenden UVP (wie hier angestrebt: Anmerkung vom Verfasser).
- Fortschreitende Erkenntnisse über ökologische Wirkungszusammenhänge können direkt in die jeweilige UVP einfließen und brauchen nicht über Gesetzesänderungen in neue allgemein gültige Standards (wie TA-LUFT u.ä.) eingebracht werden.

3.1.2.5.2 Naturraumpotentiale und UVP

Im folgenden sollen nun die oben aufgeführten Naturraumpotentiale auf ihre Ausweisungszweckmäßigkeit bzw. -notwendigkeit im Rahmen einer raumbezogenen UVP untersucht werden. Zur Erinnerung: Positiv ausgegliedert werden sollen Flächen von ökologischer Bedeutsamkeit im Sinne der UVP-RICHTLINIE DER EUROPÄISCHEN GEMEINSCHAFT (1985) sowie der Naturschutzgesetzgebung. Diese Flächen sollen soweit wie möglich vor unverträglichen Eingriffen geschützt werden. Die anderen gesellschaftlichen Raumansprüche manifestieren sich in der Regel durch bauliche Einrichtungen für Siedlung, Industrie und Gewerbe, Verkehr, Ent- und Versorgung, Landesverteidigung usw. Ihre Vorrangflächen finden als Ausweisung direkten Niederschlag im Flächennutzungsplan und sind aus diesem nachrichtlich zu übernehmen.

Aus der eingenommenen restriktiven Planungsperspektive der UVP kann somit die generelle Ausweisung des **Entsorgungs- und Bebauungspotentials** unterbleiben. Sinnvoll und zweckmäßig ist das Aufzeigen des Entsorgungspotentials erst

Naturraumpotentiale

dann, wenn ein **konkreter** Entsorgungsanspruch an den Raum gestellt wird (z.B. durch den Regierungspräsidenten durch Auflagen an den Flächennutzungsplan, weil er die kommunale Selbstentsorgung sichergestellt wissen will). Die Ermittlung der ökologischen Raumverträglichkeit, z.B. einer geordneten Deponie, ergibt sich im Umkehrschluß aus dem Naturraumpotential und den Flächennutzungen. Sie basiert auf der Darstellung der Schutzbedürftigkeit und Nutzungsfähigkeit der natürlichen Ressourcen, Potentiale und Raumfunktionen (Naturraumpotentiale) sowie der Verfügbarkeit von Flächen. Entsorgungseinrichtungen können also aus ökologischer Sicht dort entstehen, wo

1. die höchsten Bodenschutzpotentiale (z.B. wasserundurchlässige Deckschichten) bestehen sowie
2. die geringste Naturraumpotential- und Flächennutzungsbeeinträchtigung vorliegen.

Dies festzustellen, wäre bei konkretem Anlaß Aufgabe einer raumbezogenen UVP etwa im Rahmen eines Planfeststellungsverfahrens nach dem Abfallbeseitigungsgesetz (vgl. DEPONIE-GUTACHTEN HAGEN - Ermittlung und Beurteilung von Deponiestandorten - Teil I: raumbezogene Verträglichkeitsprüfung, 1985).

Ähnlich verhält es sich mit der Ausweisung des Bebauungspotentials. Auch hier ist m. E. eine flächendeckende Ausweisung nicht gerechtfertigt und würde dem restriktiven UVP-Ansatz (u.a. als Instrument für den Bodennutzungsschutz) widersprechen. Das Bebauungspotential ergibt sich vielmehr auch im Umkehrschluß aus der Einzelfallüberprüfung, das heißt, daß dort, wo aufgrund einer raum- und standortbezogenen Untersuchung die größte Umweltverträglichkeit einer baulichen Nutzung festgestellt wird, auch das größte Bebauungspotential vorhanden ist. Fazit: Gerade die baulichen Einrichtungen beeinträchtigen die wenigen Naturraumpotentiale und ökologisch bedeutsamen Funktionen, die es aus umweltschützerischer Sicht im Sinne eines stabilen Gesamtsystems abzusichern gilt. Bebauungs- und Entsorgungspotential werden durch die Landschaftsplanung also nur negativ vorgegeben, nämlich dadurch, daß ihnen

1. aus ökologischer Sicht die Flächen zuerkannt werden, die sie, dokumentiert im Flächennutzungsplan, ohnehin schon in Beschlag genommen haben bzw. noch einnehmen werden und ihnen
2. die Flächen zuerkannt werden, in denen Naturraumpotentiale bzw. ökologisch bedeutsame Funktionen nicht bzw. am geringsten beeinträchtigt werden.

Fragen wir nach der Bedeutung der Naturraumpotentiale im Hinblick auf eine Umweltvorsorge, so muß aus umweltplanerisch-naturschützender Sicht zunächst das **biotische Regenerationspotential** genannt werden. Es wird vielfach auch als Naturschutzpotential bezeichnet (vgl. z.B. BIERHALS 1978). Zur Ermittlung dieses Potentials wird der kommunale Raum nach den Zielen des Naturschutzes bewertet, um so die Gebiete zu erfassen, die aufgrund ihrer Seltenheit und Gefährdung, ihrer Wichtigkeit für die Regeneration von Flora und Fauna sowie wegen ihres großen wissenschaftlichen Wertes zu schützen, zu erhalten und zu entwickeln sind. Schutzobjekte sind neben der biotischen Natur und deren Biotope ebenso andere natürliche Phänomene (geologische, geomorphologische, landschaftliche), die "aus naturwissenschaftlichen, naturgeschichtlichen oder landeskundlichen Gründen oder wegen ihrer Seltenheit, besonderen Eigenart oder hervorragenden Schönheit" zu schützen sind (§ 13 Abs. 1 BNatSchG). Dieses Potential ist damit in erster Linie naturgegeben, Teilbereiche können aber auch anthropogen geschaffen sein bzw. angelegt werden (z.B. Biotope). Seine Ausgliederung ist innerhalb der raumbezogenen UVP nicht fraglich.

Das **Biotische Ertragspotential** gibt Auskunft über die naturbedingte Ertragsfähigkeit des Raumes für die Land- und Forstwirtschaft. Es ist somit ein Produktionspotential,

Naturraumpotentiale

das zwar grundsätzlich in enger Abhängigkeit von den natürlichen Standortfaktoren steht, das aber in gewissen Maßen auch durch gezieltes menschliches Handeln zu beeinflussen ist. So läßt sich z.B. das landwirtschaftliche Potential kurzfristig erhöhen durch Düngung, Grundwasserabsenkung, Schädlingsbekämpfung, Landschaftsausräumung im Rahmen einer mechanisierten Landwirtschaft usw. Bei keinem anderen als diesem Potential ist deshalb mit solcher Anschaulichkeit zu verdeutlichen, daß ein konsequent verstandener Naturschutz, also ein allein ethisch-ästhetisch begründeter, das heißt, ökologisch intakte Natur als Wert an sich betrachtender Naturschutz (vgl. ERZ 1980), eher gegen die menschlichen Aktivitäten gerichtet sein muß. Die Zielkonflikte dieses engen Naturschutzverständnisses mit dem ökologischen Umweltschutz, wie FINKE (1981b) die mehr anthropozentrisch geprägte Betrachtungsweise von Ökologie nennt, liegen hier klarer auf der Hand als bei allen anderen Potentialbetrachtungen. Dieser Zielkonflikt zwischen ökologischen, nicht-ökonomisch orientierten Zielen und ökologisch, ökonomisch orientierten Zielen kommt beim biotischen Ertragspotential insbesondere noch in Verbindung mit der sog. "Landwirtschaftsklausel" des BNatSchG (§ 1 Abs. 3) zum Tragen[39]. Aufgrund des hier zugrundegelegten Umweltbegriffes und den nach dem BNatSchG begründeten ökologischen Belangen erweist sich das biotische Ertragspotential aber notwendigerweise ausglieder- und im Umweltzielsystem abwägbar.

---

[39] Danach dient die ordnungsgemäße Landwirtschaft den Zielen des Gesetzes. Auch die von der Bundesregierung vorbereitete Novelle des Bundesnaturschutzgesetzes enthält diese Klausel, entgegen dem SPD-Gesetzesentwurf, in dem u.a. der § 1 Abs. 3 und die §§ 8 Abs. 7 und 15 Abs. 2 zur Revision anstanden sowie ausdrücklich die Verantwortung der Land- und Forstwirtschaft für den Naturschutz und den Landschaftsbau festgeschrieben werden sollte (vgl. Bundesregierung BT-Drs. 10/5064; Fraktion der SPD BT-Drs. 10/2653).

Gleiches trifft für das **Wasserdargebotspotential** zu. Auch dies ist ein flächenhaftes Produktionspotential. Zu seiner Feststellung werden Gebiete mit quantitativ und qualitativ nutzbaren Grund- und Oberflächenwasser erfaßt. Dies beinhaltet im wesentlichen die Darstellung der Trinkwasserschutzzonen (auch Heilwasserschutzgebiete), die Erfassung der Gebiete mit besonderer Grundwasserhöffigkeit sowie die Abgrenzung der Räume, die für eine Grundwasserneubildung als besonders geeignet und bedeutsam erscheinen. Das Wasserdargebotpotential ist zwar in besonderem Maße naturgegeben, aber auch dies läßt sich teilweise anthropogen zum Positiven hin beeinflussen (z.B. kann durch eine Änderung der Bodennutzung eine Verbesserung der Grundwasserneubildungsrate erreicht werden).

Unbedingt und uneingeschränkt naturgutgebunden ist dagegen das **Rohstoffpotential**, das heißt, die wirtschaftliche Nutzbarkeit oberflächennaher Rohstoffvorkommen[40]. Dieses Potential ist nicht regenerierbar, einmal ausgebeutete Steine und Erden sind nicht wiederherstellbar. Hier muß aber für seine Ausweisung ähnliches gelten wie für das Bebauungs- und Entsorgungspotential. Auch das Rohstoffpotential ist, z.B. auf Steinbrüche bezogen, ein räumlich enger begrenztes "**Standort**potential" (einmal abgesehen von flächenintensiven Braunkohletagebaugebieten u.ä.) und, aus restriktiv ökologisch-planerischer Sicht einer UVP, nicht generell flächig zu erfassen. Denn auch der Rohstoffabbau beeinträchtigt diejenigen Naturraumpotentiale und ökologischen Funktionen, die es aus Sicht des vorsorgenden Umweltschutzes flächenhaft zu sichern und zu erhalten gilt. Das Rohstoffpotential wird dementsprechend durch die Umweltplanung auch nur "negativ" vorgegeben, was zum einen seine Beschränkung sowie zum anderen die gesetzlich geforderten Bestrebungen zur Wiederverwendung von Rohstoffen

---

[40] Auf den Untertagebau muß ohnehin nicht eingegangen werden, sofern nicht durch Folgewirkungen auch oberflächlich Nutzungsbeeinträchtigungen zu erwarten sind (z.B. durch Bergsenkungen, Haldenaufschüttungen o.ä).

Naturraumpotentiale

(vgl. 4. Novelle zum ABFALLBESEITIGUNGSGESETZ) fördern kann. Von einer flächendeckenden Ausweisung dieses Potentials sozusagen als "Angebotsplanung" wird dementsprechend abgeraten. Konkrete planerisch aufzuarbeitende Abbauvorhaben sind, in Entsprechung zum Entsorgungspotential, ebenfalls über eine Planfeststellung z.B. nach dem ABGRABUNGSGESETZ in Verbindung mit einer entsprechenden UVP abzuwickeln.

Aus dem BNatSchG ergibt sich ferner, daß auch eine flächenhafte Darstellung der Eignung des Raumes für die landschaftsgebundene Erholung stattzufinden hat. Das **Erholungspotential** ist eng an die natürliche Ausstattung des Raumes gebunden, jedoch auch in weitgehendem Maße durch den Menschen manipulierbar. Die Schaffung landschaftsgebundener Naherholungsgebiete, auch weitläufiger wie z.B. bei Anlage eines Stausees mit Rundwanderwegen, ist heute keine Seltenheit mehr. Im Sinne des landschaftsgebundenen Erholungspotentials sind allerdings nach dem BNatSchG bauliche Einrichtungen wie Sport-, Spielstätten und andere nicht zu erfassen. Auch beim Erholungspotential sei nochmals auf die möglichen umweltschutzinternen Zielkonflikte hingewiesen, die insbesondere mit dem Naturschutzpotential, aber auch mit allen anderen Potentialen auftreten können.

Stadtökologisch äußerst bedeutsam sind Landschaftsbestandteile, die durch ihre Topographie und Zuordnung zu den baulichen Einrichtungen sowie durch ihre Vegetationsausstattung und -struktur zur Verbesserung oder Aufrechterhaltung der stadtklimatischen und lufthygienischen Situation des kommunalen Raumes beitragen. FINKE (1978, S. 118) schlägt vor, diese Räume und nur diese als "ökologische Ausgleichsräume" zu bezeichnen, da alle anderen in der Literatur diskutierten ökologisch ausgleichenden Aspekte durch andere verständliche Begriffe belegt sind.

Der Begriff des "ökologischen Ausgleichsraumes" findet noch keine einheitliche Verwendung. Verschiedene Autoren sprechen ihm unterschiedliche Bedeutung zu. Am weitesten faßt ihn BIERHALS (1978, S. 31), der den Begriff auf alle Naturraumpotentiale angewendet sehen will. LESER (1975) engt den Begriff des ökologischen Ausgleichs auf den substantiellen chemisch-physikalischen Stoffaustausch ein. Die Erholungsfunktion, z.B. bezeichnet er als "Ergänzungsfaktor" bzw. als "Ergänzungsraum", so daß er zwischen ökologischem Ausgleich und Nutzungsausgleich differenziert. BUCHWALD (1977, S. 6) dagegen sieht als Hauptaufgaben der ökologischen Ausgleichsräume die Luft- und Wasserregeneration, aber auch die Versorgung der Bevölkerung mit "Landschaftsräumen für landschaftsgebundene Freizeitaktivitäten, nach Möglichkeit mit Schon- oder Reizklimaten". FINKE (1978) unterscheidet zwar auch wie LESER (1975) zwischen Ausgleichs- und Ergänzungsräumen bzw. aktiven und passiven ökologischen Ausgleichsräumen, er möchte den Begriff des "ökologischen Ausgleichs" aber allein auf die Versorgung mit Frischluft angewendet sehen.

Hier soll dem Vorschlag von FINKE (1978, S. 118) gefolgt werden, indem der Begriff nicht auf die anderen hier zu behandelnden Naturraumpotentiale zur Anwendung kommen soll, sondern allein auf das **klimatisch (-lufthygienische) Regenerationspotential**. Ebenso soll der hydrologisch-wasserwirtschaftliche Aspekt ausgeklammert sein, da dieser schon beim Wasserdargebotspotential berücksichtigt wird.

Voraussetzung für die Ausgliederung eines klimaökologischen Ausgleichsraumes ist das Vorhandensein eines Belastungserzeugers (Emittenten) und das eines zu entlastenden Belastungsakzeptors. Das heißt, die Ausweisung von in klimatischer und lufthygienischer Hinsicht (einschließlich Lärm) bedeutsamen Vorrangflächen kann sich nur aus einer wechselseitigen Betrachtung im Nutzungsverband ergeben. Als Ausgleichsräume sollen hier nur landschaftliche, das heißt, natürliche/naturnahe und halbnatürliche Ökosysteme betrachtet werden und keine technischen Einrichtungen (wie z.B. Lärmschutzwälle, -wände o.ä.). Die natürlichen Ökosysteme sind aufgrund ihrer noch weitgehenden Fähigkeit zur Selbstregulation bis zu einem gewissen Grade in der Lage, Belastungen aufzunehmen und auszugleichen. Sofern möglich, sind nicht nur die ausgleichend wirkenden Ökosysteme selbst zu bestimmen, sondern auch die bestehenden ökologischen Austauschbahnen. Diese können jedoch in der Praxis nur in wenigen Fällen genau festgestellt werden. Zwar lassen sich mit Hilfe von Thermalaufnahmen nächtliche Kaltluftströme genau lokalisieren (vgl. z.B. GEIGER 1977), schwierig und nur mit hohem meßtechnischen Aufwand möglich ist dagegen die Erfassung der lokalen Windsysteme. Hier findet der Ausgleich, insbesondere bei reliefiertem Gelände, deutlich ökosystemübergreifend statt (vgl. auch Klimafunktionskarten des Kommunalverbandes Ruhrgebiet).

Die ersten Belastungsakzeptoren sind also die Naturfaktoren des Naturhaushaltes sowie die von ihnen abhängigen naturgutgebundenen Nutzungen (z.B. die halbnatürlichen Ökosysteme mit forstwirtschaftlicher Nutzung). Die Klima- und Luftbelastung der natürlichen/halbnatürlichen Systeme selbst fließt aber in die ökologische Raumbewertung insofern ein, weil sie selbstverständlich auch als Bewertungskriterium für die Ausweisung der Naturraumpotentiale mit herangezogen wird. So ist z.B. der forstwirtschaftliche Ertrag eines Immissionsschutzwaldes durch auftretende Immissionen deutlich beeinträchtigt (an diesem Beispiel werden auch mögliche Potentialüberlagerungen deutlich).

Als wesentlicher noch zu betrachtender Belastungsakzeptor bleibt somit der "Umweltfaktor Mensch" selbst. Er kann aus einer unter stadtökologischen Gesichtspunkten vorgenommenen Raumanalyse und -bewertung nicht ausgenommen werden. Es wäre unzulänglich, die Inwertsetzung des Naturhaushaltes für und durch den Menschen zu behandeln, den Menschen selbst aber außen vor zu lassen. Nachdem wir den Menschen als wesentlichen Bestandteil des Naturhaushaltes sehen wollen und sogar als Schlüsselart des Ökosystems betrachten müssen, ergibt sich sein Schutz und Erhalt **indirekt** auch aus dem BUNDESNATURSCHUTZGESETZ[41]. Der Schutz des Menschen vor "schädlichen Umwelteinwirkungen und ... auch vor Gefahren, erheblichen Nachteilen und erheblichen Belästigungen, die auf andere Weise herbeigeführt werden", wird schließlich vom Gesetzgeber aber auch **direkt** angesprochen im § 1 BUNDES-IMMISSIONSSCHUTZGESETZ. Auch die RICHTLINIE DER EUROPÄISCHEN GEMEINSCHAFT zur UVP spricht den Menschen direkt an (s. Kap. 2.3).

Hauptaufenthalt des Menschen in der Stadt ist - neben dem Arbeitsbereich[42] - der Wohnsiedlungsbereich. Dieser bedarf somit des besonderen Schutzes vor Belastungen und für ihn sind in erster Linie auch die Ausgleichsleistungen der Ausgleichsräume bestimmt. Die Räume mit klimaökologisch und lufthygienisch bedeutsamem Ausgleichspotential liegen also in der Regel zwischen den Emittenten und den Siedlungsbereichen.

Wesentliche Schadstoff- und Lärmemittenten sind im Ökosystem Stadt die Gewerbe- und Industriebetriebe (hier auch Abwärmeemittenten) und der Kraftfahrzeugverkehr der Hauptverkehrsstraßen. Die durch die Gewerbe- und Industriebetriebe hervorgerufenen Immissionen verteilen sich in der Regel nicht gleichmäßig im Raum. Im allgemeinen kann man davon ausgehen, daß sie durch den Verbreiterungs- und Verdünnungseffekt vom Nahbereich zum Fernbereich hin abnehmen, so daß eine örtliche, z.B. durch einen Industriebetrieb verursachte Luftbelastung unter Außerachtlassung der

---

[41] So gehört z.B. zum Erhalt der Leistungsfähigkeit des Naturhaushaltes auch der Erhalt der menschlichen Gesundheit.

[42] Für den Arbeitsplatz gelten besondere Umweltschutzbestimmungen, wie sie z.B. durch die MAK-Werte (MAXIMALE ARBEITSPLATZ-KONZENTRATIONEN) jährlich neu festgelegt werden (durch die Senatskommission zur Prüfung gesundheitsschädlicher Arbeitsstoffe) und durch die Staatlichen Gewerbeaufsichtsämter überprüft werden.

Windrichtung, der Ausbreitungsverhältnisse sowie der Vorbelastung grob bestimmt wird durch die Emissionshöhe und -konzentration sowie der Entfernung von der Emissionsquelle. Zur quantitativen Bestimmung des Zusammenhangs zwischen Quellhöhe/Emissionskonzentration und der zum Abbau der Luftbelastung notwendigen **Abstandsfläche** liegt es nahe, bereits existierende Abstandslisten heranzuziehen, wie sie z.B. in Nordrhein-Westfalen in weit entwickelter Form im ABSTANDSERLASS (1982)[43] festgelegt sind (Auszug aus der Abstandsliste 1982 s. Anhang, Anlage 1).

Datengrundlage für Verkehrslärmbelastungen bildet die Erfassung des mittleren stündlichen Verkehrsaufkommens. Dabei kann sowohl der entsprechende Lärmpegel als auch die Schallausbreitung nach der DIN 18005 (1971/1976) ermittelt werden.

Die Flächen mit besonderen klimatisch-lufthygienischen (einschließlich Lärm) Ausgleichsfunktionen lassen sich also sowohl über eine rein naturwissenschaftlich-ökosystemare Betrachtungsweise begründen (z.B. Kaltluftströme) als auch über eine zwar ebenfalls naturwissenschaftlich begründete, aber standardisierte (praxisorientierte) Argumentation (Abstandsflächen nach dem ABSTANDSERLASS).

---

[43] Der ABSTANDSERLASS NW (1982) ist für die Träger der Bauleitplanung nicht verbindlich. Er richtet sich an die Staatlichen Gewerbeaufsichtsämter, deren Stellungnahmen der Abwägung im Sinne des § 1 Abs. 7 BBauG unterliegen. Die Abstandsliste bezieht sich auf reine und allgemeine Wohngebiete sowie Kleinsiedlungsgebiete, nicht dagegen auf Baugebiete anderer Art, die auch dem Wohnen dienen.
Kommt der Träger der Bauleitplanung in seiner Abwägung der Stellungnahme des Staatlichen Gewerbeaufsichtsamtes nicht nach, so muß er diese Abweichungen überzeugend begründen (s. PLANUNGSERLASS NW 1982, Nr. I. 6.2.1.2). Zur stichhaltigen Argumentation aus gesamtökologischer und nicht nur immissionsschutzrechlicher Sicht (z.B. auch aus Sicht des Bodennutzungsschutzes) bietet sich eine UVP förmlich an, denn die "sachgerechte Würdigung der verschiedenen Belange muß - ggf. unter Berücksichtigung von Planungsalternativen - erkennbar sein." (PLANUNGSERLASS NW 1982, Nr. I. 5.2).

3.1.2.6 Zielsystem

Nachdem die "räumlichen Akzeptoren" potentieller Beeinträchtigungen herausgearbeitet wurden, lassen sich nun die Ziele der raumbezogenen UVP zusammenfassend in Form eines Zielsystems darstellen (vgl. auch Kap. 3.1.2.1): s. Abb. 7.

3.1.2.7 Bestrebungen

Nicht unerwähnt bleiben soll an dieser Stelle, daß sich zur Zeit ein Arbeitskreis des Zentralausschusses für deutsche Landeskunde[44] unter Leitung von KLINK und LESER mit der Erstellung einer Kartieranleitung für die Aufnahme geoökologischer Karten beschäftigt. Ein Arbeitsergebnis aufgrund einer Anregung von MARKS ist ein Katalog zu bewertender Naturraumpotentiale, der auch für die raumbezogene UVP Bedeutung erlangen könnte. So werden folgende zu kartierende "naturhaushaltliche Leistungen" angesprochen:

Leistungen des Naturhaushaltes für die Regulation und Regeneration der biotischen Komponenten
- Arten- und Biotopschutz.

Leistungen des Naturhaushaltes für die Regulation und Regeneration der abiotischen Komponenten
- Luftregeneration
- Lärmschutz
- Erosionsschutz (Bodenschutz)
- Grundwasserneubildung
- Regeneration der Oberflächengewässer
- Filterung von Sickerwässern und Pufferung von Schadstoffen.

---

[44] "Arbeitskreis Naturraumpotentiale und Geoökologische Karte"

Zielsystem

Abb.7: Zielsystem I: ZIELE DER RAUMBEZOGENEN UMWELTVERTRÄGLICHKEITSPRÜFUNG

Oberziel: Erhaltung der Umweltqualität durch die nachhaltige Sicherung der natürlichen Gegebenheiten als Lebensgrundlage für den Menschen (vgl. Kap. 3.1.2.1)

2. Zielebene: Vermeidung von Eingriffen, die sich mit der ökologischen Vorrangfunktion als unverträglich erweisen (vgl. Kap. 3.1.2.5.2)

3. Zielebene: Vermeidung von unverträglichen Eingriffen im Bereich (vgl. Kap. 3.1.2.5.2):

⇒ Klimatisch (-lufthygienisches) Regenerationspotential

⇒ Erholungspotential

⇒ Wasserdargebotspotential

⇒ Biotisches (land- u. forstwirtschaftliches) Ertragspotential

⇒ Biotisches Regenerations- (Naturschutz-) potential

Leistungen des Naturhaushaltes für die Sicherung der Beziehungen des Menschen zur Natur
- Naturerlebnis und Erholung, Landschaftsbild
- geowissenschaftlich und landeskundlich wertvolle Objekte und Bereiche.

Leistungen des Naturhaushaltes für die Sicherung von wirtschaftlich nutzbaren Naturgütern
- Pflanzenproduktion (Boden)
- Wasserdargebot (Grund- und Oberflächenwasser)
- Rohstoffe (in der Regel oberflächennahe Lockersedimente).

In Arbeitsgruppen werden die Kartierkriterien der Teilpotentiale bestimmt. Die Erarbeitung und Erstellung einer einheitlichen Kartieranleitung ist auch aus Sicht der raumbezogenen UVP im Sinne eines klar vorgegebenen Kriterienkatalogs nur zu begrüßen.

3.1.3 Die Prüfung der raumbezogenen Umweltverträglichkeit

Ausgangsbasis ist die Überlegung, daß ein "neuer" Flächennutzungsanspruch räumlich dort am besten anzusiedeln ist, wo er die wenigsten Beeinträchtigungen der Naturraumpotentiale und -funktionen hervorruft bzw. selbst am geringsten von Beeinträchtigungen betroffen wird, das heißt, am umweltverträglichsten ist. Zur Prüfung der raumbezogenen Umweltverträglichkeit müssen wir demnach über die Stufe der Leistungsfähigkeit und Empfindlichkeit (z.B. Wasserschutzzonen) zur Stufe der Konfliktdarstellung/Verträglichkeitsermittlung kommen. Gilt dabei auch grundsätzlich das Prinzip eines methodenoffenen Vorgehens, so folgen wir damit

Ergebnisdarstellung

methodisch aber schon mehr oder weniger dem traditionellen Wirkungskomplex einer ökologischen Wirkungs-/Risikoanalyse[45]:

Verursacher	-	Wirkung	-	Betroffener
(d.h. vorgesehener Nutzungsanspruch z.B. für Gewerbeansiedlungen, Wohnbebauung)		(Beeinträchtigungen wie z.B. Luftverunreinigungen, Grundwasserabsenkungen)		(Naturraumpotentiale bzw. ökologische Funktionsräume/Abstandsflächen).

Die Bewertungskriterien sind identisch mit denen der im vorhergehenden Kapitel dargestellten Vorbelastungs-, Potential- und Funktionsbewertungen. Teilweise sind die Beeinträchtigungswirkungen aber auch direkt ablesbar (z.B. der Flächenverlust in ha). Im Rahmen der UVP in der Bebauungsplanung werden Bewertungshilfen wie z.B. Matrixverfahren sowie die Methode der ökologischen Wirkungs-/Risikoanalyse selbst vorgestellt.

3.1.4 Ergebnisdarstellung

Im Sinne einer **praxisorientierten** UVP innerhalb der Flächennutzungsplanung stellen sich insbesondere folgende Anforderungen an die Ergebnisse und deren Darstellung:

1. Die von der Planung ausgehenden Konflikte/Verträglichkeiten mit dem ökologisch bewerteten Raum sind anhand möglichst weniger aussagekräftiger Kriterien darzulegen.

---

[45] Deren wissenschaftlich-methodische Begründung und anwendungsbezogene Forschung wird hier als bekannt vorausgesetzt (s. dazu u.a. BACHFISCHER 1978, BACHFISCHER/DAVID 1981, AULIG u.a. 1977, BACHFISCHER u.a. 1980). Ihre Skizzierung erfolgt in Kap. 4.3.2.

2. Es muß eine Ergebnisdarstellung gefunden werden
   a) aus der der summative Effekt der geplanten Neuausweisungen erkennbar wird,
   b) aus der auch die ggf. schon in dieser Planungsstufe als erforderlich erachteten Umweltschutz-/Ausgleichsmaßnahmen hervorgehen,
   c) in der ebenfalls die Option der Null-Variante enthalten ist (Verzichten auf die Flächenausweisung aus Sicht von Ökologie und Umweltschutz).

Zur Verdeutlichung (und zur Lösung von der abstrakten theoretischen Ebene) sei an dieser Stelle ein planungspraktisches Beispiel herangezogen, das **Ansätze** für das bisher zitierte Vorgehen im Rahmen der Flächennutzungsplanung aufweist: der FREIFLÄCHENPLAN HAGEN (1982). Dieser ist angelegt als Gesamtkonzept für die Freiflächenentwicklung der Stadt Hagen und diente der Vorbereitung und als Grundlage für die Neuaufstellung des Flächennutzungsplanes. Der Planungsablauf ist in Abbildung 8 im Überblick wiedergegeben. Die Phasen 3, 4, 5 und 6 sind in etwa gleichzusetzen mit den hier diskutierten Arbeitsphasen der raumbezogenen Umweltverträglichkeitsprüfung. In die Freiflächenbewertung nach Funktionen (Phase 5) sind allerdings nicht nur physisch-ökologische Aspekte eingeflossen, sondern auch Grünflächenbilanzen und Versorgungsgrade. Dies ist zurückzuführen auf das besondere Interesse der Stadt Hagen, Aufschlüsse darüber zu erlangen, wie sich die spezielle stadtökologische Siedlungssituation in überwiegender Tallage auf die Erreichbarkeit größerer zusammenhängender Freiflächen (vorwiegend im Hagener Süden) auswirkt. Im Freiflächenplan ist dagegen nicht auf alle hier diskutierten Naturraumpotentiale und ökologischen Funktionen eingegangen. Die Phase 6 der Konfliktanalyse entspricht der Verträglichkeitsfeststellung der geplanten Nutzung u.a. auch mit den Naturraumpotentialen.

Ergebnisdarstellung

Abb. 8: FREIFLÄCHENPLAN HAGEN - PLANUNGSABLAUF

① VORBEREITUNGS- UND INFORMATIONSPHASE
- KONTAKTGESPRÄCH MIT AUFTRAGGEBER
- GRUNDSATZGESPRÄCH MIT ZU BETEILIGENDEN STADTÄMTERN (ERLÄUTERUNG DES PLANUNGSVORHABENS)
- ÜBERMITTLUNG VON DATEN UND INFORMATIONEN DURCH DEN AUFTRAGGEBER
- BEREISUNG DES STADTGEBIETES

② PROBLEMANALYSE

FREIRAUMRELEVANTE PROBLEME:
- HOHE NUTZUNGSKONKURRENZ AUF DEN WENIGEN EBENEN FLÄCHEN DER TALLAGEN
- STARKE DURCHMISCHUNG VON GE- / GI-FLÄCHEN MIT WOHNBAUFLÄCHEN
- SCHLECHTE ZUGÄNGLICHKEIT VON FREIRÄUMEN DURCH BARRIERENWIRKUNG VON BAHNLINIEN, STRASSEN ETC.
- FEHLEN EINES ZUSAMMENHÄNGENDEN GRÜNFLÄCHENSYSTEMS
- HOHE UMWELTBELASTUNG IM BEREICH DER KERNSTADT UND NEBENZENTREN
- GERINGER AUSBAUGRAD ÖFFENTLICHER GRÜNFLÄCHEN
- MANGELHAFTE DURCHGRÜNUNG UND EINBINDUNG VON GE- UND GI-FLÄCHEN
- UNGENÜGENDE ANBINDUNG DER WOHNGEBIETE AN EXTENSIVE ERHOLUNGSFLÄCHEN
- MANGELHAFTE WOHNUMFELDQUALITÄT IM BEREICH DER ALTBEBAUUNG (z.B. ECKESEY, HASPE)

③ ZIELANALYSE
- ANALYSE ÜBERGEORDNETER PLANUNGSZIELE DER LANDES- UND GEBIETSENTWICKLUNGSPLANUNG
- ANALYSE DER ZIELE DER BAULEITPLANUNG
- ANALYSE DER ZIELE DER NUTZUNGSKATEGORIEN
  ▶ VERKEHR
  ▶ VER- UND ENTSORGUNG
  ▶ GEWERBE UND INDUSTRIE
  ▶ LAND- UND FORSTWIRTSCHAFT
  ▶ WOHNEN, FREIZEIT
- ERSTELLEN EINES ZIELKATALOGES FÜR DEN FFP HAGEN
  ▶ ABLEITUNG AUS DEN SPALTEN ② UND ③

④ BESTANDSAUFNAHME
- NATURHAUSHALT
  ▶ LIEGT IN FORM DER GRUNDLAGENKARTE II A DES LP HAGENS (ENTWURF) VOR
- REALNUTZUNG UND PLANUNGSABSICHTEN
  ▶ ERFASSUNG UND DARSTELLUNG DER BESTEHENDEN FLÄCHENNUTZUNGEN ANHAND VON LUFTBILDERN
  ▶ ERFASSUNG UND DARSTELLUNG BESTEHENDER PLANUNGEN
- TYPISIERUNG DER FREIFLÄCHEN
- ERFASSUNG UND DARSTELLUNG DER LANDSCHAFTLICHEN LEITLINIEN
- ERFASSUNG DER WESENTLICHEN BEVÖLKERUNGSSTRUKTURDATEN

⑤ BEWERTUNG
- BEWERTUNG DER FREIFLÄCHEN HINSICHTLICH FOLGENDER FUNKTIONEN:
  ▶ ÖKOLOGISCHE FUNKTION
  ▶ PRODUKTIONSFUNKTION
  ▶ ERHOLUNGSFUNKTION, SOZIALER FUNKTION
  ▶ GESTALTERISCHER FUNKTION
- DARSTELLUNG DES LAGEWERTES
- BILANZIERUNG VON GRÜNFLÄCHEN
  ▶ GRÜNANLAGEN UND PARKS
  ▶ KINDERSPIELPLÄTZE
  ▶ KLEINGÄRTEN
  ▶ FRIEDHÖFE
  ▶ SPORTPLÄTZE

⑥ KONFLIKTANALYSE
- ERFASSEN UND DARSTELLEN VON KONFLIKTEN, DIE SICH ERGEBEN DURCH DIE NUTZUNG DES FREIRAUMS HINSICHTLICH DES NATURPOTENTIALS, SICH ÜBERLAGERNDER NUTZUNGEN DES FREIRAUMES SOWIE DURCH FOLGEWIRKUNGEN EINER NUTZUNG AUF BENACHBARTE NUTZUNGEN
  ▶ VEREINFACHTES BEZIEHUNGSSCHEMA EINER WIRKUNGSKETTE

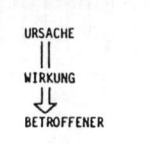

URSACHE
⇓
WIRKUNG
⇓
BETROFFENER

⑦ PLANUNG
- ENTWICKLUNG EINER PLANUNGSKONZEPTION DARGESTELLT IN EINEM FUNKTIONSSCHEMA
- ENTWICKLUNG UND DARSTELLUNG EINES FREIFLÄCHENSYSTEMS
  ▶ DARSTELLUNG VON FUNKTIONEN UND NUTZUNGSEMPFEHLUNGEN
- ENTWICKLUNG UND DARSTELLUNG DES GRÜNZUGSYSTEMS
- PLANUNG DER FREIFLÄCHENINFRASTRUKTUR
  ▶ GRÜNANLAGEN UND PARKS, KLEINGÄRTEN, FRIEDHÖFE ETC.
  ▶ AUFFORSTUNGEN
  ▶ WEGEVERBINDUNGEN ETC.
- HINWEISE ZUR STÄDTEBAULICHEN ENTWICKLUNG

Aus: FREIFLÄCHENPLAN HAGEN 1982

UVP Flächennutzungsplanung

Tab. 1: Beispiel einer summativen Bewertungstabelle

Aus: FREIFLÄCHENPLAN HAGEN 1982

Ergebnisdarstellung

Die Ergebnisdarstellung der 3-stufigen Bewertung (Beeinträchtigungsintensität hoch/mittel/gering bzw. kein Bezug oder positiver Bezug) wurde in Tabellenform für alle 177 vorgesehenen Flächennutzungsplanänderungen in den Bereichen Wohnbauflächen, gewerbliche Bauflächen, Grünflächen angegeben, so daß auch der summative Effekt des Flächenverbrauchs deutlich wurde (vgl. Kap. 0.2).

Tabelle 1 liefert einen Auszug. Die Grundbelastung ist abgeprüft für potentielle Wohn- und Erholungsflächen, ferner sind Beeinträchtigungsintensitäten für den klimaökologischen Bereich (Klima, Luft, Lärm) das Wassergebotspotential, das Naturschutzpotential sowie das Erholungspotential angeführt[46]. In den letzten Spalten sind die sich aus der Raum-/Freiflächenbewertung ergebenden planerischen Empfehlungen genannt, u.a. auch mit dem Hinweis "Ausbau abzulehnen" die Null-Variante.

Diese positiven Ansätze sind bei der nächsten Flächennutzungsplanüberarbeitung weiterzuentwickeln im Hinblick auf eine umfassendere raumbezogene Umweltverträglichkeitsprüfung.

---

[46] Naturraumpotentialkarten liegen bei der Stadt Hagen vor, u.a. auch aus DEPONIEGUTACHTEN HAGEN 1985.

4. Die Umweltverträglichkeitsprüfung in der Bebauungsplanung

4.1 Die kommunale verbindliche Bauleitplanung und die UVP

Der Bebauungsplan baut auf den behördenverbindlichen Angaben des Flächennutzungsplanes auf und setzt, für jedermann verbindlich, die Einzelheiten der städtebaulichen Ordnung für ein genau begrenztes Gemeinde-Teilgebiet fest (vgl. § 8 BBauG). Der Planmaßstab 1:500 oder 1:1000 ist darauf angelegt, juristisch eindeutige und genaue Angaben zu liefern. Während der Flächennutzungsplan die **weitreichende** zukünftigte Entwicklung des Gesamtstadtgebietes zu berücksichtigen hat, ist der Bebauungsplan darauf angelegt, Regelungen zu liefern, die **mittelfristig** (in der Regel innerhalb von 5 Jahren) vollzogen sein sollen. Da sich ein Bebauungsplan aus dem Flächennutzungsplan zu entwickeln hat (s. § 8 Abs. 2 Satz 1 BBauG), setzt die Aufstellung eines verbindlichen Bauleitplanes (Bebauungsplanes) im allgemeinen das Vorhandensein eines Flächennutzungsplanes voraus. Nur wenn "zwingende Gründe es erfordern" (§ 8 Abs. 2 Satz 2 BBauG), ist es möglich, einen Bebauungsplan aufzustellen, bevor ein wirksam gewordener Flächennutzungsplan besteht.

Die Inhalte des Bebauungsplanes regelt § 9 BBauG in umfassender Weise. Die rechtlichen Ansatzpunkte für eine UVP - Integration in Bauleitplanverfahren nach BBauG wurden in Kap. 2.4.1 ausführlich untersucht. Der Verfahrensgang der Planaufstellung für einen Bebauungslan (ähnlich dem für den Flächennutzungsplan) nach BBauG hier nur in Stichworten:

Verfahrensgang zur Aufstellung des Bebauungsplanes
- Die Gemeindevertretung beschließt, einen Bebauungsplan aufzustellen (Planaufstellungsbeschluß)

Bauleitplanung

- Ortsübliche Bekanntgabe des Beschlusses (§ 2 Abs. 1 BBauG)
- Der Planer stellt Planungsunterlagen zusammen (Zustandsermittlung aus Flächennutzungsplan, städtebaulicher Bestandsaufnahme, Katasterplänen, Fachplänen, usw.)
- Der Planer unternimmt eine bauleitplanerische Voruntersuchung und entwickelt einen städtebaulichen Entwurf unter Beteiligung der Träger öffentlicher Belange (§ 2 Abs. 5 BBauG) mit vorgezogener Bürgerbeteiligung (§ 2a BBauG) zur Darlegung der Planungsziele und -zwecke, Gelegenheit zur Einsichtnahme und Erörterung
- Der Planer entwirft den Bebauungsplan und formuliert den Satzungstext
- Die Gemeindevertretung beschließt den Bebauungsplan als Entwurf (Vorentwurf und Bewilligungsbeschluß)
- Der Bebauungsplan wird für die Dauer eines Monats öffentlich ausgelegt (förmliche Bürgerbeteiligung), dies wird ortsüblich bekanntgegeben, so daß Anregungen und Bedenken aus der Öffentlichkeit geltend gemacht werden können (Offenlegungsbeschluß nach § 2a Abs. 6 BBauG)
- Der Planer und die Gemeindevertretung prüfen die vorgebrachten Anregungen, Bedenken und Einsprüche
- Der Planer teilt den Einsendern das Ergebnis der Prüfung mit (ggf. auch die vorgenommenen Planänderungen)
- Der Planer formuliert endgültige Fassung des Bebauungsplanes
- Die Gemeindevertretung beschließt über Anregungen und Bedenken
- Vorlage des Planes zur Genehmigung beim Regierungspräsidenten (§ 11 BBauG) mit Bericht über Anregungen und Bedenken
- Der Regierungspräsident prüft den Plan auf Rechts- oder Formverstöße (z.B. Abwägungsfehler)
- Der Regierungspräsident erteilt Genehmigung, ggf. unter Auflagen (§ 11 BBauG)

- Die Gemeinde beschreitet ggf. den Verwaltungsrechtsweg gegen das Versagen der Genehmigung bzw. die Auflagen
- Satzungsbeschluß und ortsübliche Bekanntmachung (§ 10 und 12 BBauG)

Um zu verdeutlichen, welchen Stellenwert die Integration einer Umweltverträglichkeitsprüfung in dieses Verfahren im Rahmen der kommunalen Planung hat, sei noch folgendes festgestellt: die UVP steht neben implizit oder explizit durchgeführten "Verträglichkeitsprüfungen" anderer Belange. In der nachstehenden Matrix (Abb. 9) ist die Stellung der Bauleitplanungs-UVP innerhalb des kommunalen Planungssystems, neben den Fachplanungen, gekennzeichnet.

Auch die Fachplanung und fachplanerischen Zielsetzungen unterliegen dem dargelegten Prüfraster oder besser, müßten diesem unterliegen. Die Bebauungsplanung verfolgt als Querschnittsaufgabe keine eigenen fachlichen Ziele, sondern soll der umwelt-, sozial- usw. -gerechten Gestaltung der Kommune dienen. In der Praxis ist aber vielfach die Abweichung davon die Regel, indem ein Bebauungsplan für ein konkretes bauliches Projekt (Straße, Wohnbebauung, Industriegebiet ...) aufgestellt wird und die "überfachliche" Bebauungsplanung zu einer Planung werden läßt mit deutlich fachlicher Zielsetzung (vgl. Kap. 4.3.3.2).

Eine UVP ist auch bei Vorhaben mit dem Zweck des Umweltschutzes angebracht, da hier zu prüfen ist,
1. wie sich die Umweltbilanz insgesamt darstellt,
2. wo sich innerhalb der Umweltbereiche gegeneinander abzuwägende Schwerpunkte der Be- und Entlastung befinden und
3. ob die wirksamste Durchführungsart bzw. Planalternative der vorhandenen Möglichkeiten berücksichtigt wurde.

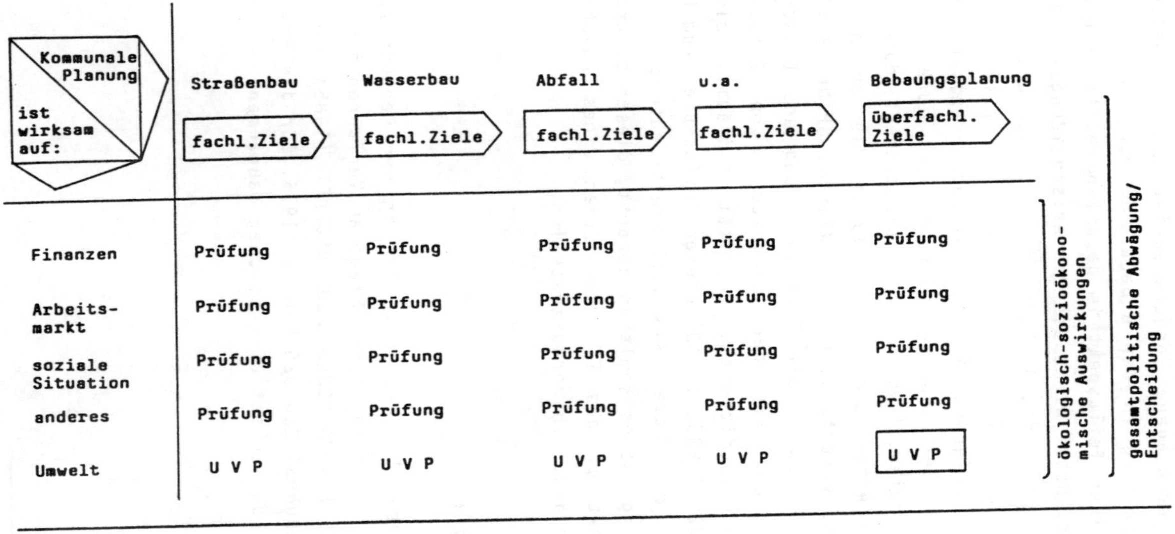

Bauleitplanung

Kommunale Planung ist wirksam auf:	Straßenbau fachl.Ziele	Wasserbau fachl.Ziele	Abfall fachl.Ziele	u.a. fachl.Ziele	Bebauungsplanung überfachl. Ziele
Finanzen	Prüfung	Prüfung	Prüfung	Prüfung	Prüfung
Arbeitsmarkt	Prüfung	Prüfung	Prüfung	Prüfung	Prüfung
soziale Situation	Prüfung	Prüfung	Prüfung	Prüfung	Prüfung
anderes	Prüfung	Prüfung	Prüfung	Prüfung	Prüfung
Umwelt	U V P	U V P	U V P	U V P	U V P

ökologisch-sozioökonomische Auswirkungen

gesamtpolitische Abwägung/Entscheidung

Abb. 9: Standort der Bebauungsplanungs-UVP im Rahmen der kommunalen Planung (in Anlehnung an OTTO 1979)

127

Die hier vorgeschlagene Vorgehensweise einer Umweltverträglichkeitsprüfung in der Bebauungsplanung umfaßt nach Abb. 9 nur einen Teilaspekt im gesamten politischen Entscheidungsfeld. Dabei wirkt die UVP entscheidungsvorbereitend, sie ist nicht die Abwägung der privaten und öffentlichen Belange untereinander und gegeneinander (§ 1 Abs. 7 BBauG) selbst. Aufgrund bislang fehlender Praxiserfahrung mit der UVP in der Bebauungsplanung wird zunächst offenbleiben, inwieweit das Prüfungsinstrument durch das klare Herausarbeiten der Umweltbelange die gesamtpolitische Abwägung vorentscheidet[47]. Während SPINDLER (1983 S. 17) der UPV durch die Strukturierung des Entscheidungsvorganges und mit der Darbietung von Entscheidungsprämissen präjudizierende Qualität einräumt, widerspricht SCHEMEL (1985, S. 10) dieser Auffassung. Zum Rollenverständnis der Umweltverträglichkeitsprüfung in der Bebauungsplanung ist es somit angebracht, diesen zentralen Diskussionspunkt um das Für und Wider eines Zusatzinstrumentariums deutlich herauszustellen.

4.2 Der UVP-Ablauf

Die hier vorgestellte kommunale UVP in der Bebauungsplanung orientiert sich in ihrem Ablauf am Verfahren nach der RICHTLINIE DER EUROPÄISCHEN GEMEINSCHAFT (1985) zur UVP sowie an den GRUNDSÄTZEN DES BUNDES (1975) für die Prüfung der Umweltverträglichkeit öffentlicher Maßnahmen.

---

[47] In dieser Hinsicht werden aus der Planungspraxis die größten Bedenken gegen die generelle Einführung einer UVP-Regelung vorgebracht.

Vorstellung des Vorhabens

Übersicht über den UVP-Ablauf innerhalb der kommunalen Bebauungsplanung:

I. Vorstellung des Vorhabens
   1. Formblatt
   2. Umwelterklärung

II. Umwelterheblichkeitsprüfung
   1. Prüfkriterienentwicklung und -auswahl
   2. Einholen der Stellungnahmen/Verfahrensabgleich

III. Umweltverträglichkeitsprüfung
   1. Gesamtbewertung
   2. Ergebnisdarstellung

IV. Gesamtpolitische Abwägung

4.2.1 Vorstellung des Vorhabens

4.2.1.1 Formblatt

Der UVP soll eine kurze Vorstellung des Vorhabens vorweggestellt werden, indem das zuständige Amt (in der Regel das Planungsamt) den Anlaß des Vorhabens, die Terminplanung für das Vorhaben sowie eine Kurzbeschreibung desselben darlegt. Weiter soll die Nennung der kartographischen Anlagen und, sofern vorhanden, über alternative Lösungsmöglichkeiten berichtet werden. Schließlich ist die Einbindung des Vorhabens in vorhandene Zielaussagen (Bedarfspläne, Generalverkehrsplan usw.) darzulegen. Eine Skizze über die Lage des Vorhabens (u.U. auch Fotos über den Ist-Zustand des Standortes) sind beizufügen. Der zuständige Sachbearbeiter/Abteilungsleiter/Amtsleiter zeichnet schließlich mit Datum des UVP-Beginns. Ein entsprechendes Formblatt (s. Anhang, Anlage 2) kann das Vorgehen vereinheitlichen und bei der Verwaltung, der Öffentlichkeit, Politikern u.a. einen Betrag zum leichteren Verständnis leisten, insbesondere, wenn sich das planende Amt bei allen zur Begutachtung vorgelegten Planungen desselben Vordruckes bedient.

4.2.1.2 Umwelterklärung

Innerhalb der Umwelterklärung soll das planende Amt, über die eigentliche Beschreibung des Planungsvorhabens hinaus, auch eine Übersicht geben über die durch das Vorhaben möglicherweise betroffene Umwelt sowie über die Art der möglichen Beeinträchtigungen. Basis für diese "Einschätzung auf den ersten Blick" können für die im Rahmen der Flächennutzungsplanung für eine UVP eingegrenzten und diskutierten, flächenhaft angegebenen Grundbelastungen, Naturraumpotentiale und ökologischen Funktionen sein (vgl. Kap. 3.2.1.5). Die auf gesetzlicher Grundlage hergeleiteten Raumpotentiale bieten sich als flächendeckende Betrachtungsgrundlage an, um die vom vorgestellten Vorhaben potentiell betroffenen Umweltbereiche aufzudecken. Hierbei ist noch nicht auf eine (quantitative) Bewertung abgestellt, sondern lediglich darauf, das Planungsvorhaben **prüffähig** zu machen. Danach sind in etwa folgende Fragen zu beantworten:

- Findet durch das Vorhaben möglicherweise eine Beeinträchtigung des **biotischen Ertragspotentials** statt? Das heißt, wird land- oder forstwirtschaftliche Fläche beansprucht, wenn ja, in welchem Maße, bei welcher Bodengüte, durch Veränderung des Grundwasserhaushaltes, durch Schadstoffeintrag, durch offensichtliche Klimabeeinflussung usw.?
- Findet durch das Vorhaben möglicherweise eine Beeinträchtigung des **Wasserdargebotpotentials** statt? Das heißt, wird Fläche versiegelt, Oberflächenbewuchs verändert, entstehen Beeinträchtigungen durch Transport, La-

Vorstellung des Vorhabens

gerung oder Gebrauch von wassergefährdenden Stoffen, werden Trinkwasserschutzgebiete in Mitleidenschaft gezogen usw.?
- Findet durch das Vorhaben möglicherweise eine Beeinträchtigung des **Rekreationspotentials**, also des Erholungspotentials statt? Das heißt, werden das Landschaftsbild beeinträchtigende Reliefumformungen vorgenommen, werden Erholungsflächen beansprucht, werden Zugänglichkeiten zu landschaftlichen Erholungsgebieten verbaut, werden erholungsbeeinträchtigende Schadstoffe, Erschütterungen oder Lärm erzeugt, werden gliedernde und landschaftsprägende Elemente beseitigt oder verdeckt, wird die Erlebnisqualität gestört, z.B. durch weithin sichtbare Baukörper, wie Türme, Masten, Dämme, Schornsteine u.ä.?
- Findet durch das Vorhaben möglicherweise eine Beeinträchtigung des **biotischen Regenerationspotentials**, also des Naturschutzpotentials statt? Das heißt, werden ökologisch wertvolle Bereiche wie Uferzonen, Schutzgebiete, Biotope o.ä. durch das Vorhaben flächenmäßig in Anspruch genommen, verändert oder indirekt beeinträchtigt, z.B. durch Veränderung des Wasserhaushaltes, Schadstoffeinträge, Barrieren usw. Werden aus Sicht des Naturschutzes bedeutsame Einzelobjekte beeinträchtigt oder beseitigt usw.?
- Findet durch das Vorhaben möglicherweise eine Beeinträchtigung des klimatisch(-lufthygienischen) Regenerationspotentials statt? Das heißt, werden die Frischluftzufuhr behindernde, barrierebildende Talverbauung vorgenommen, werden Ausgleichsräume beansprucht oder Immissionsschutzwälder beeinträchtigt, erhöht sich das Emissionsaufkommen durch die Planung sowie die direkte Immissionsbelastung in Siedlungsgebieten, werden Abstandsflächen nach dem ABSTANDSERLASS NW in Anspruch genommen u.ä.?
- In der UVP zur Flächennutzungsplanung wurde u.a. die nicht-flächendeckende Darlegung des Bebauungspotentials begründet (s. Kap. 3.1.2.5.2). Die parzellenscharfe Dar-

stellung im Bebauungsplan, der anthropozentrische Ansatz sowie das zugrundegelegte Verständnis des Menschen als Teil des Naturhaushaltes gebieten aber nun, **standortbezogen**, auch auf mögliche Beeinträchtigungen des **baulichen Nutzungspotentials** einzugehen. Somit ist auch zu beantworten, ob einer menschlichen Besiedlung des Standortes mit Wohngebäuden/Wohngrün, baulichen Freizeit-, Sport- und Erholungseinrichtungen, Arbeits- und Bildungsstätten klimatische und lufthygienische Aspekte, insbesondere aber auch die allgemeine Sicherheit und Ordnung gefährdende lokale Bodenbelastungen entgegenstehen können.

Es wird deutlich, daß in diesem frühen UVP-Stadium zumindestens grob auch auf die **Einwirkungen** auf das Vorhaben eingegangen werden sollte. Die UVP geht in dieser Hinsicht über die EG-Richtlinie hinaus, die im Anhang III grundsätzlich nur von der Prüfung der **Aus**wirkungen eines Projektes spricht, die Einwirkungen aber ausspart. Sinnvollerweise ist aber vor eingehender Prüfung der Auswirkungen eines Planungsvorhabens auf die Umwelt zuvor anhand einer Abschätzung festzustellen, ob die Anforderungen des Vorhabens am vorgesehenen Standort weitgehend erfüllt sind. Dazu kann z.B. eine checklistenartige Übersicht über wichtige allgemeine Standortanforderungen bestimmter ausgewählter (baulicher) Nutzungen dienen (s. Tab. 2). Bei Nichterfüllen wesentlicher Standortvoraussetzungen und bei Ausschluß ihrer anthropogenen Schaffung (z.B. durch Grundwasserabsenkung, Bodensanierung, Lärmschutzeinrichtungen) müßte die Planung zunächst vom planenden Amt zurückgezogen werden, womit sich auch eine weitere Überprüfung der Vorhabensauswirkungen vorläufig erübrigen würde.

Bei Unklarheit oder dem Verdacht auf Bebauungshindernisse (z.B. bei einer vagen Vermutung einer vorliegenden Altlast) ist nach Abwägung und Auftragsvergabe (Einholen der Zustimmung der politischen Gremien) mit speziellen Fachgutachten (z.B. Altlastengutachten zur Gefahrenpotential-

Vorstellung des Vorhabens

Tab. 2: Allgemeine Standortanforderungen vom Menschen dominierter Nutzungsschwerpunkte wie Erholen (intensiv), Wohnen, Gewerbe/Industrie (verändert nach PFLUG u.a. 1978 und PFLUG/WEDECK 1980)

Anforderungen an:

Relief/Oberflächenformen
- ebene bis geringe Hangneigung
- keine ausgesprochene Nordexposition
- keine Rinnenlage

Boden/Gestein
- keine Bodenverunreinigungen, -kontaminationen
- gute Bodenbearbeitbarkeit (z.B. bei Gartennutzung)
- ausgeglichener Bodenwasserhaushalt
- geringe Drainbedürftigkeit
- geringe Trittempfindlichkeit und Erosionsgefahr
- keine geologischen Verwerfungslinien

Wasser
- Hochwasser- und Überschwemmungssicherheit
- ausreichender Grundwasserflurabstand
- gute Abflußmöglichkeit

Klima/Luft/Lärm
- geringe Schwülehäufigkeit, -intensität, -dauer
- geringe Starkwindhäufigkeit
- geringe Nebelhäufigkeit, -intensität, -dauer
- geringe Häufigkeit von Kaltluftstagnation
- geringe Immissionsgefährdung
- guter Luftaustausch
- keine Lärmbelästigung

Tierwelt
- geringe Häufigkeit von Schadinsekten

abschätzung sowie dem Vorschlag von Sanierungsmaßnahmen) festzustellen, wie die Planungsmaßnahme in dieser Hinsicht verändert werden müßte (z.B. erhöhte Bodenversiegelung, bestimmte Baukörperanordnungen) oder ob sie wegen der unvermeidlichen Einwirkungen ganz fallengelassen werden muß.

Im Fall einer Verfahrensfortsetzung werden die Untersuchungsergebnisse sowie die ggf. neue bauliche Situation in die Vorstellung des Verfahrens mit aufgenommen, so daß der weitere Prüfungsablauf (zu den Vorhabensauswirkungen) entsprechend darauf eingestellt werden kann.

Die vom Planungsträger durchzuführende Umwelterklärung liefert durch Beantwortung solcher oder ähnlicher Fragen eine erste "holzschnittartige" Vorstellung von dem Vorhaben und zwingt den Planungsträger, über sein Vorhaben in Umwelthinsicht zu reflektieren. Die Umwelterklärung entspricht damit in ihrem Begriffsverständnis nicht den im Rahmen der EG-Richtlinie vorgesehenen umfassenden Projektbeschreibungen aus Anhang III. Denn die dem Planungsträger abverlangten Angaben sind hier weder wissenschaftlich exakt noch juristisch einklagbar. Die Umwelterklärung stellt in verfahrenstechnischer Hinsicht lediglich die ökologische Verbindung zwischen vorbereitender und verbindlicher Bauleitplanung dar, indem sie einerseits den Ausstieg aus der raumbezogenen Betrachtung sowie andererseits den Einstieg in die (projekt-)standortbezogene UVP im Verfahren der Bebauungsplanung bildet.

Die weiteren UVP-Prüfschritte innerhalb der Bebauungsplanung sind nun nicht mehr allein vom planenden Amt durchzuführen, sondern sie sollen begleitet werden von einer entsprechend der Aufgabe interdisziplinär zusammengesetzten Arbeitsgruppe und UVP-Dienststelle (zur organisatorischen Komponente s. Kap. 4.3.4). Die Federführung für das Planungsvorhaben verbleibt aber beim planenden Amt.

4.2.2 Umwelterheblichkeitsprüfung

4.2.2.1 Prüfkriterienentwicklung und -auswahl

Aufbauend auf der Vorstellung des Projektes mit der Umwelterklärung kann nun als erste wesentliche UVP-Phase die Umwelterheblichkeitsprüfung erfolgen. Dazu bedarf es zunächst der Entwicklung von Prüfkriterien und deren Auswahl. Auf gesetzlicher Grundlage (sowie unter Beachtung der EG-Richtlinie zur UVP) ist ganz allgemein ein breiter Rahmen zu berücksichtigender Umweltbelange zu entwickeln (s. Kap. 4.3.1). Dieser läßt sich in Form einer Check-Liste zusammenstellen. Aus diesem Prüfkriterienreservoir kann in der UVP-Arbeitsgruppe einerseits eine sinnvolle Indikatorenauswahl für das konkrete Planungsvorhaben getroffen werden, um allen im späteren Verfahren Beteiligten ein operables Beurteilungsfeld an die Hand zu geben. Diese im englischen Sprachraum als "scoping" bezeichnete Kriterienauswahl soll andererseits auch sicherstellen, daß alle für das Projekt wesentlichen Umweltbelange dokumentiert werden. Nachdem im Planungsamt u.a. über sondierende Plangespräche mit verschiedenen Fachbehörden ggf. aus Alternativen ein beurteilungsfähiger Planentwurf entstanden ist, folgt der nächste UVP-Prüfschritt.

4.2.2.2 Einholen der Stellungnahmen/Verfahrensabgleich

Dieser umfaßt das Einholen der Stellungnahmen (im Rahmen der Ämterbeteiligung) von den für die verschiedenen Umweltbereiche zuständigen Fachdienststellen (ressortgebundene UVP). Die Zuständigkeiten ergeben sich aus den kommunalen Zuständigkeitsordnungen. Dabei sind in den kreisfreien Städten, je nach Organisation, als Ämterbestandteile zum Teil indirekt auch schon untere staatliche Behörden[48] angesprochen, wie z.B. die Untere Wasserbehörde und die Untere Abfallbehörde etwa im Stadtentwässerungsamt oder die Untere Landschaftsbehörde im Grünflächenamt. Sie werden im weiteren Verfahren der Bebauungsplanung nach § 2 Abs. 5 BBauG nochmals offiziell als Träger öffentlicher Belange angehört, geben dann allerdings ihre Stellungnahmen auch vor dem Hintergrund der fachfremden Überlegungen und der UVP-Gesamtbewertung ab. Zweckmäßigerweise versendet das federführende Amt dazu die UVP mit an die Träger öffentlicher Belange.

Der Planungsträger ist für das Einholen der Fachstellungnahmen verantwortlich und zieht ggf. externe Dienststellen mit heran (z.B. auch das Staatliche Gewerbeaufsichtsamt), um alle Umweltbelange befriedigend abzudecken, auch wenn er dazu die eingegangenen Ergebnisse selbst UVP-mäßig aufbereiten muß. Zur Übersicht führt das planende Amt einen Beteiligungsvordruck (s. Anhang, Anlage 3) und zeichnet für die Vollständigkeit. Diese UVP-Phase stellt somit zugleich auch einen Verfahrenabgleich dar, das heißt, sie gibt Auskunft über die an der UVP beteiligten Dienststellen.

Der Klarheit und einfacheren Auswertung wegen sollten nach Möglichkeit, bezogen auf ihren Zuständigkeitsbereich, die Stellungnahmen der Fachdienststellen nach einem einheitlichen Gliederungsschema durchgeführt werden:

---

[48] Nach dem nordrhein-westfälischen Gemeindeverfassungsrecht nimmt der Hauptverwaltungsbeamte (Oberstadtdirektor/Kreisdirektor) auch die Aufgaben der unteren staatlichen Verwaltungsbehörden wahr. In der Praxis hat sich daraus eine enge Zusammenarbeit dieser Dienststellen mit den an der Bauleitplanung beteiligten Fachämtern ergeben.

Umwelterheblichkeitsprüfung

A: 1. Vorhandene Umweltsituation aus Sicht der Fachdienststelle
2. Vorhandene fachspezifische Zielaussagen in Plänen, Programmen, Satzungen

B: 3. Art und Umfang der Auswirkungen/Zustandveränderungen, die aus Sicht der Fachdienststelle durch das Vorhaben zu erwarten sind
4. Bewertung der Auswirkungen aus der Sicht der Fachdienststelle

C: 5. Erforderliche Auflagen, Modifizierungen, Alternativen, Varianten sowie ggf. die Ablehnung des Vorhabens aus Sicht der Fachdienststelle.

In diesem Schema stellt A die fachspezifische "Ist-Analyse", B die fachspezifische "Wirkungsanalyse" und C die fachspezifischen "Umweltschutzmaßnahmen" dar.

Bei der Wirkungsanalyse geht das Fachamt nach den anhand der Check-Liste festgelegten Prüfkriterien vor, wie sie ihm vom Planungsträger an die Hand gegeben wurden. Die Prüfliste sieht zunächst eine abgestufte Bewertung der einzelnen Prüfkriterien vor und schließt für das Fachamt ab mit einer kumulativen Bewertung ihres Zuständigkeits-/Umweltbereiches (z.B. Wasser/Abwasser durch das Stadtentwässerungsamt oder Natur und Landschaft/Landschaftsbild durch das Grünflächenamt). Wegen Kompetenzüberschneidungen ist Rücksprache zu halten mit der UVP-Arbeitsgruppe (zur Bewertung und ökologischen Wirkungs-/Risikoanalyse s. Kap. 4.3.2.2, zur Organisation s. Kap. 4.3.4.3).

Mit dieser UVP-Phase endet die sektorale Betrachtung und Bewertung der Umweltbelange. Die fachspezifischen Stellungnahmen sollen im folgenden zusammengeführt und im Ensemble Beachtung finden.

4.2.3. Umweltverträglichkeitsprüfung

4.2.3.1 Gesamtbewertung

Es folgt also die Feststellung der stadtökologischen Verträglichkeit der Planungsmaßnahme, also die UVP im engeren Sinne. Ihrem Wesen nach stellt sie eine begründete und an gesamtstädtischen Zielen orientierte planerische Abwägung der Umweltbelange untereinander dar (vgl. § 1 BBauG), nicht jedoch die Abwägung der Umweltbelange gegen andere öffentliche und private Belange. Bei offensichtlich gewordenen Zielkonflikten innerhalb des Umweltzielsystems (z.B. Lärmschutz gegen Biotopschutz) erfolgt **keine** zusammenfassende Bewertung der Umweltverträglichkeit, sondern die Umweltbedingungen werden offen an den politischen Raum zur Abwägung gegeben (s. Kap. 4.3.2.3). Auf der Grundlage der Gesamtbewertung des Planungsvorhabens hinsichtlich seiner Umweltwirkungen sollen im wesentlichen die Feststellungen getroffen werden über:

a) die durch das Vorhaben bedingten Auswirkungen;
b) die unterschiedlichen Risiken der Vorhabensalternativen (sofern vorhanden);
c) die Erheblichkeit und Nachhaltigkeit des Vorhabens;
d) die erforderlichen Vermeidungs- und Verminderungsmaßnahmen sowie die Ausgleichs- und Ersatzmaßnahmen.

4.2.3.2 Ergebnisdarstellung

Die UVP-Abschlußphase ist die Ergebnisdarstellung. Sie soll in dreigliedriger Form Auskunft geben auf folgende Fragen:

1. Wie verträglich ist das Vorhaben aus Sicht von Ökologie und Umweltschutz und welche Beeinträchtigungen sind durch Modifizierungen, Alternativen, Varianten usw. zu vermeiden oder zu vermindern?

2. Welche Ausgleichsmaßnahmen sind notwendig, um unvermeidbare Beeinträchtigungen auszugleichen?
3. Ist es notwendig, auf das Vorhaben aus Sicht von Ökologie und Umweltschutz zu verzichten, da Beeinträchtigungen weder vermieden noch in erforderlichem Maße ausgeglichen werden können?

Der Ergebnisfall 1 zeigt entsprechend also auch die möglichen Vermeidungsmaßnahmen auf. Im Fall 2, er dürfte die Regel darstellen, münden die sich aus der Prüfung ergebenden Ausgleichs- und Ersatzmaßnahmen in einen landschaftspflegerischen Begleitplan bzw. in einen Grünordnungsplan.

Der Fall 3, also die Empfehlung der Null-Variante aus Sicht des Umweltschutzes, verdeutlicht den wesentlichen Unterschied des UVP-Vorgehens zum bislang allenfalls üblichen Vorgehen über einen landschaftspflegerischen Begleitplan, der lediglich unvermeidbare und im Rang den Interessen von Natur- und Umweltschutz vorangehende Eingriffe zu beurteilen hat. Aus Fall 3 ergibt sich ebenfalls, daß die frühzeitige Durchführung einer Umweltverträglichkeitsprüfung im Bebauungsplanverfahren unabdingbar ist, nicht zuletzt auch, um Fehlplanungen und somit fehlgeleitete Arbeitskapazität zu vermeiden.

Die Ergebnisdarstellung ist so zu wählen, daß sie auch von "Nicht-Fachleuten" (Politikern, Bürgern) gelesen und verstanden werden kann (Karten, Diagramme, ggf. Fotos, **Kurz**beschreibungen, Check-Listen, Umweltverträglichkeitsdarstellungen, Matrizen u.ä.). Nur so wird eine UVP zu einer echten entscheidungsvorbereitenden Hilfe. Neben der reinen Sachentscheidung sollten u.a. auch Angaben über alle an der UVP Beteiligten sowie über den Zeit- und Kostenrahmen gemacht werden.

4.2.4 Gesamtpolitische Abwägung

Die Abwägung der Umweltbelange mit anderen öffentlichen und privaten Belangen erfolgt nach durchgeführter Umweltprüfung im Rahmen der gesamtpolitischen Entscheidung über das Vorhaben (s. Kap. 4.3.2.4).

Das Ergebnis der Umweltverträglichkeitsprüfung ist in den Bebauungsplanverfahren aktenkundig zu machen und soll in die jeweiligen Beschlußvorlagen für Rat, Ausschüsse und ggf. Bezirksvertretungen als Teil der Abwägung aufgenommen werden sowie Bestandteil öffentlicher Auslegungen und der Bürgerbeteiligung sein.

4.3 Die UVP-Komponenten

Die Integration der UVP in das Bebauungsplanverfahren ist unter den verschiedensten Aspekten zu behandeln. Zum besseren Verständnis ist eine Auflösung der Komplexität notwendig. Deshalb soll der Verfahrensvorschlag differenziert in 5 UVP-Betrachtungsebenen Unterbreitung finden. Zum Erhalt des Gesamtverständnisses dienen Querverweise. Folgende UVP-Komponenten finden demnach im folgenden Behandlung:

1. Die kriterienmäßige Komponente und der Informationsaspekt
2. Die methodisch-bewertungsmäßige Komponente
3. Die verfahrensmäßig integrative Komponente
4. Die organisatorische Komponente und der Kostenaspekt
5. Die Komponente der Öffentlichkeitsbeteiligung

4.3.1 Die kriterienmäßige Komponente und der Informationsaspekt

4.3.1.1 Zielsystem und Prüfkriterienentwicklung

Es gilt die in Kap. 1.4 genannten ökologischen Prinzipien als Zielsetzungen soweit wie auf der Stufe der kommunalen Bebauungsplanung möglich und sinnvoll umzusetzen[49]. Die gesetzlichen Grundlagen dafür sind vorhanden (vgl. Kap. 2.4). Diese Grundlagen richten sich, soweit es sich um weiträumige, überörtliche Belange handelt, mittelbar über die Raumordnung auch an die Bauleitplanung, sofern es sich um örtliche Erfordernisse handelt, sogar unmittelbar an die Bauleitplanung. Dabei sind sicherlich schon die überörtlichen Zielsetzungen von einiger Bedeutung, weil sie die Kommunen in einen Nachfolgezwang versetzen. Wesentlich ist aber auch die Formulierung konkreter ökologischer Zielsetzungen für die einzelne Kommune, z.B. in Form von Umweltprogrammen, -konzepten u.ä. Dabei können sich räumlich und sachlich festzumachende lokale Standards nicht allein auf die Einhaltung gesetzlich vorgeschriebener Grenzwerte beschränken. Die anzustrebenden Umweltqualitä-

---

[49] Weitergehende Bestrebungen in dieser Hinsicht sind auf städtebauliche Projekte zu richten, wie sie als zulässig erklärt werden nach § 30 BBauG (Vorhaben im Geltungsbereich eines rechtskräftigen Bebauungsplanes), wegen in jedem Fall fehlender Vorprüfung insbesondere aber auch auf die Vorhaben nach § 33 BBauG (Vorhabenszulassung **während** der Bebauungsplanaufstellung), § 34 BBauG (Vorhabenszulassung innerhalb der im Zusammenhang bebauten Ortsteile - "Baulückenschließung/Ortsabrundung"-) und § 35 BBauG (Zulassung von Bauvorhaben im Außenbereich). Diese Vorhaben sind ökologisch einerseits abhängig von den individuellen Lebens- und Verhaltensweisen der Stadtbewohner (z.B. beim Wasserverbrauch, beim Heizen und Lüften, im Abfallverhalten), wie sie planungs- und bauordnungsrechtlich nicht oder nur zum Teil steuerbar sind. Sie sind andererseits aber auch abhängig von durch die Kommune steuerbaren baulichen und bautechnischen Merkmalen wie Gebäudeorientierung und Wärmedämmung, Fensterflächenanteil, Heizungsart, Regenwassernutzung, Begrünung, Versiegelung usw.

ten sind vielmehr im Sinne von Vorsorge- oder Planungsstandards festzulegen und zwar sowohl durch die Formulierung von fachübergreifenden, gesamtkonzeptionellen Zielvorstellungen, z.B. in der Landesplanung und (ökologischen) Stadtentwicklung sowie durch die Aufstellung sektoraler, medien- und nutzungsbezogener Oberziele, aus denen in Form eines Zielsystems Unterziele und Indikatoren entwickelt werden.

Im Zielsystem sind alle für eine Planungssituation relevanten Ziele geordnet und gegliedert dargestellt. Nur das hier aufgeführte Oberziel und die daraus entwickelten Teilziele erster, zweiter, dritter ... Ordnung gehen somit, nachvollziehbar für jedermann, in eine Bewertung ein. Die Bedeutungszumessung der Teilziele ergibt sich aus der regionalen und lokalen Umweltsituation.

Da es nicht möglich ist, Teilziele niederer Ordnung direkt zu erfassen oder zu messen, da sie in der Regel noch komplexe Vorgänge im Umweltsystem darstellen (z.B. das Teilziel "Erhaltung eines schutzwürdigen Biotops"), sind aus dem Zielsystem auf letzter Ebene Indikatoren/Kriterien abzuleiten. Das Indikator-Konzept beruht auf der Erkenntnis, daß es für die Zustands- und Entwicklungsbeschreibung eines Objektes oder Systems gar nicht unbedingt notwendig ist, es in allen seinen Komponenten zu erfassen, weil es ausreicht, nur eines oder mehrere seiner typischen Merkmale zu beschreiben, die innerhalb einer geforderten Genauigkeit hinreichende Schlüsse auf das Gesamtobjekt zulassen (ähnlich dem Indikator Körpertemperatur als anerkannt ausreichendes Kriterium für den menschlichen Krankheitsverlauf).

Daraus ergibt sich, daß innerhalb des UVP-Zielsystems die Prüfkriterien abhängig sind vom jeweiligen Planungsprojekt sowie von seiner räumlichen Dimension und der regionalen Lage. Eine angemessene Prüfkriterienauswahl hat also bei jeder UVP stattzufinden. Das "scoping" (vgl. Kap. 4.3.1.2

kriterienmäßige Komponente

und Kap. 4.3.2.1) kann durch eine UVP-begleitende Arbeitsgruppe stattfinden (vgl. Kap. 4.2 und Kap. 4.3.4). Dabei ist darauf zu achten, daß der Grad an Verwissenschaftlichung und Kriterienaufspaltung in einem angemessenen Verhältnis zu den Erfordernissen des zu prüfenden Vorhabens steht. Es ist also zurückzugreifen auf wesentliche und aussagekräftige Indikatoren, bei denen die Beziehungen zwischen dem zu beschreibenden Sachverhalt (dem Indikatum) und dem Indikator klar ersichtlich sind. Der UVP-Arbeitsgruppe fällt damit die Aufgabe zu, das richtige Informations- und Beurteilungsmaß festzulegen, das projektorientiert zwischen übertriebener Vereinfachung und Schlichtheit einerseits und einem übermäßigen Detaillisierungsgrad andererseits liegt.

Um in der Arbeitsgruppe systematisch und unwillkürlich vorzugehen, ist ihr ein die Beurteilungskriterien weit absteckender Rahmen vorzugeben, aus dem sie angemessene Prüfkriterien schöpfen und auswählen, ggf. auch in den Grenzen des Zielsystems entwickeln und ergänzen kann. Das Zielsystem ist aus einem weit abgesteckten Oberziel herzuleiten, wie z.B. "Erhaltung der Umweltqualität" oder wie es beispielsweise schon mehr oder weniger speziell auf bestimmte Umweltbereiche bezogen in den Umweltgesetzen enthalten ist (z.B. § 1 BUNDES-IMMISSIONSSCHUTZGESETZ, § 1a Abs. 2 WASSERHAUSHALTSGESETZ, § 1 Abs. 1 BUNDESWALDGESETZ, § 2 Abs. 1 ABFALLBESEITIGUNGSGESETZ).

Die grundliegenden Zielsetzungen eines physisch-ökologischen Umweltschutzes werden im BUNDESNATURSCHUTZGESETZ formuliert. Es stellt mit § 1 Abs. 1 (vgl. Kap. 2.4.3 und Kap. 3.1.2) den abstraktesten und damit auch für die naturwissenschaftlich orientierte Umweltplanung den umfassendsten Ansatz für ein Umweltzielsystem dar. Wird der Mensch in den Naturhaushalt miteinbezogen, deckt es sich auch mit der EG-Richtlinie. Der raumdeckende ("im besiedelten und unbesiedelten Bereich") und anthropozentrische ("als Lebensgrundlage des Menschen") Ansatz soll deshalb zur Ableitung und Ausformulierung eines rahmensetzenden Zielsystems mit Indikator-/Prüfkriterienkonzept benutzt werden.

Oberziel: Natur und Landschaft sind im besiedelten und unbesiedelten Bereich zu schützen, zu pflegen und zu entwickeln durch

2. Zielebene: 1. Sicherung der Leistungsfähigkeit des Naturhaushaltes und der Nutzungsfähigkeit der Naturgüter
2. Sicherung der Pflanzen- und Tierwelt
3. Sicherung der Vielfalt, Eigenart und Schönheit von Natur und Landschaft.

Eine weitere Zielkonkretisierung, z.T. bis zur Kriterienebene ist in Abb. 10, Nr. 1, 2 und 3 dargestellt. Dabei ergeben sich die meßbaren/klassifizierbaren Prüfkriterien auf der letzten Zielsystemebene, der Indikatorenebene. Sie lassen sich z.B. in Form einer Check-Liste zusammenstellen (s. Anhang, Anlage 4). Hier sind einige in Praxishinsicht bedeutsame Prüfaspekte sowohl der Betroffenenseite (zu erwartende Beeinträchtigungen von ...) als auch von der Verursacherseite (zu erwartende Beeinträchtigungen durch ...) unterschiedlich konkret aufgeführt (näheres zur Check-Liste s. Kap. 4.3.2.2.3.1).

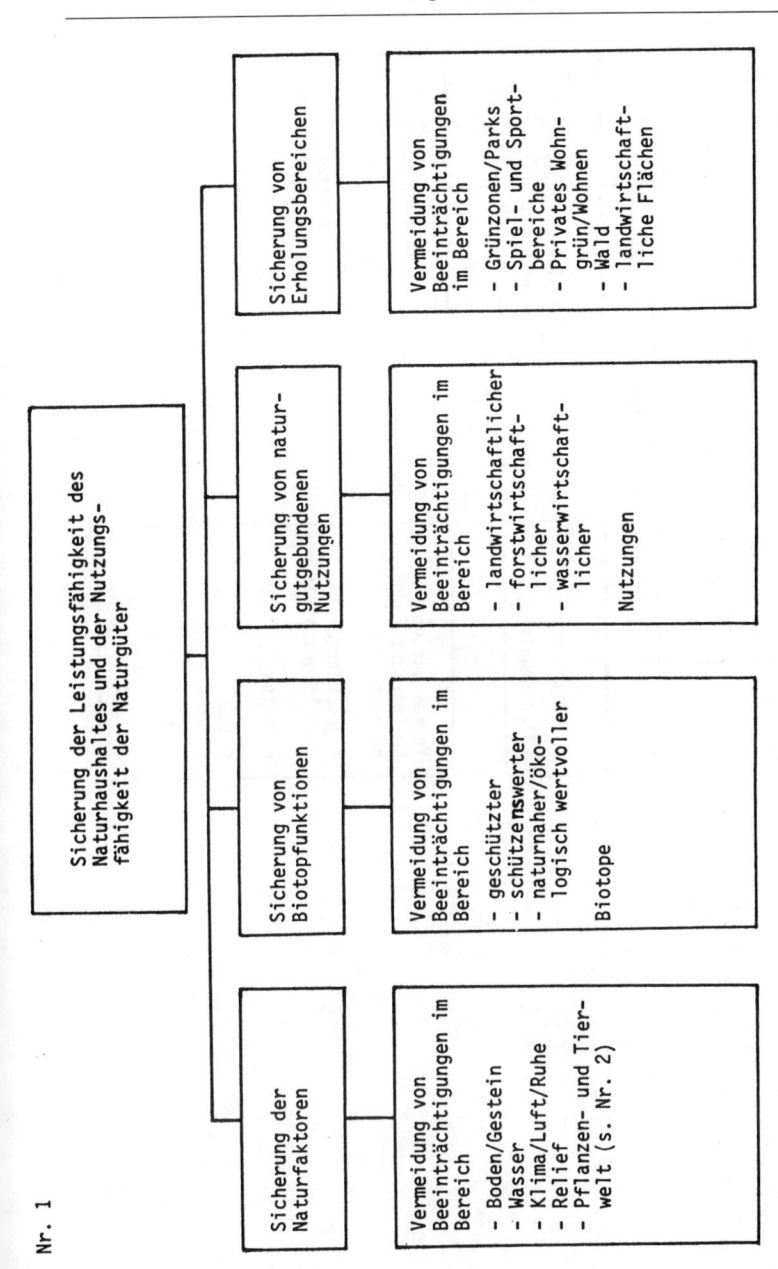

kriterienmäßige Komponente

Nr. 1

Sicherung der Leistungsfähigkeit des Naturhaushaltes und der Nutzungsfähigkeit der Naturgüter

- **Sicherung der Naturfaktoren**
  - Vermeidung von Beeinträchtigungen im Bereich
    - Boden/Gestein
    - Wasser
    - Klima/Luft/Ruhe
    - Relief
    - Pflanzen- und Tierwelt (s. Nr. 2)

- **Sicherung von Biotopfunktionen**
  - Vermeidung von Beeinträchtigungen im Bereich
    - geschützter
    - schützenswerter
    - naturnaher/ökologisch wertvoller Biotope

- **Sicherung von naturgutgebundenen Nutzungen**
  - Vermeidung von Beeinträchtigungen im Bereich
    - landwirtschaftlicher
    - forstwirtschaftlicher
    - wasserwirtschaftlicher Nutzungen

- **Sicherung von Erholungsbereichen**
  - Vermeidung von Beeinträchtigungen im Bereich
    - Grünzonen/Parks
    - Spiel- und Sportbereiche
    - Privates Wohngrün/Wohnen
    - Wald
    - landwirtschaftliche Flächen

Abb. 10: ZIELSYSTEM II: Ziele des physisch-ökologischen Umweltschutzes innerhalb der Umweltverträglichkeitsprüfung der Bebauungsplanung.

UVP Bebauungsplanung

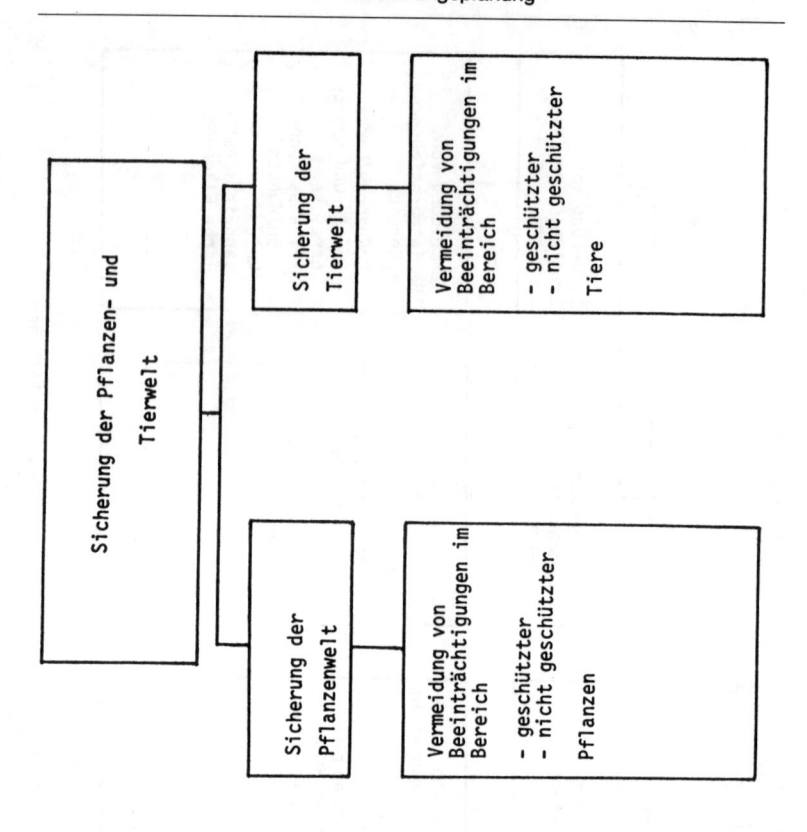

Nr. 2

```
Sicherung der Pflanzen- und Tierwelt
├── Sicherung der Tierwelt
│     └── Vermeidung von Beeinträchtigungen im Bereich
│         - geschützter
│         - nicht geschützter
│         Tiere
└── Sicherung der Pflanzenwelt
      └── Vermeidung von Beeinträchtigungen im Bereich
          - geschützter
          - nicht geschützter
          Pflanzen
```

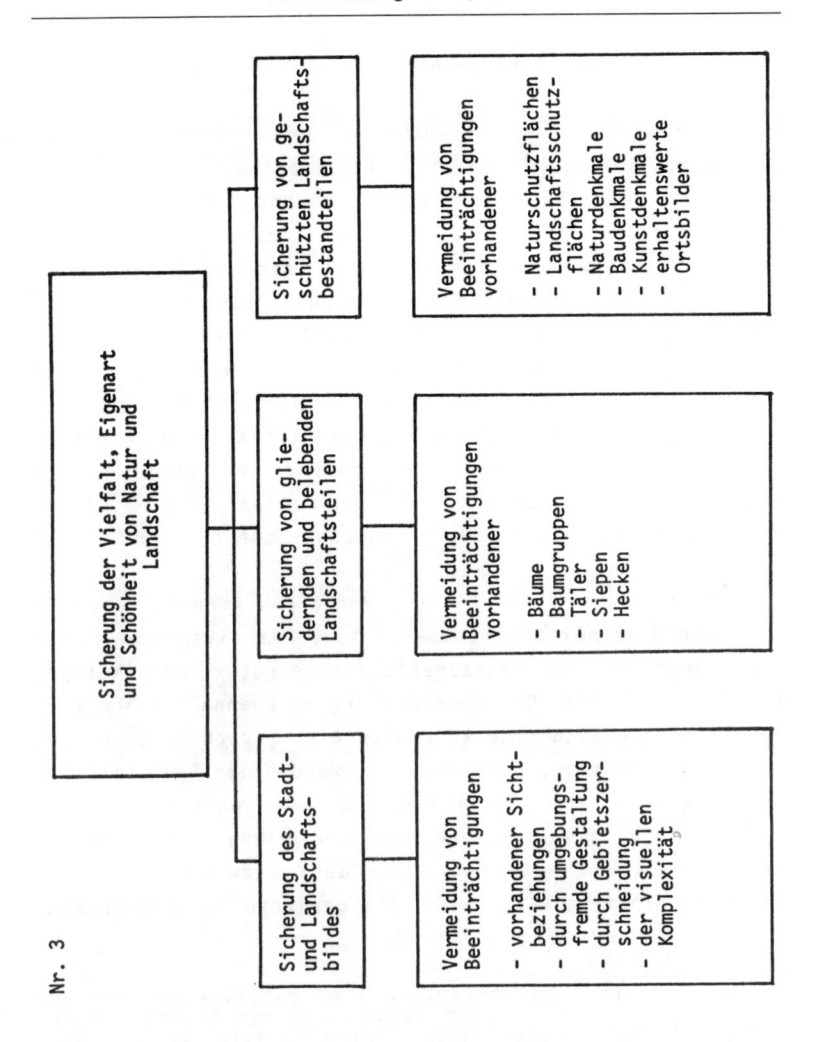

kriterienmäßige Komponente

Nr. 3

Sicherung der Vielfalt, Eigenart und Schönheit von Natur und Landschaft

- Sicherung von geschützten Landschaftsbestandteilen
  - Vermeidung von Beeinträchtigungen vorhandener
    - Naturschutzflächen
    - Landschaftsschutzflächen
    - Naturdenkmale
    - Baudenkmale
    - Kunstdenkmale
    - erhaltenswerte Ortsbilder

- Sicherung von gliedernden und belebenden Landschaftsteilen
  - Vermeidung von Beeinträchtigungen vorhandener
    - Bäume
    - Baumgruppen
    - Täler
    - Siepen
    - Hecken

- Sicherung des Stadt- und Landschaftsbildes
  - Vermeidung von Beeinträchtigungen
    - vorhandener Sichtbeziehungen
    - durch umgebungsfremde Gestaltung
    - durch Gebietszerschneidung
    - der visuellen Komplexität

147

4.3.1.2 Prüfkriterienauswahl

Das Beschränken und Konzentrieren der Prüfkriterien auf die wesentlichen, einem auch als "scoping"[50] bezeichneten Vorgehen, geht auf die Tatsache zurück, daß jedes Planungsvorhaben den Naturhaushalt und dessen Nutzungspotentiale in einem unterschiedlichen Spektrum beansprucht. Z.B. liegt der Schwerpunkt der Begutachtung bei der Planung eines Industriegebietes deutlicher im Bereich der Luft- und Bodenverunreinigungen als bei einem geplanten Wohngebiet. Für die Planung eines Wohngebietes wiederum sind schwerpunktmäßig unterschiedliche Prüfkriterien anzusetzen, je nachdem, ob dieses im Bereich eines Trinkwassereinzugsgebietes liegt, landwirtschaftliche Nutzfläche beansprucht oder Erholungsräume tangiert.

Nach Vorsondierung des Planungsvorhabens können, etwa in der interdisziplinär zusammengesetzen Arbeitsgruppe, die vorhabensrelevanten Prüfaspekte festgelegt werden (Methode s. Kap. 4.3.2.1). Der Scoping-Vorgang beinhaltet somit in gewissem Maße auch eine Wertung, dies jedoch in einer objektiven Dimension. Das heißt, es werden die Prüfkriterien hervorgehoben bzw. vernachlässigt, die ohne Interpretationsspielraum und unbestreitbar von Belang bzw. ohne Belang sind (z.B. die Beachtung des landwirtschaftlichen Produktionspotentials, weil die geplante Wohnbaumaßnahme

---

[50] Der Begriff, zu übersetzen etwa mit "Eingrenzung des Gesichtskreises", geht zurück auf das Council on Environmental Quality (CEQ), einem speziellen US-amerikanischen Umweltrat (u.a. auch Vorbild für den bundesdeutschen Rat von Sachverständigen für Umweltfragen), der verantwortlich für die Durchführung und Überwachung des NATIONAL ENVIRONMENTAL POLICY ACT (NEPA) von 1969 (in Kraft getreten 1.1.1970) ist. In diesem Umweltgesetz bildet das Envionmental Impact Statement (EIS) das Kernstück. Der deutschsprachige Begriff der "Umweltverträglichkeitsprüfung" geht inhaltlich auf das EIS zurück. Außer in den USA wird ein Scoping-Prozeß mit Erfolg auch in Kanada, Australien und anderen Staaten praktiziert (vgl. BUNGE 1986).

kriterienmäßige Komponente

landwirtschaftliche Nutzfläche beansprucht und zweifellos weder direkt noch indirekt wertvolle Biotope beeinträchtigt.)

Die beim Scoping-Prozeß aufgenommenen Belange sind im späteren Prüfablauf (Feststellung der Umwelterheblichkeit/Umweltverträglichkeit) über die Konkretisierung der Sachdimension hinaus in eine subjektive Wertdimension zu überführen, wobei argumentativ dargelegt werden muß, weshalb die durch das Vorhaben zu erwartenden Umweltbeeinträchtigungen im Gesamtspektrum der möglichen Beeinträchtigungen relativ hoch bzw. niedrig gewichtet wurden.

4.3.1.3 Der Informationsaspekt

Spätestens bei der Diskussion der Prüfkriterienauswahl stellt sich erfahrungsgemäß die Frage nach der vorhandenen Daten- und Informationsbasis. Zwar haben heute bereits einige der Kommunen in der Bundesrepublik Deutschland einen Umweltbericht, viele arbeiten daran, zum Teil gehen die Bestrebungen schon in Richtung auf umfassende EDV gestützte Umweltinformationssysteme. Vielfach dürfte die Informationsdichte und -aufbereitung aber eher lückenhaft und dürftig sein. In diesem Zusammenhang sei nur erinnert an den schleppenden Fortgang der Aufstellung nordrhein-westfälischer Landschaftspläne, die eine wesentliche Säule einer soliden ökologischen Informationsplattform bilden (vgl. Kap. 3.1.2.3). Die Datenproblematik ist dabei nicht nur isoliert für eine planende Kommune zu lösen, sondern sie ist grenzüberschreitend zu betrachten. Voraussetzung für eine fachgerechte UVP-Durchführung ist die Informationssammlung und -bereitstellung über die Verwaltungsgrenzen hinaus.

Artikel 7 der RICHTLINIE DER EUROPÄISCHEN GEMEINSCHAFT (1985) zur UVP spricht das Problem aus Sicht der europäischen Gemeinschaft an: "Stellt ein Mitgliedstaat fest, daß ein Projekt erhebliche Auswirkungen auf die Umwelt eines anderen Mitgliedsstaates haben könnte, oder stellt ein Mitgliedsstaat, der möglicherweise davon erheblich berührt wird, einen entsprechenden Antrag, so teilt der Mitgliedsstaat, in dessen Hoheitsgebiet die Durchführung des Projektes vorgeschlagen wird, dem anderen Mitgliedsstaat die nach Artikel 5 (die vom Projektträger vorzulegenden Angaben, der Verfasser) eingeholten Informationen zum gleichen Zeitpunkt mit, zu dem er sie seinen eigenen Staatsangehörigen zur Verfügung stellt. Diese Informationen dienen als Grundlage für notwendige Konsultationen im Rahmen der bilateralen Beziehungen beider Mitgliedsstaaten auf der Basis von Gegenseitigkeit und Gleichwertigkeit."

Stellt im EG-Maßstab aller Wahrscheinlichkeit nach die grenzüberschreitende Beeinträchtigung und Notwendigkeit der Informationsbereitstellung (Mitanlaß für den Erlaß der EG-Richtlinie) eher die Ausnahme als die Regel dar, so dürfte bei den Kommunen Umgekehrtes der Fall sein bzw. werden. Aufgrund der Engmaschigkeit des Netzes kommunaler Grenzen wird der Datenaustausch zukünftig zu regeln sowie die Datenaufnahme und -bereitstellung zu koordinieren sein.

Die nicht in jedem Fall befriedigende Datenlage[51] kann aber nicht als Begründung für die Nutzlosigkeit einer UVP

---

[51] Es soll hier nicht die vielfach mangelhafte Berücksichtigung von Umweltbelangen in der Bauleitplanung mit einer unzureichenden Informationsbasis begründet werden. Ansatzpunkt ist hier gerade das häufig festzustellende Defizit an Informationsverarbeitung und -verarbeitungsstrategien, denn im Verhältnis z.B. zu Ländern der 3. Welt ist die Datenbasis der westlichen Industriestaaten und der Bundesrepublik Deutschland unvergleichlich besser. PIETSCH (1983, S. 125-127) hat z.B. eine umfangreiche Liste mit Daten zur Indikatorbildung zusammengestellt, aufgeschlüsselt nach Ausgansdaten (Informationen, die als Bemessungsgrundlage in die Normierung eines Indikators eingehen können), Erhebungsformen (entsprechen überwiegend standardisierten Meßvorschriften wie DIN-Normen oder VDI-Richtlinien), Quellen und Urhebern der Daten sowie Meßdichten und Fortschreibungszeiträumen.

kriterienmäßige Komponente

herangezogen werden. Selbstverständlich können im Rahmen der UVP nur Bewertungen vorgenommen werden mit dem Wissen um die standortspezifische Umweltsituation sowie in ungefährer Kenntnis der ökologischen Vernetzungen standortlicher Ökosysteme. Die UVP als Instrument einer Entscheidungsvorbereitung und Grundlage einer öffentlichen Erörterung eines Planungsvorhabens in Umwelthinsicht hat ebenfalls die Aufgabe, Planungstransparenz zu schaffen (vgl. Kap. 2.1). Dazu gehört auch das Aufzeigen der der UVP und damit letztlich auch der gesamtpolitischen Entscheidung zugrundeliegenden Datenbasis. Das heißt, die Auswahl der Prüfkriterien ist nicht nach der nicht oder nur unzureichend vorhandenen Informationsdichte über die Umweltbereiche auszurichten, sondern zunächst nach der projektorientierten Erforderlichkeit. Dem Entscheidungsträger wird somit verdeutlicht, ob Kenntnisse über alle zur Entscheidungsfindung wesentlichen Umweltbelange vorliegen und in die planerischen Überlegungen eingeflossen sind oder ob wichtige Umweltbelange aus Datenmangel nicht geprüft und berücksichtigt werden konnten[52].

Es obliegt folglich dem jeweiligen politischen Entscheidungsträger, sich auch in Unkenntnis bedeutender Abwägungselemente dennoch für ein Vorhaben auszusprechen oder auf der (für den Umweltschutz) sicheren Seite zunächst gegen dieses zu argumentieren mit dem Hinweis auf das Überdenken möglicher Strukturalternativen (s. Kap. 4.3.3). Unter Entscheidungsdruck wird zumindestens die Kompromißfindung gefördert, sofern diese möglich ist.

---

[52] Dieses Vorgehen kann die im Sinne des Umweltschutzes positive Entwicklung nach sich ziehen, daß sich der verantwortungsvoll denkende kommunale Umweltpolitiker für die Intensivierung der Datenbeschaffung einsetzt (vgl. Kap. 5).

4.3.1.4 Räumliches Bezugssystem

Eine systematische Datenerhebung, -sammlung und -verarbeitung (vgl. Kap. 4.3.2.2.2) macht die Festlegung eines räumlichen Bezugssystems für die Daten erforderlich. Dabei liegt es auf kommunaler Ebene organisatorisch natürlich zunächst nahe, auch ökologisch in eingerichteten und für andere (politisch-administrative) Zwecke erprobten und bewährten Grenzen zu arbeiten. Für ökologisch-naturwissenschaftliche Verträglichkeitsprüfungen stehen jedoch Bezugseinheiten wie Stadtbezirksgrenzen, Wahlbezirke u.ä. nicht zur Diskussion. Somit stehen zur Auswahl:

- die Verwendung neutraler Bezugsflächen (z.B. Rastersysteme)
- die Verwendung von flächenscharfen Daten (z.B. Flächennutzungen)
- die Verwendung von ökologischen Raumeinheiten (z.B. landschaftsökologische Raumeinheiten, Naturraumpotentiale, ökologische Funktionsräume).

Die Art der Datenverarbeitung kann hier nicht abschließend beantworten werden, denn sie hängt von einer Reihe verschiedener Faktoren ab. Dazu gehören insbesondere: die angestrebte Genauigkeit sowie die Art und Detaillierbarkeit vorhandener Grundlagen. Für eine raumbezogene UVP innerhalb der Flächennutzungsplanung scheinen z.B. die ökologischen Bezugseinheiten Naturraumpotentiale, ökologische Funktionen geeignet zu sein (vgl. Kap. 3.1.2.5).

Für ein projektplanerisches Arbeiten dürfte die ökologische Vorrangfläche allerdings zu großflächig sein, so daß hier eher Rastersysteme zugrundezulegen sind. Dabei ist die Rastermaschenweite u.a. anzupassen an die räumliche Genauigkeit der Grundlageninformation und entsprechend zur Größe des Bebauungsplangebietes sowie orientiert

kriterienmäßige Komponente

an der zur Verfügung stehenden Zeit auszuwählen. Für objektplanerische Maßstäbe können damit 50 bis 100 m Raster durchaus angemessen sein.

Die räumliche Aussagemöglichkeit läßt sich gegenüber dem Raster erhöhen bei flächenscharfen und nutzungsbezogenen Bezugseinheiten. Für eine EDV-mäßige Datenverarbeitung setzt dies jedoch die vorherige Eingabe der genauen Flächengrenzen voraus, was heute mit modernen Informationssystemen zwar grundsätzlich möglich ist, aber neben einer entsprechenden instrumentellen Aussatttung auch einiges an Digitalisierarbeit erfordert (bei vorhandenen finanziellen Möglichkeiten der Kommune).

In der Regel ist auf gemeindlicher Ebene heute noch nicht auf flächendeckende, ökologische Datenbanken oder Umweltinformationssysteme zurückzugreifen. Somit ist mit den in unterschiedlichster Form und in unterschiedlichsten räumlichen Bezugsrahmen vorliegenden bzw. zu erhebenden Daten zu arbeiten. Bei der UVP kommt es darauf an, die Datenbasis dem Entscheidungsträger offenzulegen (z.B. wenn für eine objektmäßige Bewertung aus immissionsschutzmäßiger Sicht allein Daten aus einem 1 qkm-Raster zur Verfügung standen) sowie die bewertungsmäßig gezogenen ökologischplanerischen Schlüsse plausibel zu begründen.

4.3.1.5 Räumliche Abgrenzung der Wirkungsbereiche

Die ökologische Begutachtung eines Bebauungsplanes kann sich nicht allein auf die Fläche des Bebauungsplanes selbst beschränken. Allerdings setzt die räumliche Abgrenzung ökologischer Wirkungsbereiche von potentiellen Beeinträchtigungen sowie von Zustandsaussagen über die Umweltsensibilität über die Plangrenzen hinaus die Verfügbarkeit entsprechender Ausbreitungsmodelle voraus. In den meisten Fällen existieren solche quantitativen Modelle im kommunalen Rahmen nicht, wenn, dann allenfalls medial für Wasser-

und Luftverunreinigungen sowie für Lärm. Doch auch dann ist anzumerken, daß die ökologische Bewertungsfrage damit räumlich noch nicht gelöst ist, weil etwa die Akzeptorbedingungen oder Wechselwirkungen zwischen Schadstoff/Trägermedium und Umweltfaktor vielfach noch unklar sind (z.B. zwischen Luftschadstoff/Luft und Mensch oder zwischen Schadstoff/Grundwasser und Gestein/Boden). Darüber hinaus sind ebenfalls die synergistischen Wirkungen nicht ohne weiteres mit Ausbreitungsmodellen zu erfassen.

In Ermangelung aussagekräftiger Modellvorstellungen wird sich die kommunale Planungspraxis weitgehend mit Abschätzungen, Anhaltswerten/Faustzahlen u.ä., das heißt, mit **begründeten** Annahmen zur Bestimmung des räumlichen Wirkungsbereiches beschränken müssen.

Für die UVP ist dabei wieder von ausschlaggebender Bedeutung, daß dem Entscheidungsträger sowohl die Datenbasis als auch die Begründung für die Wirkungsbereichsabgrenzung (argumentativ) mitgeteilt wird.

4.3.2 Die methodisch-bewertungsmäßige Komponente

Aus dem beschriebenen UVP-Ablauf (s. Kap. 4.2) wird deutlich, daß eine Einschätzung/Wertung/Gewichtung im Rahmen der UVP im weiteren Sinne in vier unterschiedlichen Ausprägungen auftritt:

1. bei der Auswahl der Prüfkriterien
2. bei der Umwelterheblichkeitsprüfung
3. bei der Umweltverträglichkeitsprüfung im engeren Sinne
4. bei der gesamtpolitischen Abwägung.

Grundsätzlich gilt für Bewertungen im Rahmen der UVP das Prinzip der **Methodenoffenheit**, was sich nicht nur aus derjeweiligen Zielbezogenheit und Abhängigkeit von Planungsvorhaben ergibt, sondern auch schon daraus, daß ein starr vorgeschriebenes methodisches Vorgehen die unmittelbare Einbringung neuerer ökologischer bzw. ökosystemarer Erkenntnisse in Planung verhindern würde. Aufgrund der hier gestellten Aufgabe kommt allerdings als typische ökologische Methode die Wirkungs-/Risikoanalyse in Frage. Weniger Anwendungsmöglichkeiten können innerhalb einer UVP andere Entscheidungsmodelle und -methoden finden, wie die Systemanalyse (Nutzwert- und Kosten-Nutzenanalyse[53] u.ä.), wenn sie auch im Einzelfall zur Abwägung innerhalb des angegebenen Zielrahmens herangezogen werden können.

Im folgenden sollen im Rahmen des wirkungs-/risikoanalytischen Ansatzes Bewertungshilfsmittel, -methoden und -prinzipien vorgestellt und erweitert werden.

4.3.2.1 Methodisches Hilfsmittel zur Prüfkriterienauswahl

Gefragt ist eine Methode, mit der von der Planung ausgehende mögliche ökologische Konflikte leicht, einfach und durchschaubar aufgedeckt und dargelegt werden können, um das weitere Prüfverfahren darauf auszurichten. Für den genannten Zweck ist die ökologische Verflechtungsmatrix geeignet, die

"- das Verhältnis von Verursachern und Wirkungen,
- die Verkettung von Wirkungen und Folgewirkungen,
- den Zusammenhang zwischen Verursachern und Betroffenen darstellt." (BIERHALS/KIENSTEDT/SCHARPF 1974, S. 79)

---

[53] BECHMANN (1978, 1980) hat allerdings die Nutzwertanalyse in bezug auf ihre ökologischen Schwachstellen untersucht und daraufhin zur "Nutzwertanalyse der 2. Generation" weiterentwickelt, so daß diese auf ordinalem Skalenniveau geführte Methode auch innerhalb der ökologischen Planung Anwendung finden kann (s. Kap. 4.3.2.2.3).

UVP Bebauungsplanung

Die Verflechtungsmatrix beschreibt im Rahmen eines Schätzverfahrens die Beziehungen einzelner Umwelt-/Wirkungsbereiche und deren Kriterien mit möglichen vorgesehenen Nutzungsansprüchen. Dazu dient eine Schätzmatrix (s. Anhang, Anlage 5), in der die Resultate verschiedener Objekt- und Merkmalskombinationen schematische Darstellung gefunden haben. Mit einer solchen Matrix lassen sich sowohl für ökologisch nicht ausgebildete Planer als auch - im Sinne der durch die UVP angestrebten Planungstransparenz - für alle Planungsbeteiligten die primären Kausalzusammenhänge zwischen Umwelt und Nutzung erkennen sowie ggf. auch sekundäre und tertiäre Folgewirkungen nachvollziehbar machen.

Dies geschieht, indem Umweltfaktoren und Flächennutzungstypen gegeneinander aufgetragen und in ihren Vernetzungspunkten gekennzeichnet sind. Ausgehend von dem geplanten Flächennutzungsanspruch lassen sich sowohl die Wirkfaktoren als auch in umgekehrter Lesart andere mit den Wirkfaktoren verknüpften naturgutgebundenen Nutzungen abgreifen. Der Aufgabe der Prüfkriterienauswahl entsprechend wird damit deutlich, welche Umweltfaktoren bzw. -bereiche angesprochen bzw. gar nicht angesprochen werden, so daß daraus Schlüsse zu ziehen sind, welche Umweltbereiche anhand dezidierter Informationen ins Prüfungsverfahren einzugehen haben, weil sie, bezogen auf die anstehende Planung, eine Art Schlüsselfunktion einnehmen.

Die ökologische Verflechtungsmatrix kann als sinnvolles, ökologisch angelegtes, auch Wechsel- und Folgewirkungen aufzeigendes Hilfsmittel für die Vorstrukturierung des Prüfverfahrens dienen. Herauszustellen ist allerdings, daß die Matrix lediglich angibt, **ob** eine gegenseitige Verflechtung vorhanden ist oder nicht. Es geht aus ihr nicht hervor, **welche** Auswirkungen hervorgerufen werden und in welchem Maße. Ebenfalls deckt sie nur einige der zu behandelnden Umweltbereiche ab.

methodisch-bewertungsmäßige Komponente

4.3.2.2 Die Feststellung der Umwelterheblichkeit

4.3.2.2.1 Der Begriff der Umwelterheblichkeit

Nach dem Kommentar zum BUNDESNATURSCHUTZGESETZ (KOLOD-ZIEJCOK/RECKEN 1977) ist eine Beeinträchtigung **erheblich**, "wenn die Leistung, das heißt Funktionsfähigkeit des Naturhaushaltes so herabgesetzt wird, daß dies ohne weiteres und komplizierte Untersuchungen feststellbar ist, oder wenn die nachteilige Veränderung der äußeren Erscheinung von Natur und Landschaft, das 'Landschaftsbild', auch für jeden normalen, ungeschulten 'Beobachter' wahrzunehmen ist."

In der Stellungnahme des BEIRATES FÜR NATURSCHUTZ UND LANDSCHAFTSPFLEGE (1985) beim Bundesminister für Ernährung, Landwirtschaft und Forsten zur Umweltverträglichkeitsprüfung für raumbezogene Planungen und Vorhaben wird eine Prüfung der Umwelterheblichkeit ganz verworfen, aus der Annahme heraus, daß raumbedeutsame Planungen und Vorhaben immer umwelterheblich seien. Der Begriff der "Umwelterheblichkeit" ist offensichtlich ohne klare Definition und interpretier- und dehnbar.

Das BNatSchG arbeitet mit dem Wortpaar der Erheblichkeit und Nachhaltigkeit (vgl. auch Kap. 4.2.3). Dabei sind die Begriffe "erheblich" und "nachhaltig" keine echten Alternativen, sondern stehen in Verbindung untereinander, da von nachhaltigen Beeinträchtigungen nur dann zu sprechen ist, wenn diese Beeinträchtigungen auch ohne den zeitlichen Gesichtspunkt von einer gewissen Erheblichkeit sind (vgl. KOLODZIEJCOK/RECKEN 1977, Nr. 1125 Rdnr. 8-11). Der auch im Immissionsschutzrecht eingeführte Begriff der Erheblichkeit wird in der Rechtssprechung des Bundesverwaltungsgerichts mit dem Begriff der Zumutbarkeit umschrieben. Die Zumutbarkeit und damit Erheblichkeit ist auch hier nicht ein absoluter, in Maß und Zahl ausdrückbarer, überall gleich geltender Maßstab, sondern wird durch die bebauungsrechtliche Situation bestimmt[54].

In dieser Ausarbeitung wird ein Vorgehen vorgeschlagen, mit dem die Umwelterheblichkeit sektoral für die Umweltbereiche anhand von Prüfkriterien untersucht wird. Dabei wird weder von einer generellen Umwelterheblichkeit ausgegangen, wie vom Beirat, noch von der Wahrnehmungsgabe des im Kommentar zum Bundesnaturschutzgesetz herangezogenen "ungeschulten" Beobachters. Mit ausreichender Wissenschaftlichkeit bei gleichzeitiger Handhabbarkeit durch Planer[55] sollen echte Grundlagen für eine nachfolgende Umweltverträglichkeitsprüfung erarbeitet werden. Nur dadurch, daß sich die Umwelterheblichkeitsprüfung einer fachlichen Methode und eines entsprechenden Sachverstandes bedient, wird sie zu einem verläßlichen vorbereitenden Schritt in Richtung auf die gesamtpolitische Abwägung. Dabei geht es nicht nur um eine bloße Ja/Nein-Entscheidung, sondern um die Feststellung eines Grades der Beeinträchtigung.

---

[54] Folgerichtig legt auch die TA-LÄRM Immissionsrichtwerte akzeptorbezogen für Gebietskategorien fest, die denen der Baunutzungsverordnung entsprechen, wenn sie auch weniger untergliedert sind. Immissionsrichtwerte z.B.: für Kurgebiete, Krankenhäuser u.ä. 45 dB(A) tagsüber/ 35 dB(A) nachts, für ausschließliche (reine) Wohngebiete 50/35 dB(A), für vorwiegende (allgemeine) Wohngebiete 55/40 dB(A), für Mischgebiete o.ä. 60/45 dB(A), für Gewerbegebiete 65/50 dB(A) und für Industriegebiete 70 dB(A).

[55] Der "ungeschulte Beobachter" (KOLODZIEJCOK/RECKEN 1977, Nr. 1129 Rdnr. 9) wird hier ersetzt durch Fachleute aus den verschiedenen Fachressorts, wobei durch die Zusammenarbeit in einer Arbeitsgruppe eine besondere Entscheidungsqualität angestrebt wird. Bei den Fachleuten handelt es sich in der Regel um Architekten, Raumplaner, Wasserbauingenieure, Maschinenbauingenieure, Ingenieure der Landespflege u.ä., so daß die Bewertungsmethode auf **allgemeine** Handhabbarkeit auszurichten ist.

methodisch-bewertungsmäßige Komponente

Die Bestimmung der Umwelterheblichkeit baut auf der fachspezifischen **Zustandsanalyse** (einschließlich vorhandener Vorbelastungen) auf (vgl. Kap. 4.2 und Kap. 4.3.2.2.3). Als Grundlagen für die Bewertung kommen sämtliche verfügbaren Unterlagen über Raum- und Planungsvorhaben in Betracht (s. Kap. 4.3.2.2.3). Somit findet die Feststellung der Umwelterheblichkeit in bezug auf die Umweltbereiche entsprechend dem jeweiligen Erkenntnisstand statt (vgl. Kap. 4.3.1.3). Eine Ausweitung der Informationsgrundlagen, z.B. durch konkrete Ist-Analysen der Pflanzen- und Tierwelt, eine Auswertung von Grundwasserpegelaufzeichnungen u.ä. ist dabei nicht ausgeschlossen (vgl. Kap. 4.3.2.2.3) und ist im Einzelfall von den Fachämtern bzw. in ihrem Auftrag durch Gutachter vorzunehmen (zur Frage der Finanzierung s. Kap. 4.3.4.4.).

Zur Ermittlung der durch das Planungsvorhaben zu erwartenden Beeinträchtigungen (**Zustandsprognose**) ist ebenfalls nach dem allgemeinen Schema einer ökologischen Wirkungsanalyse Verursacher-Wirkung-Betroffener vorzugehen. Dabei wird das ökologische Wirkungsgefüge als Leistungsträger für die vom Menschen erhobenen Ansprüche an den Raum gesehen (zur Anthropozentrik vgl. Kap. 1.2)[56]. Als Beeinträchtigung gelten somit Änderungen von Quantitäten und/oder Qualitäten dieser Ansprüche. Da die Beurteilung dieser Änderungen in der Regel nicht in Kenntnis naturwissenschaftlich exakt ergründbarer ökologischer Wirkungszusammenhänge und Nutzungsinterdependenzen stattfindet, schlägt

---

[56] MARKS (1979, S. 29) kritisiert den Ansatz, indem er meint, daß sich eine anthropozentrische, auf die Nutzungsfähigkeit des Naturhaushaltes abstellende Denkweise leicht umweltfeindlich auswirken könne: "... so könnte man daraus -überspitzt formuliert- den Schluß ableiten, der Mensch könne so lange seine Umwelt belasten und eventuell Pflanzen und Tiere schädigen, wie seine Nutzungsansprüche (die in der Regel wirtschaftsorientiert sind) nicht beeinträchtigt werden." Entgegenzuhalten ist dem, daß der Anspruch an den Raum auch seitens "Natur und Landschaft" sowie der "landschaftsgebundenen Erholung" geäußert wird, so daß der anthropozentrische Ansatz nicht als einseitig ökonomisch zu bezeichnen ist.

BACHFISCHER (1979) vor, die Bewertungsmethode im Sinne einer "ökologischen Risikoanalyse" zu begreifen[57]. Die Methodik sei im folgenden in ihrem hier relevanten Kern kurz skizziert.

4.3.2.2.2 Die ökologische Risikoanalyse

Bei der ökologischen Risikoanalyse sind die komplexen Wirkungszusammenhänge im Ökosystem in einzelne Teilsysteme unterteilt. Diese Teilsysteme sind im Rahmen dieses UVP-Vorschlags als "Umweltbereiche" angesprochen, im Sprachgebrauch der Risikoanalyse werden sie als "Konfliktbereiche" bezeichnet. Jeder dieser Bereiche wird zunächst für sich untersucht (hier im Rahmen der Umwelterheblichkeitsprüfung durch die Fachämter im Rahmen der Ämterbeteiligung an der Bebauungsplanung, vgl. Kap. 4.2.2.2 und Kap. 4.3.4).

Bei der Bewertung wird zwischen "primären" und "sekundären" bzw. "abgeleiteten" Konflikt-/Umweltbereichen unterschieden. Primäre Bereiche sind dabei die Naturfaktoren, sekundäre (abgeleitete) Bereiche die naturgutgebundenen Nutzungsansprüche.

Da die Beeinträchtigungen auf die Umweltbereiche in der Regel nicht einzeln, das heißt, isoliert voneinander auftreffen, sondern im Verbund, ist zunächst auf der **Verursacherseite** zur Ermittlung der Gesamtheit der Auswirkungen eine Aggregation vonnöten. Dabei werden die auf einer räumlich begrenzten Fläche (s. Kap. 4.3.1.4) vorhandenen sowie die zusätzlich geplante Flächennutzung nach ihren "potentiellen" Auswirkungen rangmäßig geordnet und in Intensitätsstufen dargestellt (vgl. Abb. 11 und Beispiel

---

[57] Diese in der Landschaftsplanung entwickelte ökologische Risikoanalyse ist zu unterscheiden von der technischen Risikoanalyse (im Sinne einer Störfallwahrscheinlichkeitsermittlung).

methodisch - bewertungsmäßige Komponente

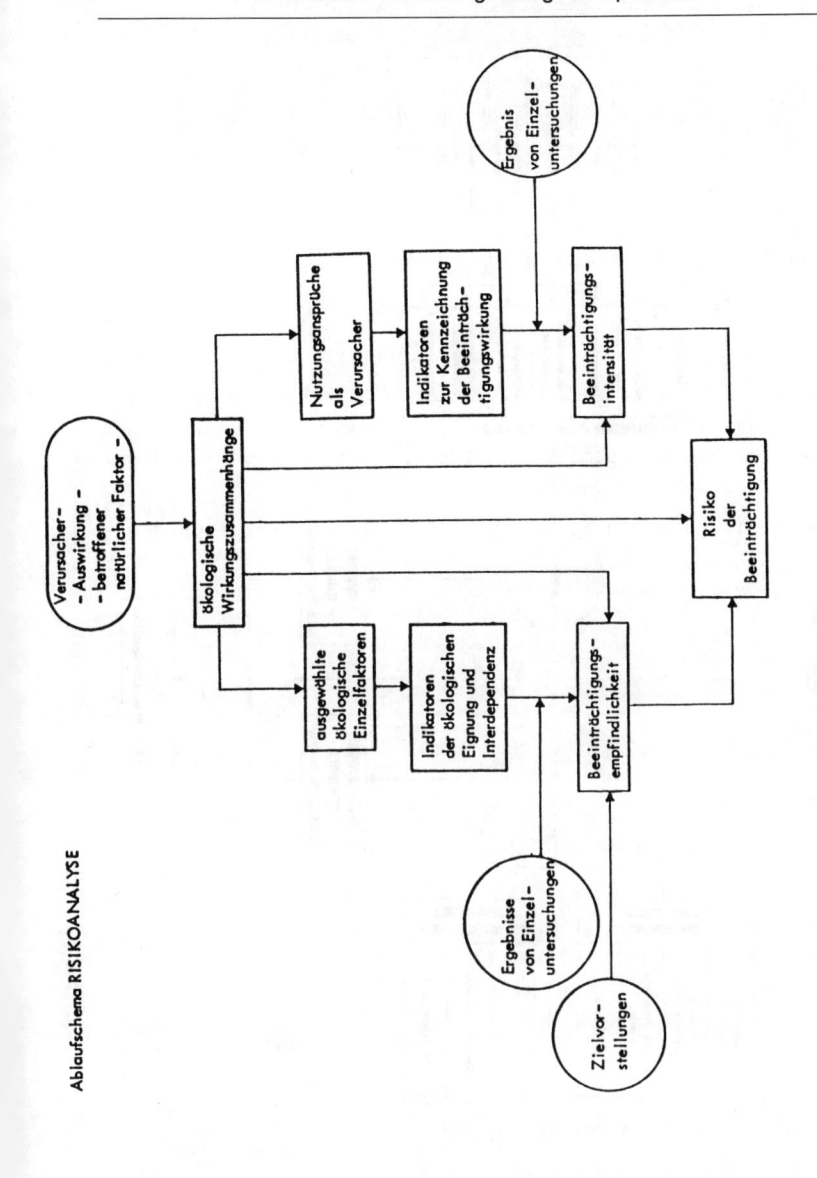

Abb. 11: Allgemeines Ablaufschema der ökologischen Risikoanalyse
Aus: AULIG u.a. (1977)

UVP Bebauungsplanung

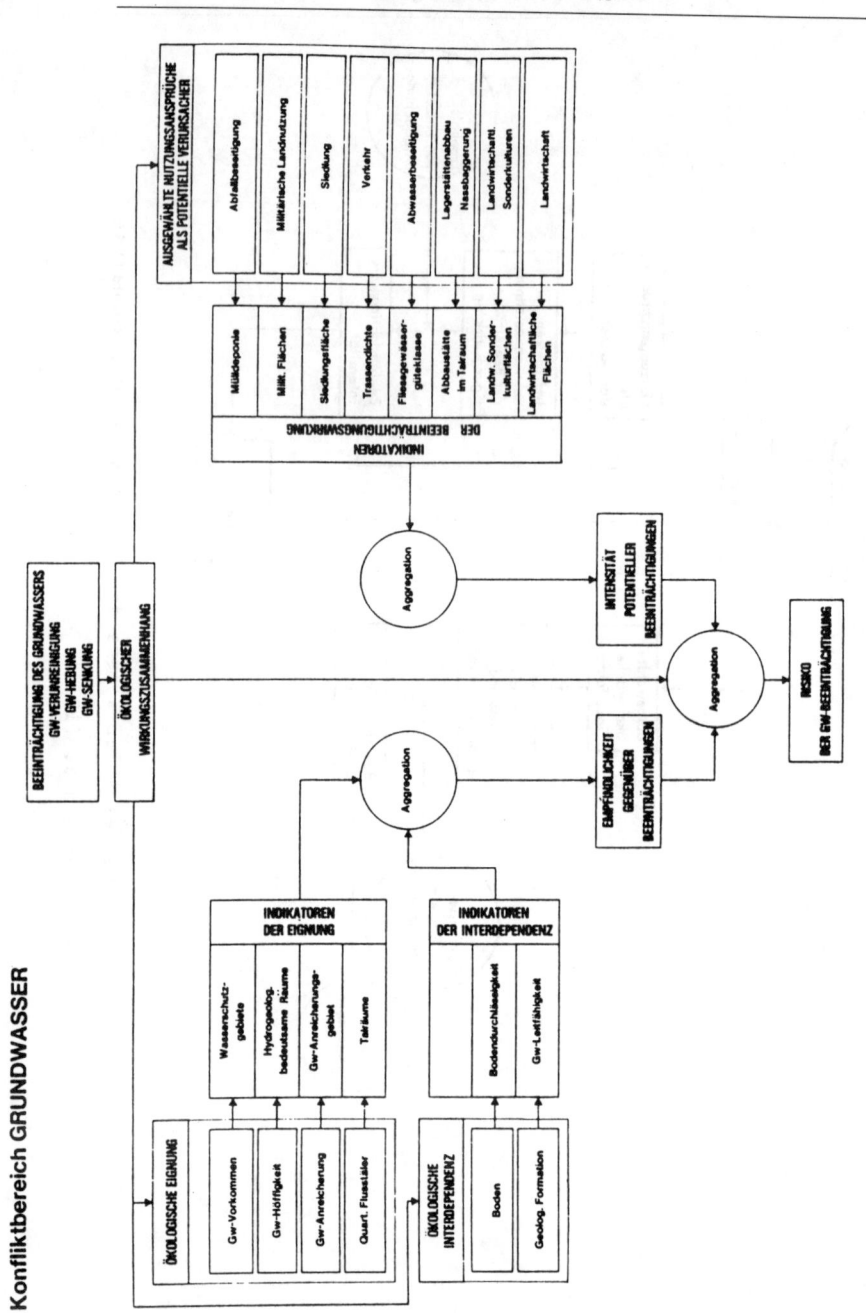

Abb.12: Ablaufschema der ökologischen Risikoanalyse am Beispiel des Grundwassers
Aus: BACHFISCHER (1978)

Grundwasser[58] in Abb. 12: Intensität potentieller Beeinträchtigungen). Da normalerweise keine direkt meßbaren Wirkungsgrößen der möglicherweise zu erwartenden Beeinträchtigungen zu erwarten sind, muß man auch hier auf Indikatoren zurückgreifen, wobei die Schwierigkeit besteht, daß nur für wenige und längst nicht für alle Fälle konkrete und allgemein akzeptierte Schwellenwerte existieren, nach denen man das Ausmaß der Beeinträchtigungen beurteilen kann. Die Beurteilung muß somit auf Unterlagen mit verschiedenem Aussagewert zurückgreifen (vgl. Kap. 4.3.1.3).

Auf der **Betroffenenseite** ist die Empfindlichkeit gegenüber den möglicherweise zu erwartenden Beeinträchtigungen zu ermitteln. Dazu werden die Faktoren zusammengefaßt, die hemmend oder fördernd an der Übertragung potentieller Einflüsse beteiligt sind. Angesprochen sind dabei sowohl die Nutzungseigenschaften als auch die Weiterleitungseigenschaften der Geofaktoren. Berücksichtigt werden somit verschiedene Standortkriterien wie:

- bereits vorhandene und ausgewiesene Nutzungen,
- besondere natürliche Standorteignung,
- Faktoren, die die potentiellen Beeinträchtigungen hemmen oder fördern.

Auch hier ist eine Aggregation vonnöten (vgl. Abb. 11 und Abb. 12).

---

[58] Bei der praktischen Anwendung der ökologischen Risikoanalyse in der Industrieregion Mittelfranken wurde, bedingt durch die besondere Problematik des Untersuchungsraumes, das Grundwasser als eigener Konfliktbereich untersucht (vgl. BACHFISCHER u.a. 1980).

Die zu ermittelnde erwartete Beeinträchtigung, in der ökologischen Risikoanalyse als "Risiko der Beeinträchtigungen" bezeichnet, ergibt sich aus der Verknüpfung der Verursacherseite ("Intensität potentieller Beeinträchtigungen") mit der Betroffenenseite ("Empfindlichkeit gegenüber Beeinträchtiungen"). Dazu sind die komplexen Größen der Gesamtintensität und der Gesamtempfindlichkeit zur potentiellen Umwelterheblichkeit ("Risiko") zu aggregieren (vgl. Abb. 11 und Abb. 12: Risiko der Beeinträchtigungen).

Bei oben geschildertem methodischen Vorgehen ist zu bedenken, daß jede Aggregation eine Vereinfachung, das heißt, eine Reduktion von Komplexität bedeutet, und es ist unzweifelhaft, daß umso mehr Informationen verlorengehen, je höher das Aggregationsniveau ist. Der richtige Vereinfachungsgrad läßt sich demnach nur am konkreten Planungsfall festmachen. Jede Aggregation ist zudem mit einer Gewichtung (Wertung) verbunden, die zum Ausdruck bringt, wie bedeutend der einzelne Indikator im Rahmen der verknüpften Größe ist. Die Gewichtsverteilung ist daher offenzulegen und argumentativ zu begründen (Diskussion z.B. in einer fachübergreifenden Arbeitsgruppe Umweltschutz/UVP, vgl. Kap. 4.3.4).

Ein Aggregationsgrad zur Ermittlung potentieller Beeinträchtigungen pro Umwelt-/Wirkungsbereich ist m.E. im Rahmen der Umwelterheblichkeitsprüfung nicht nur vertretbar und angemessen, sondern auch als Vorbereitung auf die nachfolgende Feststellung der Umweltverträglichkeit sinnvoll (s. Kap. 4.3.2.3). Bei der Aggregation werden zunächst für alle Einzelindikatoren Grenzwerte/Schwellen festgelegt, die den Gesamtwerteumfang des Prüfkriteriums umfassen und unterteilen. Dazu werden sowohl qualitative Aussagen als Standards herangezogen oder aber klar begrenzte Werte, wie sie von der ökologischen Wissenschaft oder normativ festgelegt sind. Für die Bewertung heißt das, daß neben nominal und ordinal bestimmten Größen auch Meßgrößen auftreten, die in Kardinalskalen festgelegt sind[59]. Die Aggregation wird daher nicht, wie z.B. bei einem nutzwertanalytischen Ansatz, mit Klassennummern oder Punkten versehen und in additiven oder multiplikativen Verfahren weitergeführt, sondern nur durch logische Ja/Nein- oder Und/Oder-Verknüpfungen. Das kann z.B. in Form eines "Bewertungsbaumes" geschehen und nachvollziehbar dargestellt werden, wie in Abb. 13 und Abb. 14 nochmals am Beispiel des Konfliktbereiches Grundwasser sowohl für die Verursacherseite ("Empfindlichkeit gegenüber Beeinträchtigungen") als auch für die Betroffenenseite ("Intensität potentieller Beeinträchtigungen") gezeigt ist.

Vorteil dieses Aggregationsverfahrens ist, daß ersichtlich wird, an welchen Stellen subjektive Annahmen objektive Entscheidungen überlagern. Beide Seiten laufen im Beispiel auf eine mehrstufige Skalierung hinaus, so daß die Verknüpfung von Verursacher- und Betroffenenseite durch eine Matrix erfolgen kann, wie sie in Abb. 15 dargestellt ist. Das Risiko, das heißt, der Grad der zu erwartenden Beeinträchtigungen ist demnach logischerweise umso größer, je höher die Beeinträchtigungsintensität bei gleichzeitig hoher Empfindlichkeit ist und umgekehrt. Entsprechende Zwischenstufen sind aus der Matrix direkt ablesbar. Es erfolgt innerhalb der Umwelterheblichkeitsprüfung keine weitere Aggregation über die einzelnen Umweltbereiche hinaus.

---

[59] Skalenniveaus: **Nominal**-Skalen sind einfache Numerierungen oder Klassifizierungen nach quantitativen Merkmalen, wie z.B. Merkmalslisten. In **Ordinal**-Skalen werden Rangordnungen bestimmt wie z.B. gut-mittel-schlecht. Auf **Kardinal**-Skalen werden konstante Meßeinheiten mit gleichen Abständen festgelegt.
Innerhalb der ökologischen Wirkungs-/Risikoanalyse ist ein einmal gewähltes Skalenniveau beizubehalten bzw. nur in Richtung auf ein niedrigeres Niveau zu ändern.

UVP Bebauungsplanung

Konfliktbereich GRUNDWASSER: Empfindlichkeit gegenüber Beeinträchtigungen

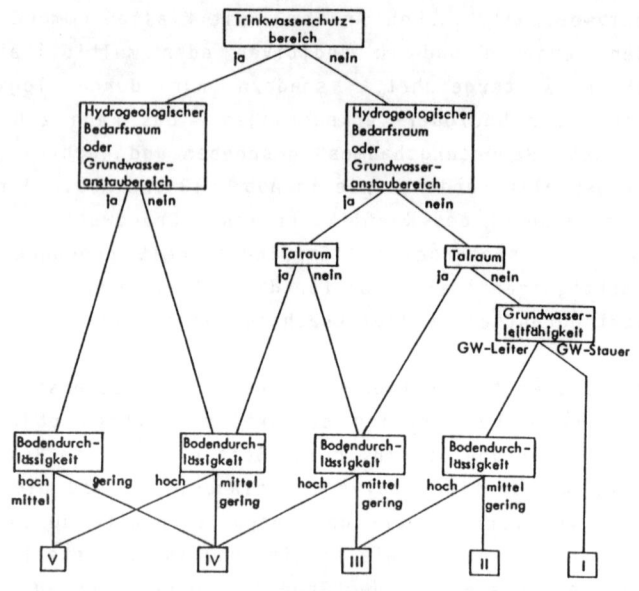

Stufen abnehmender Empfindlichkeit

Abb. 13: Bewertungsbaum zur Ermittlung der Empfindlichkeit gegenüber Beeinträchtigungen innerhalb der ökologischen Risikoanalyse am Beispiel des Grundwassers

Aus: AULIG u.a. (1977)

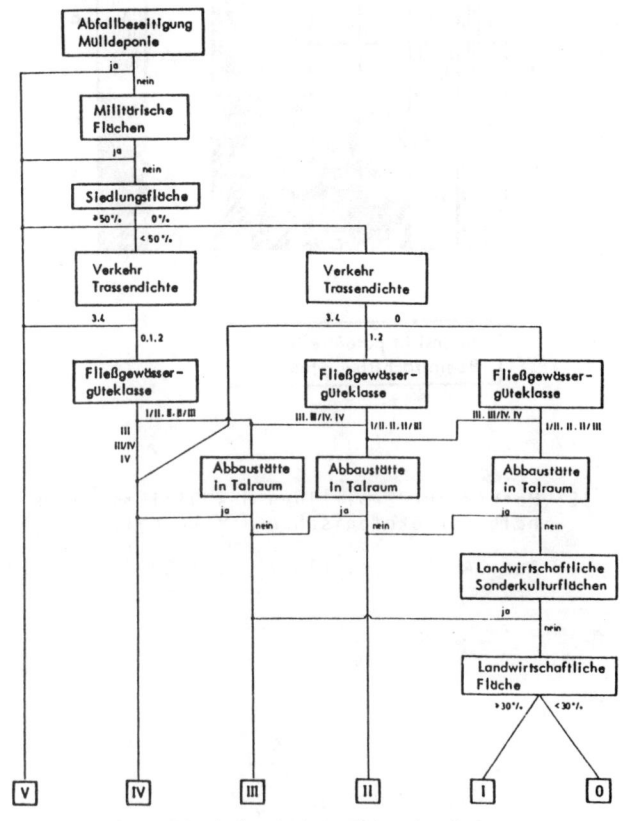

methodisch-bewertungsmäßige Komponente

Konfliktbereich GRUNDWASSER: Intensität potentieller Beeinträchtigungsfaktoren

Stufen abnehmender Beeinträchtigungsintensität

Abb. 14: Bewertungsbaum zur Ermittlung der Intensität potentieller Beeinträchtigungen innerhalb der ökologischen Risikoanalyse am Beispiel des Grundwassers

Aus: AULIG u.a. (1977)

UVP Bebauungsplanung

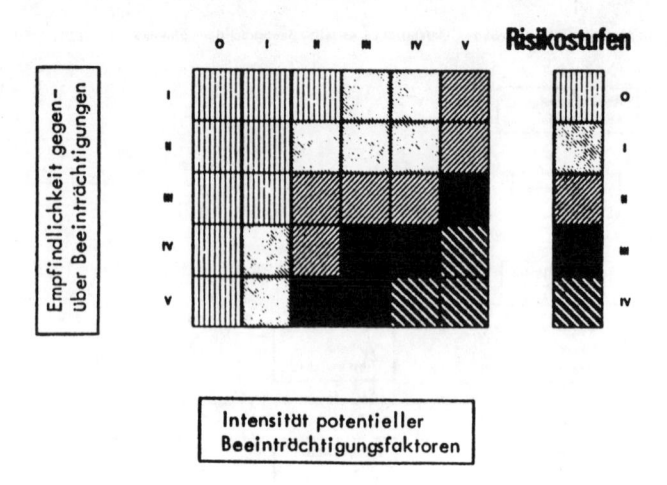

Abb. 15: Matrix zur Ermittlung des Risikos innerhalb der ökologischen Risikoanalyse

Aus: AULIG u.a. (1977) u. BACHFISCHER (1978)

methodisch-bewertungsmäßige Komponente

Die Umwelterheblichkeit kann als Risiko der Beeinträchtigungen umweltbereichsweise an die UVP im engeren Sinne übermittelt werden.

4.3.2.2.3 Der Check-Listen Ansatz

Mit der Risikoanalyse liegt ein transparentes Grundkonzept für eine ökologische Bewertung von potentiellen Umweltbeeinträchtigungen, ausgelöst durch Flächennutzungsansprüche an den Raum, vor. Damit wäre es wünschenswert, diesem Bewertungsansatz auch innerhalb einer UVP auf gemeindlicher Ebene zu folgen und ihn zu praktizieren. Der Weg ist somit aufgezeigt.

Bei der praktischen Anwendung der Methode in der Industrieregion Mittelfranken hat sich allerdings herausgestellt, daß die Durchführbarkeit der Risikoanalyse äußerst stark vom Vorhandensein aussagekräftiger Indikatoren und abgesicherter Erkenntnisse über Wirkungszusammenhänge abhängig ist (vgl. AULIG u.a. 1977). Zudem müßte die im regionalen Beispiel praktizierte Informationsbereitstellung und -verarbeitung im 1 qkm-Raster für die Bauleitplanung engmaschiger, also detaillierter, geschehen (vgl. Kap. 4.3.1.4). Selbst im angeführten Praxisbeispiel war das methodische Vorgehen nicht für alle Konfliktbereiche durchgehend einzuhalten, so daß Modifizierungen notwendig wurden (vgl. auch KRAUSE/HENKE 1980, S. 232). Für die gemeindliche Planungspraxis muß deshalb überlegt werden, ob auf prinzipiell vorgezeichnetem Weg der ökologische Risikoanalyse nicht auf reduzierte, das heißt, verkürzte, genereller handhabbare, auch mit geringerer Informationsdichte arbeitende Methoden zurückgegriffen werden kann. Auch FINKE u.a. (1981a) weisen auf diese Notwendigkeit hin mit Bezug auf frühere Überlegungen in dieser Richtung von METZ (1976), BOESLER u.a. (1976) und STICH (1975). In diesem Sinne kann m.E. als beachtenswerte Möglichkeit für eine einfache und Transparenz bietende Vorstrukturierung des

Abwägungsprozesses der Check-Listen Ansatz gesehen werden[60].

4.3.2.2.3.1 Ordnung von Informationen

In der Check-Liste können die im Zielsystem II (s. Kap. 4.3.1.1) entwickelten Teilziele oder Prüfkriterien aufgeführt und zu Umwelt-/Konfliktbereichen zusammengestellt werden[61].

In vorliegendem Beispiel (s. Anhang, Anlage 4) sind für einen allgemeinen Planungsfall aus dem Zielsystem II zehn Umweltbereiche gebildet worden:

---

[60] Dem Verfasser sind unterschiedlichste, nur zum Teil veröffentlichte Check-Listen Entwürfe/Vorschläge/Diskussionspapiere der Städte Essen, Düsseldorf, Karlsruhe, Gütersloh und Hagen bekannt. Auch die KOMMUNALE GEMEINSCHAFTSSTELLE FÜR VERWALTUNGSVEREINFACHUNG weist in ihrem Berichtsentwurf zur Organisation von Umweltverträglichkeitsprüfungen auf die Möglichkeit eines Check-Listen-Ansatzes hin. Beim Check-Listen-Ansatz der Stadt Hagen handelt es sich um ein Diskussionspapier zum Einstieg in die Integration der Umweltverträglichkeitsprüfung in die Bebauungsplanung. Der vom Verfasser dargelegte verwaltungsinterne Vorschlag ist danach weniger auf eine starke Verwissenschaftlichung als vielmehr auf die grundsätzliche **transparente** entscheidungsvorbereitende Einbringung von Umweltbelangen in die Bebauungsplanung angelegt. Methodische Orientierungsrichtung ist jedoch die ökologische Risikoanalyse.

[61] Die Prüfkriterienauswahl und Bildung von Umwelt-/Konfliktbereichen stellt eine durch Ermessensdirektiven gesteuerte Auswahl der in den Abwägungsvorgang einzustellenden Informationen dar. Hier, bei der Bestimmung des ökologischen Abwägungsmaterials, entscheidet sich, inwieweit Umweltaspekte die Planung mitbestimmen. Damit wird die außerordentliche Bedeutung einer entsprechend konkreten, zielgerichteten Vorstrukturierung des Abwägungsprozesses deutlich. Geschieht diese Vorstrukturierung in einer interdisziplinären Arbeitsgruppe (s. Kap. 4.3.4), läßt sich nicht nur der fachliche Argumentationszusammenhang erhalten, sondern insbesondere auch die wichtige Bindungs- und Identifizierungswirkung aller Planungsbeteiligten mit dem beschrittenen Abwägungsweg.

methodisch-bewertungsmäßige Komponente

- Natur und Landschaft
  (der Zielbereich Nr. 2: Pflanzen- und Tierwelt ist hier integriert)
- Stadt- und Landschaftsbild
- Erholung
- Klima/Luft
- Lärm
- Kulturelles Erbe
- Relief/Oberflächenformen
- Wasser
- Boden
- Abfall/Energie (komplexer Umweltbereich aus Energie- und Stoffkreisläufe im Naturhaushalt)

Die Check-Liste dient damit der Ordnung von Informationen und Beziehungen und verschafft einen deutlichen Überblick über relevante Sachverhalte der Betroffenen- sowie der Verursacherseite. Dabei wird die Listenaussagekraft von der Art, Bedeutung und Vollständigkeit der Kriterien bestimmt, so daß für die Entscheidungsvorstrukturierung eine sinnvolle, vom Zielsystem abgeleitete Prüfkriterienzusammenstellung zu treffen ist (s. Kap. 4.2.2.1 und Kap. 4.3.2.1). Im vorliegenden Beispiel sind die Umweltbereiche durch Prüfkriterien nicht bis in letzte aufgespalten. Die Check-Liste ist also nicht immer auf Kriterienniveau selbst, sondern beinhaltet zum Teil auch noch komplexe Unterziele. Damit soll den politischen Entscheidungsträgern entgegengekommen werden, die sich z.B. nicht unbedingt an einzelnen Pflanzen der "Roten Liste"[62] orientieren wollen, sondern an zusammenfassenden Aussagen zur Pflanzenwelt. Das bedeutet nicht, daß auch die Fachplanungen ohne konkrete Indikatoren vorgehen, um ihre Aussagen zu treffen.

---

[62] Seit ca. 15 Jahren werden nach dem Vorbild der "Red Data Books" der Internationalen Union zum Schutz der Natur und der natürlichen Hilfsquellen (IUCN) in allen Bundesländern sowie auf Bundesebene "Rote Listen" gefährdeter Pflanzen- und Tierarten herausgegeben (in Nordrhein-Westfalen z.B. von der Landesanstalt für Ökologie, Landschaftsentwicklung und Forsten - LÖLF).

Es steht in ihrem Ermessen, unter der Check-Listenspalte "Bemerkungen" oder als Anlage zur Check-Liste detailliertere Informationen zu geben (s.u.).

4.3.2.2.3.2 Prüfkriterienbewertung

Zur Bewertung der Umwelterheblichkeit geplanter Nutzung in bezug auf die Umweltbereiche müssen laut Risikoanalyse im folgenden die möglichen Auswirkungen des Vorhabens auf den Standort (Verursacher: potentielle Beeinträchtigungsintensität) den Eigenschaften des Raumes gegenübergestellt werden (Betroffener: Beeinträchtigungsempfindlichkeit). Die Eigenschaften des Raumes ergeben sich aus der Zusammenschau der der Bewertung (Wirkungsanalyse) vorangestellten fachspezifischen Ist-Analysen (vgl. Kap. 4.2.2.2). Hier wird aus Sicht der unterschiedlichen an der UVP beteiligten Fachämter die Umweltsituation qualitativ und quantitativ beschrieben. In diese Beschreibung der Beeinträchtigungsempfindlichkeit gehört auch die Ermittlung und Angabe der Vor-/Grundbelastung des Raumes, also die Angabe der Eigenschaften vorhandener und geplanter anderer, nicht vom speziellen Planungsvorhaben ausgehender raumstruktureller Gegebenheiten, die Einfluß auf die Umweltsituation haben. Insbesondere zur Feststellung der Grundbelastung sind neben den fachspezifischen Erkenntnissen auch fachübergreifende stadtraumbezogene Darstellungen der Umweltsituation wünschenswert, wie sie z.B. in Umwelt(schutz)berichten[63], Umweltinformationssystemen oder ähnlichen umweltdatenzusammenfassenden Banken niedergelegt werden können (zum Informationsaspekt s. Kap. 4.3.1.3). Darüber hinaus (bzw. stattdessen) stehen den Fachämtern für die Grundlagenermittlung sämtliche Informationsquellen zur Verfügung. Das

---

[63] Um beim angeführten Beispiel der Stadt Hagen zu bleibein: Mit politischem Auftrag ist bis Ende 1986 ein umfassender Umweltbericht zu erstellen. Der Verfasser ist bemüht, die Datenaufbereitung soweit wie möglich schon im Hinblick auf die Erfordernisse der Umweltverträglichkeitsprüfung abzustellen.

methodisch-bewertungsmäßige Komponente

können sein: topographische Karten, geologische Karten, hydrologische/hydrogeologische Karten, bodenkundliche Karten, vegetationskundliche Aufnahmen, Klima- und Klimafunktionskarten, Realnutzungskartierungen, Luftbilder, Abstandslisten, Statistiken, der Landschaftsplan, Freiflächenpläne, Immissionsschutzkonzepte, vorhandene (projektfremde) Gutachten und Analogieschlüsse usw. Trotz Erschließung unterschiedlichster Informationsquellen ist nicht auszuschließen, daß zur Einschätzung der spezifischen Planungssituation standörtliche Untersuchungen/Erhebungen erforderlich werden und in angemessenem zeitlichen und finanziellen Rahmen zu ermitteln sind[64].

Die fachspezifischen Ist-Analysen werden deskriptiv festgelegt und gehen schließlich durch das Fachamt in die Wirkungsanalyse ein, deren Ergebnis in der Check-Liste festgehalten wird (s.u.).

Zur Durchführung der Bewertung bedarf es letztlich noch der Feststellung der vom Planungsvorhaben ausgehenden Beeinträchtigungsintensität, das heißt, der Bestimmung der Eigenschaften der verursachenden planerischen Maßnahme, die für die Einflußnahme verantwortlich ist. Diese ergibt sich

1. aus **allgemein** bekannten (nicht quantifizierten) durch bestimmte Planungsvorhaben ausgelöste Wirkungen und Wirkungsketten von Nutzungen auf den Naturhaushalt (vgl. ökologische Verflechtungsmatrix, Kap. 4.3.2.1) sowie

---

[64] Direkte Untersuchungen sind sehr zeit- und kostenaufwendig und beinhalten dennoch die Gefahr, kritische, bewertungsmäßig bedeutsame Situationen (z.B. eine Inversionswetterlage) nicht zu erfassen. Selbst eine ein- oder zweijährige Untersuchungsreihe spiegelt nur eine Momentaufnahme eines permanenten Entwicklungsprozesses des Ökosystems wider. Dennoch ist vielfach ein gutachterlicher Auftrag vertretbar, da er die geeignetste Methode der Informationsgewinnung für den konkreten Planungsfall darstellt.

2. aus der Betrachtung des **speziellen** Planungsfalles mit seiner spezifischen Anforderungs- und Problemlage.

Zum Erkennen und Aufdecken der speziellen Auswirkungen dient sowohl die Vorstellung des Vorhabens (mit der Umwelterklärung) durch das Planungsamt (zur Erinnerung: das Vorhaben sollte durch die Vorstellung prüffähig gemacht werden, vgl. Kap. 4.2.1.2) als auch insbesondere die fachübergreifende Diskussion des Planungsvorhabens in der Arbeitsgruppe Umweltschutz/UVP. Zum Teil sind die Beeinträchtigungen auch direkt ablesbar (z.B. Flächenverbrauch, Beanspruchung von Landschaftsschutzgebieten, Beseitigung von Gehölzbeständen, Anfall von speziellen Abfällen).

Die Umwelterheblichkeit wird schließlich unter Berücksichtigung der Umweltsituation (Empfindlichkeit) und der Wirkungen (Beeinträchtigungsintensität) zunächst für jedes Prüfkriterium/Teilziel bestimmt. Dabei gibt es in der Bewertung dort die wenigsten Probleme, wo die "Meßlatte" für die Prüfung von objektiv nachvollziehbaren Norm- und Grenzwerten gebildet wird (z.B. Immissionskenngrößen). Hier ist die "erhebliche Beeinträchtigung" mit einer nicht auszuschließenden Grenzwertüberschreitung zu begründen, denkbar wäre auch, bei mehrfacher Überschreitung einzuhaltender Soll-Werte, die zusätzliche Angabe einer "sehr erheblichen Beeinträchtigung". Beeinträchtigungen unter Grenzwertniveau sind demnach "geringe Beeinträchtigungen".

Schwieriger wird diese Einstufung dort, wo definierte Kenngrößen fehlen, das heißt, beim Übergang von einer objektiven in eine subjektiv/argumentative Wertedimension.

An dieser Stelle deshalb eine Anmerkung zum Maßstab der Bewertungen, das heißt, zur Höhe der "Meßlatte" für die Umwelterheblichkeit (bzw. auch Umweltverträglichkeit, s.u.): die normativ festgelegten Grenzwerte (wie z.B. in der TA-LUFT oder TA-LÄRM), FELDHAUS (1982) bezeichnet sie als "Wirkungsstandards", sind als Grenze einer nicht mehr

methodisch-bewertungsmäßige Komponente

zumutbaren Belastung zu verstehen. Sich auf gesetzlich fixierte Grenzwerte zu beschränken, bedeutet somit, sich an definierten Obergrenzen zu orientieren, jenseits derer Einzelelemente ökologischer Systeme (der Mensch, die Luft, das Wasser, der Boden) Schaden davontragen und mithin geeignet sind, das Gesamtsystem zu beeinträchtigen. Wenn die Wirkungsstandards auch zur Beurteilung einer Maßnahme herangezogen werden können (als juristisch nachprüfbarer Maßstab), so entsprechen sie damit nicht der Leitzielbestimmung des BUNDESBAUGESETZES einer Umweltsicherung (§ 1, Abs. 6) sowie dem u.a. im § 1 BUNDES-IMMISSIONSSCHUTZGESETZ verankerten Vorsorgeprinzip (auch durch den Terminus "Stand der Technik").

Ebenso sollte nicht nur der gegenwärtige Zustand des Ökosystems zum Bewertungsmaßstab gemacht werden. Gerade im städtischen und stadtnahen Wirkungsgefüge ist die Umwelt in der Regel bereits weitgehend so beeinträchtigt, daß allein die Festschreibung der Status quo-Umweltqualität in den meisten Fällen als unbefriedigend bezeichnet werden muß. Eine ökologisch orientierte Planung sollte darauf abheben, eine gezielte Verbesserung der Umweltsituation herbeizuführen. Das erfordert die Formulierung von angestrebten (besseren) Umweltqualitäten in Form von Vorsorgestandards, die sowohl medien- und ökosystembezogen sind als auch die vorhandenen und geplanten Nutzungen berücksichtigen. Dies kann geschehen durch die Erstellung von ökologisch orientierten, zielgerichteten Fachplänen für die sektoralen und nutzungsbezogenen Umweltbelange Wasser/Abwasser, Boden, Klima/Luft, Lärm, Natur- und Artenschutz, Forsten und Landwirtschaft, Grün- und Freiflächen, Verkehr, Wohnen, Freizeit und Erholung, Energie, Rohstoffgewinnung und Abfall sowie durch die Erstellung von fach-

UVP Bebauungsplanung

übergreifenden Konzeptionen zur ökologischen Stadtentwicklung und Raumplanung, Stadtteilentwicklung u.ä. Nach diesen Zielen können sich die Fachdienststellen in der Bewertung der Umwelterheblichkeit (umweltvorsorgend) argumentativ ausrichten. Auch hier wird das Bewertungsergebnis in der Check-Liste dreistufig festgehalten (denkbar sind aber auch zwei- oder vier- und mehrstufige Ansätze). Die Ergebnisdarstellung geschieht durch entsprechendes Ankreuzen in den Spalten "keine", "geringe" oder "erhebliche" zu erwartende Beeinträchtigungen.

UVP-bedeutsam ist, daß die fachliche Entscheidung über die Umwelterheblichkeit auf jeden Fall begründet wird. Die Begründung soll entweder kurz in entsprechender Check-Listenspalte gegeben werden (z.B. unter Hinweis auf entsprechende Richtlinien, Erlasse, Normen o.ä.) oder etwas ausführlicher als Anlage **Bestandteil** der UVP werden (mit Angabe der Anlagennummer in der Check-Liste). Bei der Angabe des Bewertungsergebnisses für noch komplexe Teilziele kann erstens auch auf bewertungsbedeutsame Einzelindikatoren (z.B. seltene Pflanze, Turm als umgebungsfremde Gestaltung, SO_2 als Leitchemikalie für Luftverunreinigungen) hingewiesen werden oder zweitens auch auf umfassende Gutachten, die als Bewertungsgrundlage herangezogen wurden (z.B. standörtliches Altlastengutachten, Energiegutachten, Lärmgutachten o.ä.). In der Spalte "Begründung" ist ebenfalls der Grund für eine ausgebliebene Entscheidung zu nennen (z.B. fehlende Informationen, ungenügende Erkenntnisse über Wirkungszusammenhänge o.ä.).

4.3.2.2.3.3 Aggregation

Nach der Kriterien-/Teilzielbewertung und der Kontrolldiskussion in der fachübergreifenden Arbeitsgruppe Umweltschutz/UVP erfolgt für jeden Umweltbereich eine Aggregation der bewerteten Einzelkriterien als Ausgangsbasis für die Darstellung der Umweltverträglichkeit. Die Aggregation kann natürlich, wie bei der ökologischen Risikoanalyse, relativ kompliziert über die Aufstellung von Bewertungsbäumen (s. Kap. 4.3.2.2.1) und über logische Und/Oder-Verknüpfungen geschehen. Nachdem einfache nutzwertanalytische Methoden aus bereits genannten Gründen (unterschiedlicher Ausgangsskalierungen) ausscheiden, soll hier in Orientierung an der Nutzwertanalyse der 2. Generation (BECHMANN 1978) ein möglichst einfaches methodisches Vorgehen vorgeschlagen werden.

Die Nutzwertanalyse der 2. Generation ist mit einer strukturellen Offenheit ausgestattet, die ein schematisches und unreflektiertes Vorgehen nicht mehr zuläßt. BECHMANN (1978) hat versucht, die Standard-Nutzwertanalyse durch Veränderung in formal-struktureller Hinsicht auch der praktischen Anwendung im ökologischen Bereich zugänglich zu machen. Die Hauptänderung liegt darin, daß die Abbildung von Zielerträgen auf ordinale Skalen der Zielerfüllungsgrade mit nicht sehr vielen Klassen erfolgt[65]. Entgegen der ursprünglichen Nutzwertanalyse wird nicht schematisch mit additiven Operationen gearbeitet, sondern über ein schrittweises, jede Wertbeziehung zwischen den Kriterien herausstellendes Verfahren. Abbildungen 16 und 17 sollen die strukturell-methodischen Unterschiede zwischen den beiden nutzwertanalytischen Ansätzen verdeutlichen.

---

[65] In der nutzwertanalytischen Terminologie wird die Messung/Bewertung des Kriteriums als **Feststellung des Zielertrags** bezeichnet und seine Transferierung auf eine einheitliche ordinale Wertskala (wie z.B. keine, geringe, erhebliche Beeinträchtigung) als **Zielerreichungsgrad** (vgl. ZANGEMEISTER 1970).

UVP Bebauungsplanung

```
┌─────────────────────────────────┐
│ Auswahl der für die Bewertung   │
│ massgebenden KRITERIEN.         │
│ (Aufstellen eines ZIELSYSTEMS)  │
└─────────────────────────────────┘
         │ ─ ─ ─ ─ ─ ─ ─ ─ ─ ─ ─ ┐
         ▼                        │
┌─────────────────────────────┐   │
│ Messung der Kriterien       │   │
│ ( = ZIELERTRAEGE )          │   │
└─────────────────────────────┘   │
         │                        ▼
         │          ┌──────────────────────────────┐
         │          │ Festlegung einer GEWICHTUNG  │
         │          │ für die einzelnen Kriterien  │
         │          └──────────────────────────────┘
         ▼                        │
┌─────────────────────────────┐   │
│ Transformation der          │   │
│ Zielerträge auf eine        │   │
│ einheitliche Wertskala      │   │
│ ( = ZIELERREICHUNGSGRADE )  │   │
└─────────────────────────────┘   │
         │                        │
         ▼◄───────────────────────┘
┌──────────────────────────────────────┐
│ WERTSYNTHESE  ( Aggregation )        │
│ – Bestimmung der TEILNUTZWERTE       │
│   ( Gewicht x Zielerreichungsgrad )  │
│ – Addition der Teilnutzwerte zum     │
│   GESAMTNUTZWERT                     │
└──────────────────────────────────────┘
```

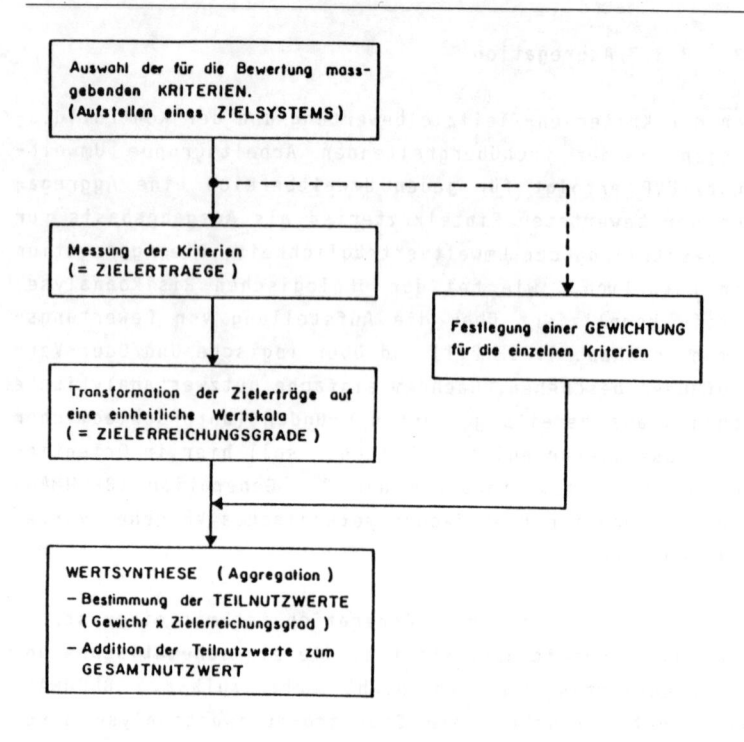

Abb. 16: Grundstruktur der Nutzwertanalyse

Aus: INSTITUT FÜR ORTS-, REGIONAL- UND LANDES-PLANUNG, ETH ZÜRICH (Hrsg.) (1984)

methodisch-bewertungsmäßige Komponente

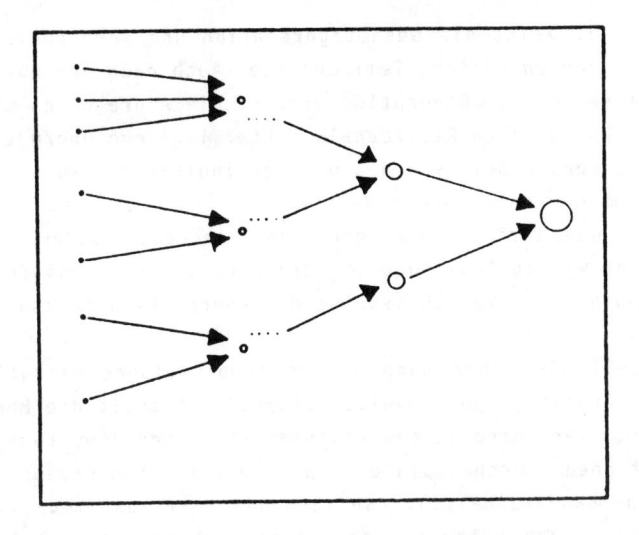

Abb. 17: Schrittweise Wertsynthese auf der Basis
logischer Und/Oder-Verknüpfungen nach
der Nutzwertanalyse der 2. Generation

Aus: BECHMANN (1978)

Abbildung 17 zeigt die Gesamtaggregation und ihre Aufteilung in unterschiedliche Teilschritte. Auch nach der Nutzwertanalyse der 2. Generation erfolgt die Aggregation wie bei der ökologischen Risikoanalyse über logische Und/Oder-Verknüpfungen. Dabei werden geprüften Indikatoren zu Gruppen zusammengestellt und gemeinsam neu bewertet. Für den in der Check-Liste angegebenen Umweltbereich Boden ist z.B. eine wie in Abbildung 18 dargestellte Gruppenbildung und etappenmäßige Vorgehensweise der Aggregation denkbar.

Prinzipiell sind aber auch andere Kombinationen diskutabel. Die Arbeitsgruppe Umweltschutz/UVP hat somit die Möglichkeit, verschiedene Bewertungsschritte und Bewertungskombinationen "durchzuspielen" und die erzielten Ergebnisse gegeneinanderzuhalten. Weitgehende Übereinstimmung im Endergebnis auch unter verschiedenen zugrundegelegten Aggregationsregeln deutet auf eine gute Situationseinschätzung hin.

Mit der Methode ist ein leicht nachvollziehbares Verfahren gewählt, das eine inhaltliche Begründung erleichtert, aber auch Begründungsdefizite aufdecken läßt. Durch ihre Anwendung und Ausführung in einem "Expertengremium" ist in die Bewertung gleichzeitig eine Art "Delphi-Verfahren" eingeführt. Das heißt, es werden fachliche Kenntnisse und Erfahrungen zu Rate gezogen, um komplexe Zusammenhänge (bei nicht immer ausreichender Informationsgrundlage) zu erfassen und überfachlich zu bewerten. Durch eine ggf. mehrfache Rückkopplung in der Arbeitsgruppe kann versucht werden, eine "intersubjektive" Übereinstimmung bei der Einschätzung der Auswirkungen des Planungsvorhabens zu erreichen. Dabei liegt es aber auch in der Natur der Sache, daß aufgrund der unterschiedlichen fachmännischen Perspektiven und deren Zielvorstellungen nicht immer ein vollständiger Beurteilungskonsens erreicht wird. Bei deut-

methodisch-bewertungsmäßige Komponente

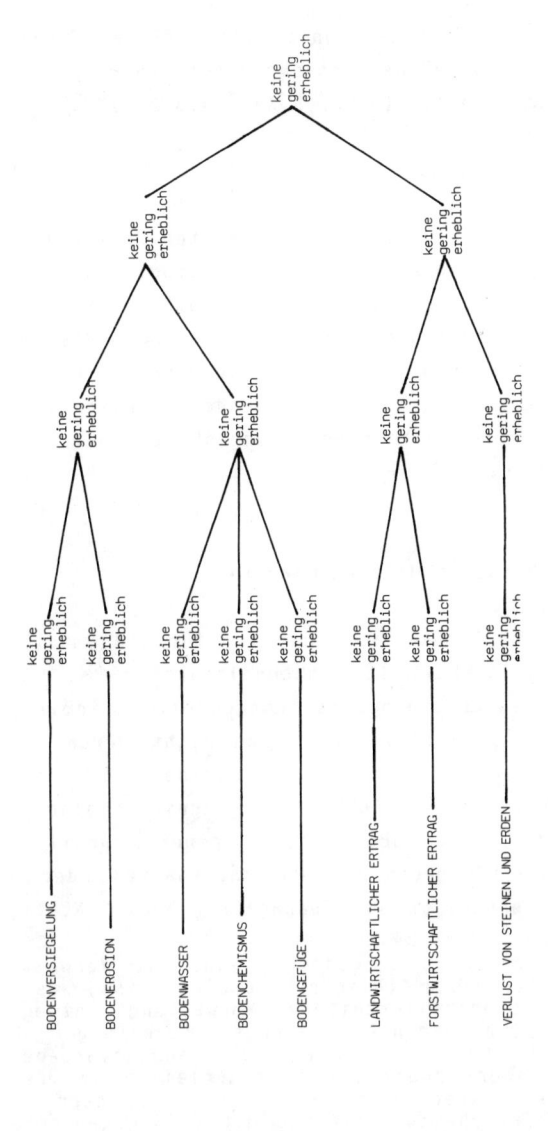

Abb. 18: Gruppenbildung und schrittweise Aggregation am Beispiel des Umweltbereiches Boden

181

lichen Abweichungen im Endergebnis sollte diese "fachmännische Bewertungsspanne" den Entscheidungsträgern offengelegt und begründet werden (s. auch Kap. 4.3.2.3)[66].

Nach erfolgter Aggregation ist in der Check-Liste das Bewertungsergebnis pro Umweltbereich anzugeben (durch entsprechendes Ankreuzen in den vorgezeichneten Kreisen). UVP äußerst bedeutsam ist wiederum für jeden Umweltbereich die Angabe der Aggregationsregeln, die Begründungen für so und nicht anders erfolgte Aggregationsschritte sowie die Argumentation für erzielte Aggregationsteilergebnisse bzw. das Aggregationsgesamtergebnis. Entsprechende Hinweise auf Anlagen können in der Spalte "Begründungen" der Check-Liste vorgenommen werden.

4.3.2.2.4 Ausgleichs- und Ersatzmaßnahmen

Mit der Umwelterheblichkeitsprüfung ist für die Umweltbereiche die Erheblichkeit (und Nachhaltigkeit, s. Kap. 4.3.2.2.1) des Planungsvorhabens festgestellt. Somit ist jetzt auch fachlich qualifiziert (und nicht durch einen ungeschulten Beobachter, s.o.) zu entscheiden, ob im Sinne des § 8 BUNDESNATURSCHUTZGESETZ, ein Eingriff, also eine Veränderung der Gestalt oder Nutzung einer Grundfläche, die die Leistungsfähigkeit des Naturhaushaltes oder das Landschaftsbild erheblich oder nachhaltig beeinträchtigen

---

[66] Damit wird natürlich aufgedeckt, daß die Verwaltung keine homogene, monolithische Erscheinung ist, was dem Prinzip der "Einheitlichkeit der Verwaltung" entgegenläuft. Eine transparente Abwägungsvorbereitung, ohne Aufzeigen des Für und Wider des Planungsvorhabens, scheint mir aber anders nicht gewährleistet zu sein. Das "Wegkoordinieren" von fachlichen Argumenten kann einer guten Entscheidungsfindung nicht entgegenkommen. Die Wichtung der Argumente sei den politischen Entscheidungsträgern überlassen. Das heißt nicht, daß die planende Verwaltung ihrer planerischen Abwägung enthoben wird, es heißt nur, daß die Abwägungsfaktoren offengelegt werden, um die Gewichtsverteilung erkennbar zu machen.

methodisch-bewertungsmäßige Komponente

können, vorliegt oder nicht. Wenn ja (Erheblichkeit in mindestens einem Umweltbereich), ist wiederum nach § 8 BUNDESNATURSCHUTZGESETZ der Verursacher eines Eingriffs verpflichtet, "die nachteiligen ökologischen Folgen seines Eingriffes durch Maßnahmen des Naturschutzes und der Landschaftspflege auszugleichen." Dies gilt auch für Eingriffe im Rahmen eines Bebauungsplanes (vgl. Kap. 2.4.3.1 und Kap. 2.4.3.2). Diese vom Verursacherprinzip bestimmte Eingriffsregelung mit ihren in Kap. 4.2.3.1 genannten Rechtsfolgen des Eingriffs (Eingriffszulassung, Eingriffszulassung unter Auflagen, Eingriffsuntersagung) stellt einen fachorientierten (landschaftsplanerischen) Ansatz für eine UVP dar.

Allerdings deckt sie nach heutiger Planungspraxis vielfach nur den auf den Naturschutz im engeren Sinne reduzierten Teilbereich der UVP ab (vgl. JANSEN 1984). Die Eingriffsregelung kann jedoch mit herangezogen werden für die Begründung einer unter gesamtökologischer Intention durchzuführenden Verträglichkeitsprüfung. Naturschutz und Landschaftspflege nehmen hier insofern eine besondere Position ein, da sie nach geltendem Recht partiell Aufgaben erfüllen, die durch die Landschaftsplanung (§ 5 und 6 BNatSchG) und durch die Eingriffsregelung im weiteren Sinne einer UVP gleichkommen. Deshalb wurde auch in dieser Ausarbeitung für Begründungen das Naturschutzrecht maßgeblich mitherangezogen. Aber auch nach Art. 5 Abs. 2 der RICHTLINIE DER EUROPÄISCHEN GEMEINSCHAFT (1985) soll die UVP neben anderem die Maßnahmen beschreiben, mit denen "bedeutende, nachteilige Auswirkungen vermieden, eingeschränkt oder soweit wie möglich ausgeglichen werden sollen".

Erste Zielsetzung ist auch hier die **Vermeidung** von Beeinträchtigungen. Das bedeutet, daß im Rahmen des hier vorgeschlagenen UVP-Verfahrens aus Sicht der an der UVP beteiligten Dienststellen zunächst Maßnahmen aufzuzeigen sind, nach denen erhebliche Beeinträchtigungen zu vermeiden sind[67], z.B. durch die Verschiebung von Baukörpern, durch die Auswahl eines weniger empfindlichen Standortes oder auch durch technische Modifikationen (Lärmschutzwall, Kläranlage o.ä.). Sind keine Vermeidungsmaßnahmen oder auch nur Einschränkungsmaßnahmen möglich, das heißt, sind Beeinträchtigungen unvermeidbar (dokumentiert in der Check-Liste), so sind Ausgleichsmaßanhmen darzulegen. Dabei ist es m.E. nur Theorie, den Ausgleich im Sinne einer identischen Wiederherstellung der Umweltsituation zu fordern. Diskutabel erscheint allenfalls das angestrebte Ziel eines (pragmatischen) annähernden Ausgleichs insbesondere in funktionaler Hinsicht. Die physisch-ökologische Umweltsituation ist demnach nach einem Eingriff so wiederherzustellen oder weiterzuentwickeln, daß sie annähernd die gleichen Funktionen für Schutzziele (z.B. Lärmschutz) und schützenswerte Objekte (z.B. Biotope) erfüllen kann wie vorher. Dies macht eine auf der UVP aufbauende Ausgleichsplanung erforderlich, deren Ergebnis im Grünordnungsplan (er wird Bestandteil des Bebauungsplanes) festzuhalten ist.

Was nicht ausgeglichen werden kann, muß laut BNatSchG durch Ersatzmaßnahmen (in einigen Bundesländern zum Teil auch durch Ausgleichszahlungen) vollzogen werden. Diese Ersatzmaßnahmen - sie haben in der EG-Richtlinie keine direkte Entsprechung - beziehen sich weniger konkret auf die durch das Planungsvorhaben erwarteten Folgen und können an jeder anderen Stelle des kommunalen Planungsraumes zum Tragen kommen. Zu ihrer Ermittlung bedarf es spezieller auf den Planungsfall bezogener Kalkulationsverfahren (Differenzverfahren) für den nicht ausgleichbaren Restschaden. Dabei ist der Schwere des Eingriffs (entsprechend der er-

---

[67] Dies geschieht in der Regel im Rahmen sogenannter "Plangespräche" oder "Planabstimmungsbesprechungen", bei denen die an der Bebauungsplanung beteiligten Dienststellen zur eigentlichen Planungsphase zusammentreffen, um eine frühzeitige Planoptimierung vorzunehmen.

methodisch-bewertungsmäßige Komponente

VORHABEN
Veränderung der Gestalt oder Nutzung von Grundflächen

- kein Eingriff, ggf. gem. Negativliste
- Eingriff gem. Positivliste [1]
- Eingriff in wesentliche Belange des Naturschutzes und der Landschaftspflege
  - Beeinträchtigungen vermeidbar
  - Beeinträchtigungen unvermeidbar
    - Beeinträchtigungen nicht ausgleichbar
      - Belange von Naturschutz und Landschaftspflege überwiegen; Eingriff unzulässig
      - Andere Belange überwiegen
    - Beeinträchtigungen ausgleichbar
      - Landschaftsgerechte Wiederherstellung oder Neugestaltung des Landschaftsbildes
      - keine erheblichen oder nachhaltigen Beeinträchtigungen des Naturhaushaltes nach Beendigung des Eingriffs

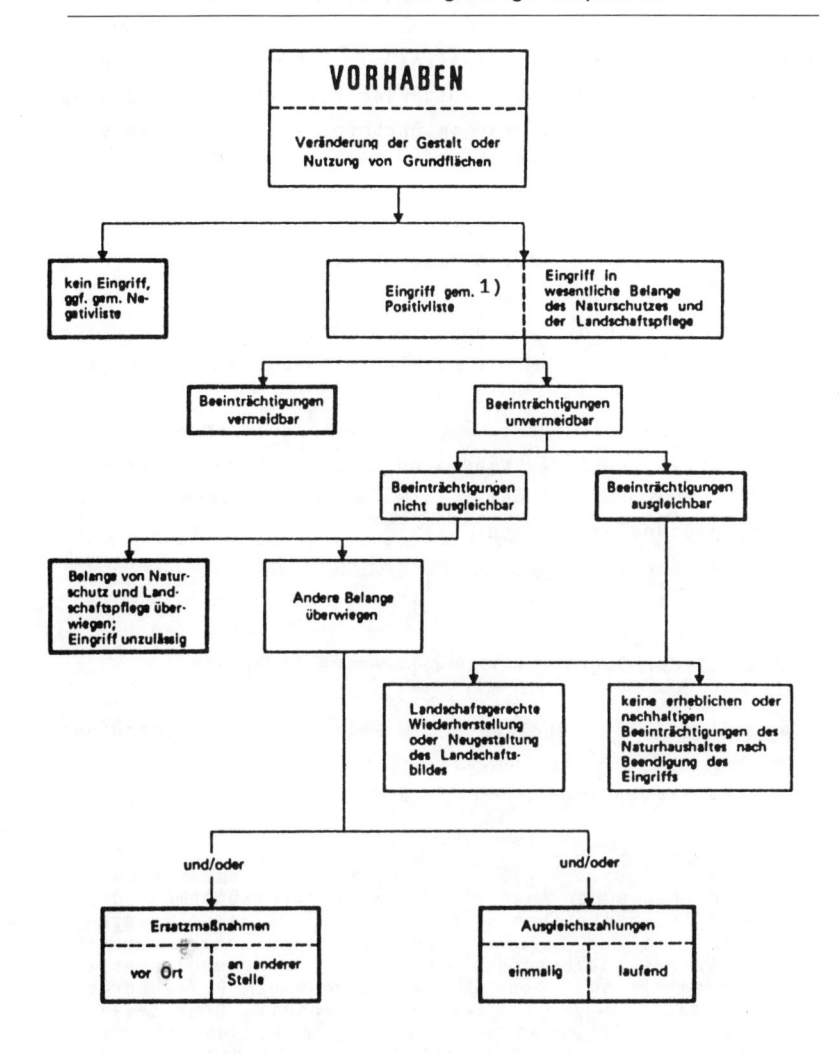

und/oder
- Ersatzmaßnahmen
  - vor Ort
  - an anderer Stelle

und/oder
- Ausgleichszahlungen
  - einmalig
  - laufend

Abb. 19: Ablaufschema für die Prüfung eines Eingriffsvorhabens

Aus: BEIRAT FÜR NATURSCHUTZ UND LANDSCHAFTSPFLEGE (Hrsg.) (1985)

---

1) Ein Teil der Bundesländer hat nach § 8 Abs.8 BNatSchG "Positivlisten" erstellt, in der generell als Eingriffe zu betrachtende Vorhaben festgelegt sind.

mittelten Eingriffserheblichkeit) die Wertigkeit der Ausgleichsmaßnahmen gegenüberzustellen[68]. Bei der Berechnung technischer Rekultivierungsmaßnahmen werden festgelegte Kostensätze zugrundegelegt.

Ist der mit dem Planungsvorhaben verbundene Eingriff so erheblich, daß Beeinträchtigungen weder vermieden noch in erforderlichem Maße ausgeglichen werden können, ist die Null-Variante in die Abwägung zu geben. Gehen hier die Belange von Naturschutz und Landschaftspflege vor, ist auf das Planungsvorhaben zu verzichten. Die in Abbildung 19 nochmals schematisch zusammengefaßte Eingriffsregelung und das Verursacherprinzip sind nach dem hier dargelegten Vorgehen in die UVP und damit auch in das Verfahren der Bebauungsplanung einbezogen.

4.3.2.3   Die UVP im engeren Sinne

4.3.2.3.1 Der Begriff der Umweltverträglichkeit

Wenn es auf der Grundlage der Umwelterheblichkeitsprüfung zur Feststellung der Umweltverträglichkeit kommen soll, muß zunächst gefragt werden, was unter dem Ausdruck "um-

---

[68] Bedingt dadurch, daß im BNatSchG die Kompensation von Eingriffen durch Ausgleichs- und Ersatzmaßnahmen vorgesehen ist, entstehen besondere Probleme der Abgrenzung, Berechnung und Durchsetzbarkeit. Vielfach geben sich die Naturschutzbehörden deshalb mit der Ausgleichsplanung zufrieden, ohne die weitergehenden Restansprüche als Ersatzmaßnahmen geltend zu machen. Gegenteiliges Beispiel: In Hagen wurde etwa beim Bebauungsplan zur Ortsumgehung Boele (Gesamtbausumme 14,1 Mio. DM) eine komplette Eingriff-Ausgleich- Ersatz-Bilanzierung vorgenommen. Die Gesamtkosten für Ausgleichs- und Ersatzmaßnahmen beliefen sich auf ca. 600.000 DM. Davon entfielen ca. 360.000 DM auf den Ausgleich (z.B. Kosten für 4 ha Neuanlage von extensiv nutzbaren Freiflächen, Ausbau und Bepflanzung eines Feuchtgebietes, Eingrünung des Straßenbauwerkes, Rückbau einer alten Straßentrasse) sowie ca. 240.000 DM als verbleibende Rest- und (zweckgebundene) Ersatzforderung.

methodisch-bewertungsmäßige Komponente

weltverträglich" zu verstehen ist. Ist er gleichbedeutend mit nicht-belastend, tolerierbar belastend, unerheblich beeinträchtigend, nicht umweltstörend, sich in das Umweltsystem einfügend?

MEYER-ABICH (1981) weist darauf hin, daß gesellschaftliche Prozesse primär durch Ziele bestimmt sind (z.B. durch angestrebte Umweltqualitäten, vgl. Kap. 4.3.2.2.2). Dabei geht es bei der Abwägung der Vor- und Nachteile eines Planungsvorhabens wohl darum, ob der durch das Vorhaben erzielte gesamtgesellschaftliche Nutzen in vernünftigem Verhältnis zum gesamtgesellschaftlichen Aufwand steht. In Übereinstimmung mit SCHEMEL (1985) soll analog der von MEYER-ABICH (1981) definierten Sozialverträglichkeit als "Umweltverträglichkeit" "... eine besimmte Komponente des gesellschaftlichen Aufwands" verstanden werden, "relativ zu dem der erwartete Nutzen eines Vorhabens daraufhin zu beurteilen ist, ob er diesen Aufwand wert ist". Die planerische Entscheidung, ob ein Vorhaben umweltverträglich oder -unverträglich ist, ist somit nur möglich, wenn sich der Planer in seiner Bewertung in **allen** Umweltbereichen an gesellschaftlich verbindlich festgelegte Umweltqualitäten, das heißt, an normierten Standards, Grenzwerten o.ä. festmachen kann. Diese Entscheidungsqualität wird jedoch nur in den wenigsten aus Umweltsicht zu bewertenden Planungsvorhaben der Bebauungsplanung der Fall sein, zumindestens solange, wie im ökologischen Umweltbereich verbindliche Richtwerte analog denen des technischen Umweltschutzes fehlen.

Eine andere Basis zur Entscheidung über "umweltverträglich" oder "-unverträglich" könnten die in Kap. 3.1.2.5.2 und Kap. 4.2.1.2 diskutierten ökologischen Vorrangflächen bilden. Die Feststellung der Umweltverträglichkeit liefe in diesem Fall darauf hinaus, darzustellen, wo die für den konkreten städtischen Lebensraum wichtigen natürlichen bzw. naturnahen und anthropogen schon mehr oder weniger überformten ökologischen Leistungen durch das Planungsvorhaben so gemindert werden, daß sie sich als mit der Vorrangfunktion unvereinbar erweisen. Der Vorteil dieses Bewertungsmaßstabes wäre die Einführung der Regionalisierung von Belastungsstandards (vgl. Kap. 3.1.2.5.1) und damit die Orientierung und Relativierung der Umweltverträglichkeit an den besonderen ökologischen Raumgegebenheiten[69]. Voraussetzung für das Heranziehen einer flächenbezogenen Bewertungsgrundlage wäre, die ökologischen Vorrangfunktionen zuvor als gesellschaftspolitisch allgemein anerkannte "Raumstandards" verbindlich festzuschreiben und sie somit über das Niveau eines Planungsinstrumentes zur Planungsrichtlinie zu erheben.

Da also erstens normalerweise nie alle Umweltbelange über objektive Standards abgedeckt werden können und zweitens die ohne jeden Zweifel ökologisch sinnvollen Vorrangfunktionsstandards zunächst noch "gesellschaftsfähig" gemacht werden müßten, bleibt als letzte Möglichkeit zur Feststellung der Umweltverträglichkeit die gesellschaftspolitische Entscheidung selbst. Die Aussage über Umweltverträglichkeit bzw. -unverträglichkeit muß also auf dem Wege der Abwägung der gesellschaftlichen Aufwände gefällt werden. Ein planerisches Vorhaben ist danach umweltunverträglich, wenn sein gesellschaftlicher Nutzen in anderen Komponenten (z.B. wirtschaftlicher Gewinn, sozialer Gewinn) nicht den Aufwand an verlorengehender Umweltqualität aufhebt. Es ist umweltverträglich, wenn in Abwägung mit anderen gesellschaftlichen Belangen eine Benachteiligung der Umweltbelange, das heißt, ein ökologischer Verlust gerechtfertigt erscheint. Diese politische Entscheidungsqualität dürfte aus oben genannten Gründen die Regel darstellen, so daß die UVP vielfach nur zur Verdeutlichung der in der Maßnah-

---

[69] Fraglich bliebe dieses Vorgehen auf nicht mit ökologischen Vorrangfunktionen belegten Flächen. Ebenfalls wäre die Stichhaltigkeit des Umkehrschlusses zu prüfen, nämlich ob ein Planungsvorhaben immer schon dann als umweltverträglich einzustufen wäre, wenn eine ausgewiesene ökologische Vorrangfunktion nicht beeinträchtigt würde (vgl. auch SCHEMEL 1985).

methodisch-bewertungsmäßige Komponente

me steckenden Umweltproblematik dient und entscheidungsvorstrukturierend und -vorbereitend wirkt (vgl. Kap. 2.1) und nicht das Urteil selbst fällt.

4.3.2.3.2 Trendszenario

Im Rahmen der engeren UVP sollen die in der Umwelterheblichkeitsprüfung kriterienmäßig bewerteten Umweltbereiche im Hinblick auf die Feststellung einer Umweltverträglichkeit des Vorhabens gemeinsam betrachtet werden. Die Schwierigkeit dabei: selbst innerhalb des Umweltzielsystems können sich die bereichsspezifischen Zeile deutlich entgegenstehen. So ist z.B. eine mit dem Umweltbereich "Erholung" in Einklang stehende Maßnahme, etwa eine Kleingartenanlage oder eine ortslärmmindernde Umgehungsstraße, nicht unbedingt auch mit den Belangen von Natur und Landschaft übereinstimmend (vgl. Kap. 3.1.2.5.2). Um diesem Sachverhalt zu entsprechen, soll keine weitergehende Aggregation der Umweltbereiche zu **einem** Wert erfolgen. Denn potentielle Positivwirkungen in einem Bereich sind nicht einfach planerisch gegen eine Negativwirkung in einem anderen Bereich "aufzurechnen", die Belange können allenfalls gegeneinander abgewogen werden, aber dazu bedarf es keiner Aggregation, sondern lediglich einer entsprechenden die Planungswirkungen verdeutlichenden Darstellung (s.u.).

Dieser UVP-Vorschlag ist nicht so angelegt, daß auch **alle** möglichen physisch-ökologischen Positivwirkungen des Planungsvorhabens dezidiert dargelegt werden. Die mit der Planung verfolgten Ziele (wie z.B. Lärmentlastung für 8.000 Anwohner eines Ortsteiles) werden zum einen im Bebauungsplanverfahren selbst sowie zum anderen auch in der UVP-Vorstellungsphase (s. Kap. 4.2.1) herausgestellt und sind für den politischen Entscheidungsträger klar ersichtlich. Bei zusätzlichen ökologischen Anstrengungen zum baulichen Vorhaben (z.B. Erhalt und Ausbau eines Biotops im Planbereich, Landschaftsbildverschönerungen o.ä) lassen sich diese an entsprechender Stelle der Check-Liste anführen (ggf. auch unter Hinweis auf Plananlagen). Die Prüfungsphase selbst aber hat einen grundsätzlich restriktiven Charakter und der Verfasser sieht bei verwaltungsinterner Einstellung aller Positivwirkungen in die UVP die Gefahr, daß die politische Entscheidung im Hinblick auf kurzfristige und vordergründige sektorale Umweltlösungen vorstrukturiert wird, womit letztlich das Umweltvorsorgeprinzip außer Kraft gesetzt wäre. Aber gerade diesem soll die UVP dienen, indem sie vorsorglich insbesondere die Negativfolgen eines Vorhabens aufspürt und diese, ggf. unter Aufzeigen von Ausgleichs- und Ersatzmaßnahmen oder der Option einer Null-Variante, für die gesamtpolitische Abwägung transparent macht. Der Verfasser geht hier konform mit der EG-Richtlinie zur UVP.

Der oben vorgeschlagene Verzicht auf weitergehende Aggregation gibt zwar eine weitgehende Unabhängigkeit der Teilsysteme vor, wie sie in der Realität nicht besteht, doch scheint eine komplexere ökologische Wirkungsanalyse im Rahmen einer transparenten Entscheidungsvorbereitung zur Bebauungsplanung zum einen nicht operationalisierbar, zum anderen wegen der möglicherweise entgegenstehenden Ziele auch nicht mehr sinnvoll aggregierbar und dem politischen Entscheidungsträger gegenüber vertretbar. Es soll aber für jeden Umweltbereich nochmals herausgestellt werden, welchen sektoralen oder fachübergreifenden Umweltzielen das Vorhaben in welchem Maße entspricht bzw. widerspricht.

Neben Grenzwerten und dem Umweltzustand waren auch die fachlichen Umweltziele (weniger die gesamtstädtischen) Grundlage der Bewertung der Umwelterheblichkeit. Nun aber soll betont prognostisch herausgestellt werden, wo die Planungsmaßnahme zu einer Verschlechterung der kommunalen Umweltsituation beiträgt bzw. wo das Projekt das Erreichen

methodisch-bewertungsmäßige Komponente

der angestrebten lokalen Umweltqualitäten hindert[70]. Der Abgleich des Vorhabens erfolgt somit auf die Zukunft gerichtet in Orientierung an städtischen Umweltschutzzielen. Praktisch geschieht dies durch Aufbau und die Offenlegung von Argumenten und deren Diskussion über alle fachlichen Grenzen hinweg in der Arbeitsgruppe Umweltschutz/UVP. Diese Erörterung geschieht in Form eines Trendszenarios, in das der Planungsträger ebenfalls die Ergebnisse der vorgezogenen Bürgerbeteiligung und der Beteiligung der Träger öffentlicher Belange miteinfließen läßt (vgl. Kap. 4.3.3). Szenarien sind Entwürfe einer denkbaren Zukunft, die weniger den genauen Umfang als vielmehr die zu erwartende Richtung der Veränderung angeben. Zur Darstellung dieses Trends kann als graphisches Hilfsmittel eine Matrix dienen (s. Anhang, Anlage 6), in der die Umweltbereiche gegen das Spektrum der möglichen Veränderungen aufgetragen sind. Auch die bereichsspezifischen Ergebnisse der Umwelterheblichkeitsprüfung sind hier nochmals aufzuführen.

Wenn auch die planerische Abwägung nach bestimmten, in Kap. 4.3.2.4 noch näher zu erläuternden Grundprinzipien vorgenommen werden soll, so liegt es auch hier in der Natur der Sache, daß aufgrund der unterschiedlichen fachmännischen Perspektiven und deren Zielvorstellungen die Umweltbereiche nicht immer in einstimmigem Konsens (sondern allenfalls im Trend einheitlich) beurteilt werden. Die Beurteilungsspanne ist somit in der Graphik ebenfalls kenntlich zu machen und wird damit für den politischen Entscheidungsträger transparent. Die argumentative Begründung der Beurteilungsspanne ist der Matrix als Anlage beizufügen. Im Prüfungsergebnis sind damit sowohl die durch das Vorhaben bedingten Auswirkungen auf die Umweltbereiche (in der Check-Liste noch genauer aufzuspalten) in ihrer

---

[70] Zur Vermittlung einer Vorstellung über die Formulierungsmöglichkeiten lokaler angestrebter Umweltstandards sei beispielhaft auf die "Vorschläge zu einem kommunalen Maßnahmekatalog Umweltschutz für politische Parteien in Hagen" (GERBERSMANN/LANGE 1984) hingewiesen.

Umwelterheblichkeit (Feststellung auf der Grundlage einer Zustandsanalyse) als auch die Umweltprognose zur Stadtentwicklung mit dem Planungsfall enthalten. Soweit vorhanden, ist in der Ergebnisdarstellung ebenfalls auf die fachspezifischen oder interdisziplinär zusammengefaßten Ausgleichs- und Ersatzmaßnahmen hinzuweisen (s. Kap. 4.3.2.2.4).

Eine zusammenfassende Angabe zur Umweltverträglichkeit kann seitens der Verwaltung aus in Kap. 4.3.2.3.1 dargelegten Gründen allenfalls dann erfolgen, wenn innerhalb des Umweltzielsystems keine Gegenläufigkeit vorhanden ist. Wird z.B. einhellig durch alle Umweltbereiche keine Umwelterheblichkeit und vollständige Zielübereinstimmung festgestellt, so läßt sich die Planung auch dem politischen Entscheidungsträger gegenüber als insgesamt umweltverträglich vorstellen. Ebenso ist es bei sich deutlich in allen Umweltbereichen abzeichnender Umwelterheblichkeit und -unverträglichkeit möglich, die Planung entsprechend vorzustellen und die Null-Variante vorzuschlagen.

4.3.2.2.3 Alternativenprüfung

Die vorgestellte Methodik eignet sich auch für die Prüfung von Planungsalternativen. In diesem Fall sind für jede Variante die unter Kapitel 4.3.2.2 und Kap. 4.3.2.3 dargelegten Schritte durchzuführen und ggf. zusammengefaßt zur politischen Abwägung zu bringen. Die Darstellung der Umweltverträglichkeit geschieht in diesem Falle nach einem Alternativszenario. Als Ergebnis ist für jede Variante eine Umweltverträglichkeitsmatrix (wie in Anhang, Anlage 6) vorzulegen, so daß für den Politiker ersichtlich ist, bei welcher baulichen Alternative welche Umweltbereiche wie stark beansprucht werden bzw. welche angestrebten Umweltqualitäten in welchem Maß verhindert werden.

methodisch-bewertungsmäßige Komponente

Auch beim Variantenvergleich verbietet es sich, bei entgegenläufigen Umweltzielen eine Aggregation über die einzelnen Umweltbereiche hinaus vorzunehmen, auch wenn dies vom politischen Entscheidungsträger gewünscht wird, um mit einem Wert (pro Alternative) die relativ umweltverträglichste Variante vor Augen geführt zu bekommen. Er muß sich die Mühe machen, aus dem abwägenden Vergleich der Matrizes zur Darstellung der Umweltverträglichkeit die für ihn relativ umweltverträglichere auszuwählen oder sich ggf. für die Null-Variante entscheiden mit dem Verweis auf die Erörterung von "Strukturalternativen" (s. Kap. 4.3.3).

4.3.2.4 Die gesamtpolitische Abwägung

Mit den von den Fachleuten in interdisziplinärer Entscheidungsqualität vorgeschlagenen Einstufungen der Umweltbereiche entstehen Werturteile mit allgemeinem "intersubjektiven" Gültigkeitsanspruch. Diese haben divergierenden individuellen Einschätzungen/Werturteilen gegenüber einen gewissen Forderungscharakter und werden mit diesem zur Abwägung gegen die anderen öffentlichen und privaten Belange in den politischen Raum gestellt.

Hier wird es nun erklärtes Ziel sein, im Sinne des Allgemeinwohls Entscheidungen zu treffen, die ebenfalls einen hohen Grad an allgemeiner Gültigkeit, also intersubjektiver Akzeptanz, besitzen. Methodisch geschieht dies in Form der politischen Diskussion mit abschließender Mehrheitsabstimmung. Die Methodik soll hier nicht hinterfragt werden, bei dem mit der Methodik erzielten Ergebnis deutet jedoch Verschiedenes darauf hin (insbesondere Reaktionen der Öffentlichkeit auf verschiedene Großprojekte), daß es nicht immer mit einem allgemeinen Gültigkeitsanspruch ausgestattet ist. Dies ist m.E. weniger auf die Methode der Entscheidungsfindung selbst zurückzuführen als vielmehr auf die Verletzung von Prinzipien, nach denen eine Allgemeingültigkeit der Werturteile begründet werden könnte. SCHE-

MEL (1985) zeigt dies auf. Da diese Grundsätze sowohl für die planerische Abwägung innerhalb der UVP gelten als auch insbesondere für die gesamtpolitische Abwägung, sei die Argumentationskette hier wiedergegeben. Ich verkürze die mehrseitigen Ausführungen (SCHEMEL 1985, S. 143-156) allerdings auf wenige, m.E. für die kommunale Umweltverträglichkeitsprüfung besonders relevanten Thesen:

- Es gibt zwar "kein absolutes oder denknotwendiges Gültigkeitskriterium für Werturteile", doch läßt sich pragmatisch ein Weg aufzeigen zwischen "dogmatisch als objektiv und verbindlich deklarierten Werturteilen einerseits und der prinzipiellen Leugnung der Begründbarkeit von Werturteilen andererseits".
- Danach ist die Gültigkeit von Werten offenbar stark davon abhängig, "inwieweit die Gültigkeitskriterien die in einer Gesellschaft als bedrückend und bedrohlich empfundenen Probleme widerspiegeln und eine Richtung angeben, aus der problemadäquate Lösungen zu erwarten sind" ... "ohne daß diese Lösungen das allgemein akzeptierte Menschenbild" ... "in Frage stellen".
- "In der gegenwärtigen Umweltdiskussion verstärkt sich der Ruf nach einer neuen Ethik, die in der Lage ist, von den heutigen und zukünftigen Dimensionen der Umweltbedrohung ausgehend das sittlich angemessene Handeln zu bestimmen oder doch zumindest Leitlinien dafür vorzugeben."
- "Zur Frage, wie diese Ethik auszusehen hat (Gegenstand und Ausmaß der aus ihr resultierenden Verpflichtung), ist in bezug auf die UVP vor allem von Bedeutung, daß der Mensch für die vorhersehbaren Folgen seines Handelns sittlich verantwortlich ist: 'Und weil im Wollen einer einzelnen Tat die ganze Kette sich wiederholender und zum Teil widersprechender Folgewirkungen mitgewollt sein muß, wird das Wissen dieser Zusammenhänge zur Pflicht, von der die traditionelle Ethik nicht einmal eine Ahnung

verfahrensmäßig-integrative Komponente

haben konnte. Das Wissen muß der neuen Dimension unseres Handelns angemessen sein'". (zuletzt zitiert SUMMERER 1984 aus SCHEMEL 1985).
- Wird die erwähnte sittliche Verantwortung des Menschen für die Zukunft von Mensch und Natur anerkannt, so gilt u.a.,

a) daß alles menschliche Handeln in seinen langfristigen Auswirkungen zu erkunden ist und
b) daß sich der Mensch in seiner Entscheidung von der schlechten und nicht von der guten Prognose leiten lassen sollte, was einem Agieren auf der sicheren Seite gleichkommt.

Auch SCHEMEL (1986) macht darauf aufmerksam, daß die erwähnten Grundsätze (er geht noch über die hier genannten hinaus) für die Einzelfallabwägung in der Praxis zunächst irrelevant erscheinen und erst vor dem Betrachtungshintergrund des summativen Verlustes an Umweltqualität Gewicht erlangen. Das gilt auch für die kommunale Bauleitplanung, bei der sich der singulär zu bewertende Bebauungsplan ohne weitreichende "Umweltdramatik" darstellt, er langfristig und im stadtökologischen Gefüge betrachtet aber durchaus eine ernstzunehmende Umweltgefährdung bedeuten kann (vgl. Kap. 0.2 und Kap. 3.1.4). Die UVP kann dazu beitragen, auch dieses Bewußtsein zu fördern (s. Kap. 5).

4.3.3 Die verfahrensmäßig-integrative Komponente

4.3.3.1 Verfahrensablauf

Das Verfahren der Bauleitplanung ist ein Verfahren zur städtebaulichen Planung, das zwar durchaus auch Querschnittscharakter haben kann, damit aber nicht speziell für die Berücksichtigung der Umweltbelange angelegt ist. Da nun rechtlich und faktisch aber nur dieses eine städtebauliche Planungsinstrumentarium existiert, ist zu versuchen, dieses **auch** für die Belange des Umweltschutzes nutzbar zu machen. Es heißt also, das Planungsinstrument des Umweltschutzes, die UVP, in das Planungsinstrument des Städtebaus einzubinden.

Der Verfahrensablauf der Bebauungsplanung mit integrierter Umweltverträglichkeitsprüfung ist im nachstehenden, zunächst von oben nach unten zu lesenden Ablaufschema wiedergegeben. (Abb. 20). Im Zentrum sind die Verfahrens- und Abstimmungsschritte der querschnittsorientierten Bebauungsplanung sowie die integrierten Bearbeitungsphasen der UVP dargestellt, an den Seiten die zugeordneten Arbeiten der die Umweltbelange abdeckenden Fachplanungsbehörden; da der ökologische Schwerpunkt der Belange von der Grün-/Landschaftsplanung abgedeckt wird (vgl. Kap. 4.3.2.2.4, Landschaftsplanung wird hier also klar als Fachplanung und nicht als Querschnittsaufgabe angesehen), findet sie hier gesonderte Darstellung. An den Außenrändern des Schemas sind zudem, nun von unten nach oben zu lesen, die Verfahrensmöglichkeiten bei versagter Genehmigung bzw. Genehmigung mit Vorbehalt durch den Regierungspräsidenten angegeben. Die fallweise möglichen Wiedereinstiege ins Verfahren sind kenntlich gemacht. Mit dem Begriff der "Strukturalternativen" sind mögliche andere Wege angesprochen, die zur Bedarfsdeckung, Planzielerfüllung usw. führen können (z.B. die Bedarfsdeckung von Wohnraum an anderer, umweltverträglicherer Stelle des Flächennutzungsplangebietes oder durch Intensivierung des städtischen Innenraumes, der Ausbau des öffentlichen Personennahverkehrs oder die Reaktivierung eines Bundesbahngleisanschlusses für einen Gewerbebetrieb anstelle eines umweltunverträglichen Straßenbaues). Die Strukturalternativen bilden den Wiedereinstieg in die Stadtentwicklungsplanung.

Abb. 20:

ABLAUFSCHEMA BEBAUUNGSPLANUNG MIT INTEGRIERTER UMWELTVERTRÄGLICHKEITSPRÜFUNG (UVP)

verfahrensmäßig - integrative Komponente

Grünplanung	Querschnittsorientierte Bebauungsplanung	andere Fachplanungen

Beteiligung →
(Ökol.) Stadtentwicklungsplanung
Flächennutzungsplanung, andere
Planungsauslöser (Probleme, Sanierung, Umweltgestaltung usw.)
← — — — — — —
← — — — Beteiligung
```Struktur-
alternativen```

Beteiligung →
(Stellungnahme zur
Rahmenplanung, Planabgrenzung usw. ggf.
auch Eigenbearbeitung)

**VORPLANUNG**
Planerische Vorüberlegungen, Grobanalyse, Datensammlung, Prioritäten, Abgrenzung des Plangebietes u. ä.
← — — — — Beteiligung

**PLANAUFSTELLUNGSBESCHLUß**

Bauleitplanerische Voruntersuchung
städtebaulicher Entwurf
dazu u. a. Umweltverträglichkeitsprüf.
 I. Vorstellung des Vorhabens
   1. Formblatt
   2. Umwelterklärung

Nutzungsorientierte sowie
ökol.-visuelle Voruntersu.
Fachspezifische Stellungnahme:
1. Ist-Analyse
2. Wirkungsanalyse
3. Ausgleichs- und Ersatzmaßnahmen

 II. Umwelterheblichkeitsprüfung
   1. Prüfkriterienentwicklung und
      -auswahl
   2. Einholen der Fachstellungnahmen / Verfahrensabgleich

Nutzungsorientierte
Voruntersuchung
Fachspezifische Stellungn.
1. Ist-Analyse
2. Wirkungsanalyse
3. Umweltschutzmaßnahmen

```Alternati-
venprüfung``` — — — →
 III. Umweltverträglichkeitsprüfung
   1. Gesamtbewertung
   2. Ergebnisdarstellung
— — — →```Null-
Variante```

```Abwägungs-
gutachten``` — — —
   1. Abwägungsfixierung
mit TöB- u. vorgezogener Bürgerbeteil.
UVP-Szenario zur Berücksichtigung der
Folgen für die Umwelt (ggf. Alternativszenario)

Darstellung der Ausgleichs- und Ersatzmaßnahmen — — →

Darstellung fachspezifischer
Umweltschutzmaßnahmen

**VORENTWURF und BEWILLIGUNGSBESCHLUß** ← — — — —

**OFFENLEGUNGSBESCHLUß**
Offenlegung (mit Begründung), Bürgerbeteiligung, Öffentliche Anhörung

```Genehmigung
mit Vorbe-
halt, Auf-
lagen u.ä.``` — — — →
Prüfung der Anregungen und Bedenken
und
2. Abwägungsfixierung

⊖ abschl. Stellungn.
**BESCHLUß ÜBER ANREGUNGEN UND BEDENKEN** ← abschließende Stellungnahmen

**REGIERUNGS-
PRÄSIDENT**

⊕
**SATZUNGSBESCHLUß**
und ortsübliche Bekanntmachung

Abnahme durchgeführter Ausgleichs- und
Ersatzmaßnamen

Abnahme durchgeführter
Umweltschutzmaßnahmen

Beschlüsse breit und fett umrandet, unterbrochene Linien deuten Möglichkeit an

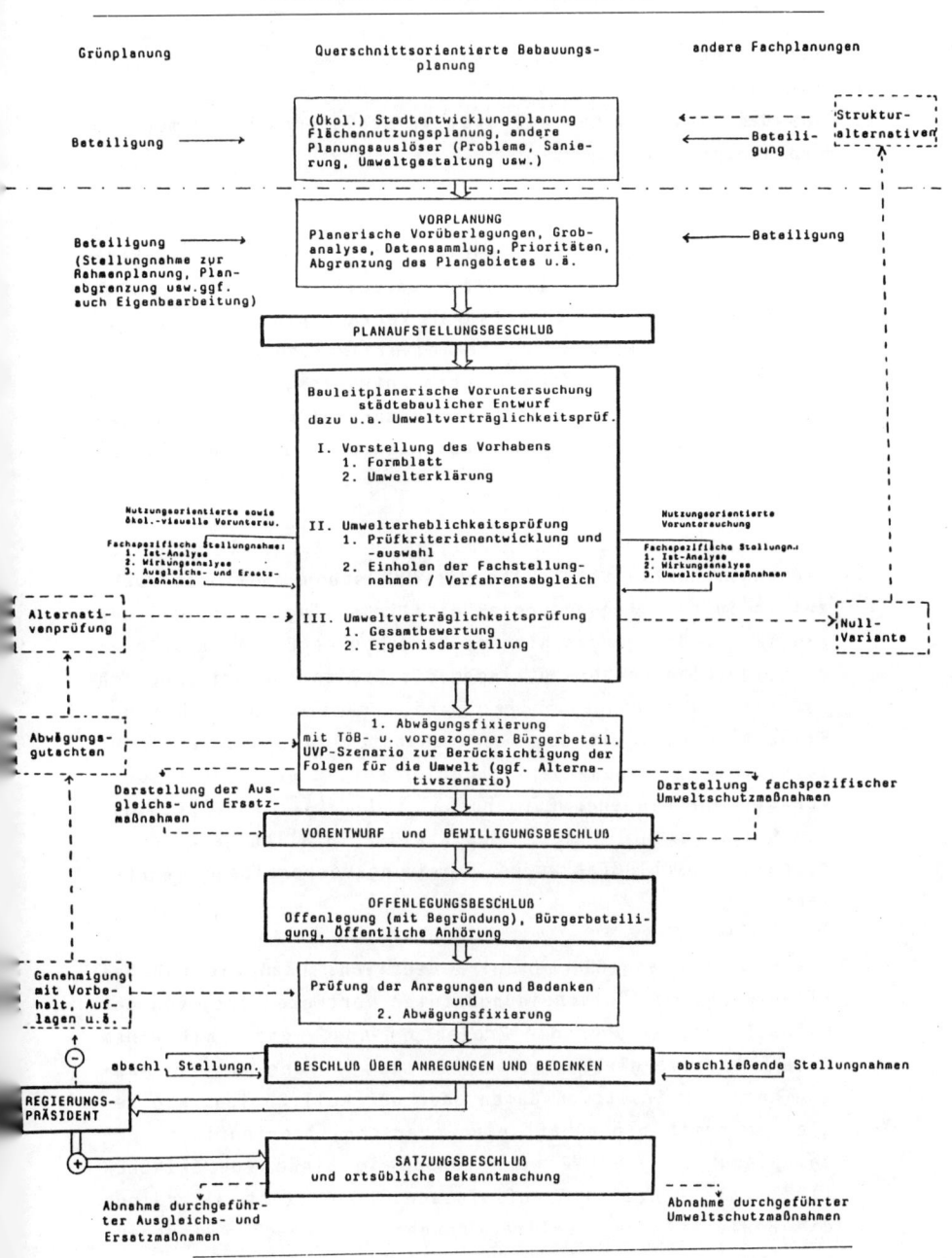

## 4.3.3.2 UVP-Dimensionen

Aus dem Schema gehen die drei verschiedenen UVP-Dimensionen hervor, nämlich

1. die UVP im engsten Sinne, das heißt, die Gesamtschau und -darstellung der Umweltbelange unter dem UVP-Verfahrensschritt III (s. Kap. 4.3.2.3),
2. die UVP als Gesamtheit ihrer Verfahrensschritte I, II und III im Rahmen der bauleitplanerischen Voruntersuchung und des städtebaulichen Entwurfes,
3. die UVP als eingebrachtes Abwägungselement in den gesamtpolitischen Beschlußfassungen und Bürgerbeteiligungen.

Zur Vermeidung von Leerplanungen und zur Erlangung von Planungseffektivität sollte die UVP schon möglichst frühzeitig in den Planungsprozeß einfließen (vgl. Kap. 2.1 und Kap. 2.3). Das vorgeschlagene Vorgehen berücksichtigt diese allgemeine Forderung, indem die UVP so früh wie möglich ins Verfahren eingeschaltet wird, nämlich schon bei der Planerarbeitung mit den Fachdienststellen, mit der frühzeitigen Beteiligung der Träger öffentlicher Belange sowie vor der vorgezogenen Bürgerbeteiligung (s. Kap. 4.3.5). Somit ist gewährleistet, daß die UVP in allen gesamtpolitischen Beschlußfassungen abwägungsvorbereitend wirken kann.

Aus dem oben angeführten wird deutlich, daß die UVP bei allen wichtigen Entscheidungsstufen vertreten ist, von der Planaufstellung über die Projektprüfung, ggf. mit einem Alternativenvergleich, bis hin zur Forderung von Ausgleichs- und Ersatzmaßnahmen oder der Null-Option. Sie begleitet somit prozeßhaft eine querschnittsorientierte Gesamtplanung. Die UVP wäre danach im Sinne von SPINDLER (1983) als Prozeß-UVP aufzufassen. Dem steht allerdings die Bauleitplanungsrealität entgegen, wonach ein Bebauungsplan vielfach nur zur Realisierung eines bestimmten, fachlichen Bauprojektes aufgestellt wird (vgl. Kap. 4.1). Damit bleibt zunächst offen, ob die hier vorgestellte UVP als Prozeß-UVP mit grundsätzlichem Hinterfragen der Planung wirken kann oder mehr projektprüfenden Charakter erlangen wird (Projekt-UVP). Eine praktische Anwendung könnte Aufschluß bringen. Der BEIRAT FÜR NATURSCHUTZ UND LANDSCHAFTSPFLEGE (1985, S. 21) beim Bundesminister für Ernährung, Landwirtschaft und Forsten würde nach seiner Stellungnahme zur UVP den vorgestellten UVP-Typen als "Planungs-UVP" bezeichnen.

### 4.3.4 Die organisatorische Komponente

Aufbauend auf dem UVP-Ziel, die ökologischen und umweltschützerischen Belange nicht sektoral, das heißt, allein fachbezogen zu erfassen und zu bewerten, sondern in ihrer Gesamtheit und ihren Wechselwirkungen, muß der Umweltprüfung ein kooperatives Organisationsmodell zugrunde gelegt werden. Wie dies aussieht, ist stark abhängig von der Organisationsform des Umweltschutzes der Gemeinde an sich. Es ist deshalb notwendig, die verschiedenen möglichen Organisationsmodelle kritisch betrachtet vorwegzustellen, denn wirksamer fachübergreifender Umweltschutz ist u.a. eine Funktion zweckmäßiger Organisation. Dabei müssen Konzeptionen zur Organisation kommunalen Umweltschutzes einerseits Fragen der Zuordnung umweltrelevanter Aufgaben zu einzelnen Organisationseinheiten, andererseits Fragen der Koordinierung zwischen den für den Umweltschutz verantwortlichen Einheiten umfassen.

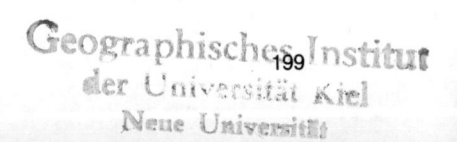

### 4.3.4.1 Organisationsmodelle kommunalen Umweltschutzes

Nach einer Studie der KGSt (KOMMUNALE GEMEINSCHAFTSSTELLE FÜR VERWALTUNGSVEREINFACHUNG, KÖLN) vom 20.5.1985 zur Organisation kommunalen Umweltschutzes können im wesentlichen vier institutionelle Organisationsformen und drei funktionelle Ergänzungen unterschieden werden:

A) Institutionelle Organisation
   1. Dezentrale Wahrnehmung des Umweltschutzes in den Fachämtern
   2. Abteilung Umweltschutz
   3. Amt für Umweltschutz
   4. Dezernat für Umweltschutz

B) Funktionelle Ergänzungen
   1. Umweltschutzbeauftragter
   2. Arbeitsgruppe Umweltschutz
   3. Projektarbeitsgruppen.


Zu A 1: **Dezentrale Wahrnehmung des Umweltschutzes in den Fachämtern**

Im Rahmen der dezentralen Wahrnehmung des Umweltschutzes in den bestehenden Fachämtern wird Umweltschutz als ämterübergreifende Zielsetzung angesehen, die bei jedem Verwaltungshandeln zu berücksichtigen ist. Bei dieser Organisationsform besteht, abgesehen von der fachlichen Qualifikation, neben der Chance einer querschnittsorientierten Integration von Aufgabenerfüllung und Umweltschutz die Gefahr, Ziele des Umweltschutzes bei amtsinterner Abwägung frühzeitig hintenanzustellen. Darüber hinaus kann ein Mangel an Koordination zwischen den verschiedenen Fachämtern zu einer weiteren Schwächung führen.
Aus Sicht des Umweltschutzes ist diese Organisationsform als die schwächste zu werten.

organisatorische Komponente

## Zu A 2: Abteilung Umweltschutz

Als Abteilung (oder Sachgebiet) kann der Umweltschutz in ein bestehendes Amt eingebunden werden[71]. Er wird zwar auch in dieser Organisationsform prinzipiell dezentral wahrgenommen. Bestimmte zusätzliche Aufgaben wie Bürgerberatung, Öffentlichkeitsarbeit, Entwicklung von Konzeptionen, Umweltberichterstattung, Betreuung einer Arbeitsgruppe Umweltschutz, Förderung der Zusammenarbeit mit Verbänden u.a. können der Abteilung jedoch auch ganz zufallen.

Als wesentlicher Vorteil einer Abteilung für Umweltschutz kann die Möglichkeit angesehen werden, die Umweltaktivitäten der Fachämter zu unterstützen, zu koordinieren und zu ergänzen. Keine Dienststelle darf sich von der Aufgabe Umweltschutz entbunden fühlen.

## Zu A 3: Amt für Umweltschutz

Die Einrichtung eines Amtes für Umweltschutz oder Umweltfragen ist die wohl am heftigsten umstrittene Organisationsform. Sie stellt die einschneidendste organisatorische Änderung im Verwaltungsapparat dar und führt zu Eingriffen in den Aufgabenbestand bestehender Ämter.
Umweltämtern sind über die Koordinierungsaufgaben hinaus meist alle oder zumindest einige der unteren staatlichen Behörden -soweit umweltrelevant- zugeordnet (Untere Wasser- und Abfallbehörde, Untere Landschaftsbehörde). Teilweise übernehmen sie auch Meßarbeiten und Untersuchungen sowie Sonderaufgaben wie z.B. die Energieberatung. Ein Amt für Umweltschutz hat zweifellos den Vorteil, daß in **einer** Organisationseinheit interdisziplinär gearbeitet werden

---

[71] Diese Organisationsform des kommunalen Umweltschutzes hat z.B. die Stadt Hagen gewählt, bei der die Koordinierungsstelle Umweltschutz im Baudezernat als Abteilung des Grünflächenamtes untergebracht ist.

kann. Ökologische Zusammenhänge und Abhängigkeiten der Aktivitäten anderer Fachämter werden im Konfliktfall eher berücksichtigt und können mit gleichem Gewicht in den Abwägungsprozeß eingebracht werden. Die Instituionalisierung eines eigenen Amtes für Fragen des Umweltschutzes weist auf die gleichrangige Bedeutung gegenüber den anderen Fachämtern hin und kann die Durchsetzungschancen erhöhen. Weiter spricht für ein Umweltamt, daß sich seine Mitarbeiter wahrscheinlich leichter mit den Aufgaben und Zielen des Umweltschutzes identifizieren als in Ämtern, die schwerpunktmäßig andere Ziele - möglicherweise sogar dem Umweltschutz entgegenlaufende - haben.

Bei einem eigenständigen Umweltamt besteht allerdings die Gefahr, daß die Fachämter die ihnen obliegende Umweltverantwortung auf das neue Amt zu übertragen suchen. Als abschließende Bewertung bleibt festzuhalten: Die tendenziell unterschiedlichen Positionen des Amtes für Umweltschutz und eines anderen Fachamtes bei der Beurteilung einer Maßnahme sind bei der Einrichtung eines Umweltamtes ein **gewollter** Konflikt. Dieser kann einerseits Kompromisse fördern, die sowohl den Anforderungen der Umwelt als auch der Fachaufgabe genügen, andererseits aber auch zu nicht unerheblichen Reibungsverlusten führen.


Zu A 4: **Dezernat für Umweltschutz**


Richtet eine Stadt ein Umweltdezernat ein, demonstriert sie, daß sie dem Umweltschutz einen hohen Stellenwert einräumt. Inwieweit diese mit Rückblick auf seine "stiefmütterliche" Behandlung in der Vergangenheit nicht auch als gerechtfertigt erscheint, mag jeder für sich entscheiden.

Der wesentliche Aspekt bei dieser Organisationsform ist der, daß im Stadtrat und in der Öffentlichkeit ein **politisch verantwortlicher** Repräsentant des Umweltschutzes auftritt. Zudem hat dieser politisch Verantwortliche auch

organisatorische Komponente

aufgrund seiner Stellung eine starke Position, so daß er etwa bei Zielkonflikten besser auf eine umweltverträgliche Lösung hinwirken kann.

Schwierig dürfte sein, **alle** umweltrelevanten Ämter unter einem Dezernat zusammenzufassen, da es wohl kaum Ämter gibt, die nicht in irgendeiner Form auch umweltrelevante Aufgaben haben. Es können also im Rahmen der Einrichtung eines Umweltdezernates nur die in besonderem Maße mit Umweltschutzaufgaben befaßten Ämter zusammengefaßt werden, was die Möglichkeiten eines Umweltdezernates begrenzt. Grundsätzlich werden die Belange des Umweltschutzes jedoch bei dieser Organisationsform dezentral aus starker Position heraus betrieben.

Zu B 1: **Umweltschutzbeauftragter**

Eine der drei funktionellen Ergänzungen ist die Einrichtung eines Beauftragten für Umweltschutz. Dieser nimmt eine Stellung außerhalb der Ämterorganisation ein. Seine Aufgabe besteht in der Überprüfung von Verwaltungshandlungen auf Umweltrelevanz.

Zu B 2: **Arbeitsgruppe Umweltschutz**

Die Arbeitsgruppe Umweltschutz ist eine ämterübergreifende Einrichtung, deren Aufgabe die gemeinsame Bearbeitung und Koordinierung fachübergreifender Umweltfragen ist. In ihr können Verwaltungsabläufe und Verwaltungshandeln frühzeitig auf hoher Ebene auf ihre Umweltrelevanz geprüft und Handlungskonzepte erarbeitet werden (zur Verknüpfung mit der Arbeitsgruppe UVP s.u.).

Zu B 3: Projektarbeitsgruppen

Für spezielle, zeitlich und räumlich abgrenzbare Vorhaben können in einzelnen Fachämtern oder ämterübergreifend Projektgruppen zur Wahrnehmung von Umweltaufgaben gebildet werden.

### 4.3.4.2 UVP in den Organisationsmodellen

Entsprechend der oben beschriebenen Organisationsformen kommunalen Umweltschutzes ergeben sich für die Installierung der UVP folgende Möglichkeiten (vgl. Abb. 21):

1. Die UVP wird bei strikt dezentraler Umweltschutzorganisation im planenden Amt selbst durchgeführt und zwar als rein integrales Verwaltungsverfahren.
2. Die UVP wird als eigenständiges Verfahren parallel zum Planungsprozeß zentral im Fachamt für Umweltschutz ($U_A$) (oder einer ähnlichen Dienststelle) als Fachaufgabe Umweltschutz durchgeführt.
3. Die UVP wird bei prinzipiell noch dezentral organisiertem Umweltschutz federführend im jeweils planenden Amt durchgeführt, jedoch als eigenständiges, aber zu integrierendes Verfahren unter Zuarbeit der verschiedenen Fachressorts. Der entstehende Koordinierungsbedarf wird durch eine "Koordinierungsstelle Umweltschutz" ($U_K$) o.ä. mit ihr zugeordneter verwaltungsinterner, fachübergreifend wirkender Arbeitsgruppe Umweltschutz bzw. Arbeitsgruppe UVP gedeckt.

Zu 1:
Für die Durchführung einer fachübergreifenden Umweltverträglichkeitsprüfung bietet es sich weniger an, deren Betreuung und Bearbeitung allein dem federführenden Amt zu überlassen. In Ausweitung der UVP auch auf andere Planungs- und Genehmigungsverfahren würden ggf. verschiedene UVP-Ansätze verfolgt, Erfahrungen verschieden angesammelt

organisatorische Komponente

Organisationsform 1:

```
        Politische Ent-
        scheidungsgremien
        ─ ─ ─ ─ ─ ─ ─ ─
        Verwaltungsspitze
```

| Amt 1 | Amt 2 | Amt 3 | Amt 4 | Amt 5 |
| UVP | UVP | UVP | UVP | UVP |

Organisationsform 2:

```
        Politische Ent-
        scheidungsgremien
        ─ ─ ─ ─ ─ ─ ─ ─
        Verwaltungsspitze
```

| Amt 1 | Amt 2 | U_A UVP | Amt 3 | Amt 4 |

Organisationsform 3:

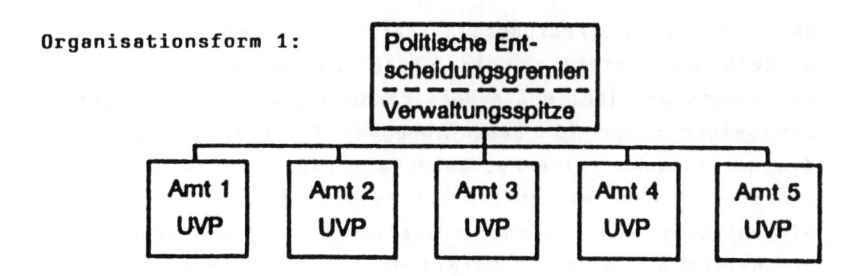

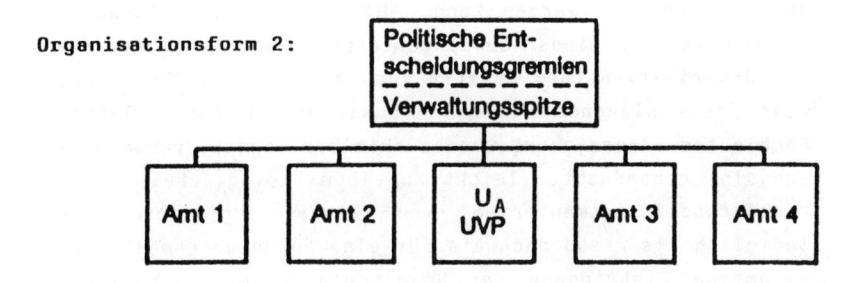

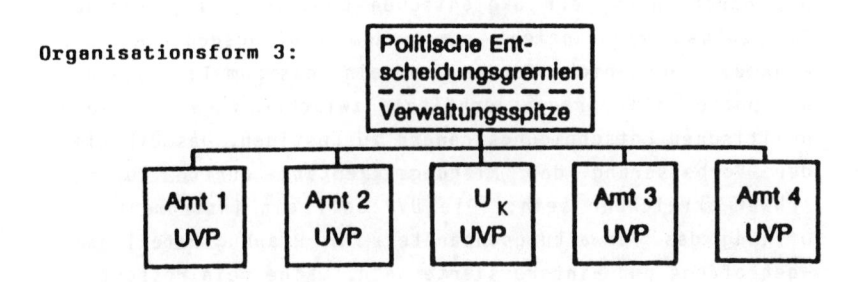

```
        Politische Ent-
        scheidungsgremien
        ─ ─ ─ ─ ─ ─ ─ ─
        Verwaltungsspitze
```

| Amt 1 | Amt 2 | U_K | Amt 3 | Amt 4 |
| UVP | UVP | UVP | UVP | UVP |

Abb. 21: Organisationsschemata der Umweltverträglichkeitsprüfung (UVP) in der Kommunalverwaltung

Verändert nach PIETSCH (1986)

und verwertet, Prüfungsqualitäten unterschiedlich entwickelt und letztlich die einzelnen Umweltverträglichkeitsprüfungen isoliert nebeneinandergestellt. Voraussetzung einer unter 1. beschriebenen UVP-Organisation wäre die Ausstattung aller Fachämter mit UVP-sachkundigen Mitarbeiten. Zudem sei schließlich insbesondere auf folgendes hingewiesen: Der Ausdruck "Umweltverträglichkeitsprüfung" beinhaltet als Wortbestandteil den Begriff der "Prüfung". Es muß an dieser Stelle angezweifelt werden, daß eine UVP als rein integrales Verwaltungsverfahren diesem Prüfungsanspruch gerecht werden kann. Die Gefahr des Mißbrauchs der UVP in Form eines "Selbsttestats" scheint mir bei dieser Organisationsform relativ groß zu sein, selbst dann, wenn jedes planende Fachamt mit ökologisch ausgebildeten Fachleuten angereichert würde. Die UVP könnte, verantwortungslos gehandhabt, leicht zu einem ökologischen "Sanktionierungsinstrumentarium" von Planung degradieren und lediglich als Pseudonachweis für eine "ordnungsgemäß" vorgenommene Einbringung der Umweltbelange und planerische Abwägung dienen.

Die Durchführung der ökologischen Bewertung im planenden Amt selbst widerspricht somit dem Prüfungsgedanken und kann u.a. auch nicht förderlich sein, das zum Teil ohnehin strapazierte Vertrauensverhältnis zwischen Verwaltung und politischen Entscheidungsträgern zu festigen. Das UVP-Ziel der Verbesserung der Planungsakzeptanz dürfte so nur schwer erreichbar sein. Die UVP soll ein Instrument zur Öffnung des Verwaltungsapparates für Planungsbeteiligte, -betroffene und -interessierte sein. Eine rein ressortgebundene Regelung scheint dem m.E. nicht förderlich.

Zu 2:
Die Durchführung einer UVP als eigenständiges Verfahren parallel zum eigentlichen Planungsprozeß steht dem hier eingeschlagenen Weg eines integrativen Verfahrens grundsätzlich entgegen. Die Bauleitplanung ist als quer-

organisatorische Komponente

schnittsorientierte Planung gehalten, **im Verfahren** die verschiedenen öffentlichen und privaten Belange zu berücksichtigen. Unter anderem war dies Ansatzpunkt für die Installation einer UVP in das Verfahren der Bauleitplanung.

Vorteile einer eigenständigen Prüfung sind zweifellos die größere Unabhängigkeit des "Prüfers" von der zu überprüfenden Planung sowie die größere Distanz zu erbrachten Arbeitsvolumina (und den Bearbeitern), des weiteren auch die besseren Möglichkeiten zur Professionalisierung der Prüfung, die Zentrierung des Informationsflusses sowie die allgemeine Anforderungsgleichheit.

Als nachteilig zeichnet sich die möglicherweise das Arbeitsklima belastende strenge Trennung von Planern und Prüfern aus. Sie kann das angestrebte Kooperationsprinzip sehr belasten oder zunichte machen

1. durch die größere Ferne des "Prüfers" zur Planungsrealität sowie
2. durch die Vorstellung des Planers, von der verantwortlichen Berücksichtigung der Umweltbelange enthoben oder entlastet zu sein.

Zudem kann es durch die Aufgabentrennung zu einer Doppelarbeit und damit zu verwaltungsmäßiger Mehrbelastung kommen.

Zu 3:
Diese Organisationsform entspricht am besten dem angestrebten Kooperationsprinzip. Das planende Amt ist weiterhin für seine Planung voll verantwortlich auch in bezug auf die Umweltbelange und wickelt die Planung nach wie vor zusammen mit den Fachplanungsbehörden ab. Dabei erhält es Hilfestellung durch eine Umweltschutzdienststelle der Stadt, die in Professionalisierung die UVP-Durchführung beratend begleitet, überwacht und bei Bedarf koordiniert. Die Planer fühlen sich somit nicht ihrer Querschnittsauf-

gabe enthoben, gleichzeitig ist die UVP-Informationszentrierung und -einheitlichkeit der Instrumentenanwendung gewährleistet.

Die funktionale Ergänzung einer entsprechenden Arbeitsgruppe[72] ist geeignet zum Informationsaustausch, zur Diskussion sowie zur Beratung von Bewertungsvorschlägen unter Herstellung einer neuen, interdisziplinären Entscheidungsqualität. In der Arbeitsgruppe sollten alle an der Planung maßgeblich beteiligten Dienststellen vertreten sein. Die genaue Arbeitsgruppenzusammensetzung ist somit nur am konkreten Einzelfall festzumachen. Die Bestrebungen müssen allerdings stets dahingehen, die gestellten Prüfkriterien möglichst weit durch kompetente Fachdienststellen abzudecken. Organisationsmäßig übernimmt das planende Amt die fachübergreifend erarbeiteten Entscheidungen und arbeitet diese in die UVP ein.

4.3.4.3 UVP-Ablauf in kooperativer Organisation

Im folgenden soll der in Kap. 4.2 skizzierte UVP-Ablauf in seiner organisationsmäßigen Komponente stichwortartig geschildert werden. Zugrundegelegt wird das kommunale Organisationsmodell Nr. 3:

---

[72] Arbeitsgruppe Umweltschutz oder Arbeitsgruppe UVP. Bei Bestehen von zwei Arbeitsgruppen mit unterschiedlichen Arbeitsschwerpunkten ist ein gegenseitiger Informationsaustausch erforderlich, ggf. über die Umweltschutzdienststelle, die auf jeden Fall bei Bestehen von zwei Arbeitsgruppen in beiden vertreten ist. An der Arbeitsgruppe UVP nehmen alle für das jeweilige Planungsvorhaben insbesondere in Umweltschutzhinsicht relevanten Ämter teil also neben dem Planungsamt, Grünflächenamt, Stadtentwässerungsamt/Tiefbauamt ggf. auch das Amt für Stadtsanierung, das Chemische Untersuchungsamt, das Bauordnungsamt, das Gesundheitsamt. Dabei können die Ämterbezeichnungen und Zuständigkeiten von Stadt zu Stadt differieren, so daß hier keine generelle Aussage möglich ist. Im Sinne der Arbeitseffektivität sollte die Arbeitsgruppe jedoch in der Mitgliederzahl eingeschränkt bleiben.

organisatorische Komponente

I. **Vorstellung des Planungsvorhabens**
Sowohl die Führung des Formblattes als auch die Umwelterklärung werden eigenständig vom planenden Amt durchgeführt.

II. **Umwelterheblichkeitsprüfung**
Auf Grundlage von I. trifft die Arbeitsgruppe Umweltschutz zusammen (auf Einladung und unter Vorsitz der Umweltschutz-/Koordinierungsstelle), um dem Vorhaben entsprechend die Prüfkriterien auszuwählen und den Verfahrensabgleich durchzuführen. Das federführende Amt holt auf dieser Basis im Rahmen der Ämterbeteiligung die Stellungnahmen der Fachämter ein. Dies findet statt mit Hinweis auf das einzuhaltende Gliederungsschema (Ist-Analyse, Wirkungsanalyse, fachspezifische Umweltschutzmaßnahmen, vgl. Kap. 4.2.2.2) und auf die betreffenden Prüfkriterien. Darüber hinaus führt das planende Amt die Beteiligungsliste und stellt schließlich auch die eingegangenen Stellungnahmen für die Beratung in der Arbeitsgruppe Umweltschutz/UVP zusammen. Die Erörterung und Abstimmung der Prüfkriterienbewertung sowie die bereichsweise Aggregation der Kriterien zur Feststellung der Umwelterheblichkeit geschieht wiederum in der Arbeitsgruppe.

III. **Umweltverträglichkeitsprüfung**
Die Arbeitsgruppe diskutiert unter Beachtung von möglichen Wechselwirkungen Rückkopplungsschleifen, die Vor- und Zurückstellung der einzelnen Umweltbelange in Orientierung an den städtischen Zielen, um argumentativ die Umweltverträglichkeit des Planungsvorhabens darzulegen. Dabei wird das UVP-Ergebnis von der Arbeitsgruppe festgelegt und begründet. Die verwaltungstechnischen Arbeiten übernimmt das federführende Amt, ebenso die Erstellung der Beratungsvorlage für die politischen Entscheidungsgremien. Die weitere Bürgerbeteiligung (Planauslegung mit UVP) und Information der Öffentlichkeit über die UVP wird ebenfalls durch das planende Amt vorgenommen (s. Kap. 4.3.5).

IV. Gesamtpolitische Abwägung

Bei der gesamtpolitischen Abwägung in den Bezirksvertretungen (bei kreisfreien Städten), Ausschüssen oder Rat/Stadtparlament ist die UVP Bestandteil der Beratungsvorlage, so daß diese in finanzieller, rechtlicher sowie planerisch sachlicher Sicht (einschließlich des Umweltschutzes) vollständig, das heißt, beratungsgeeignet und sitzungsreif ist. Die Beratungsvorlage ist den Ausschuß- oder Ratsmitgliedern, ggf. den Bezirksvertretern, so frühzeitig zuzusenden (mindestens 1 bis 2 Wochen vor dem Sitzungstermin), daß eine entsprechende Durchsicht und Sitzungsvorbereitung möglich wird. Zur Beratung sollten auch Mitglieder des Landschaftsbeirates und ggf. vorhandener Umweltschutzbeiräte o.ä. hinzugezogen werden (nach vorheriger Erörterung der UVP in diesen Gremien selbst). Nach § 42 Abs. 4 der GEMEINDEORDNUNG NW vom 29.5.1986 können den Ausschüssen auch "volljährige sachkundige Einwohner angehören", die durch den Rat zu wählen sind. U.a. können so auch die Umwelt- und Naturschutzverbände zu beratender Stimme gelangen (s. auch Kap. 4.3.5).

In der Sitzung selbst sind von der Verwaltung auch zur UVP Erläuterungen abzugeben sowie eventuell aufgeworfene Zusatzfragen zu beantworten. Federführend ist hier das planende Amt, allerdings sollten auch die in die UVP miteinbezogenen Fachdienststellen (ggf. sogar auf Einladung auch gemeindeverwaltungsexterne) in Person bei der Sitzung zugegen sein, um fachspezifische Fragen und gegebene Begründungen detaillierter beantworten zu können. Über die Berücksichtigung bzw. die Gründe für eine Nichtberücksichtigung der Umweltbelange sollte bei den Kommunalpolitikern bei der Abstimmung des Planes kein Zweifel mehr bestehen.

organisatorische Komponente

4.3.4.4 Die Organisation der kommunalpolitischen Ebene

Auf der kommunalpolitischen Seite sollte der Verwaltung ein spezieller Ausschuß für Umweltfragen/Umweltausschuß o.ä. gegenüberstehen, der eine Kompetenz für alle Grundsatzfragen des Umweltschutzes hat und der bei allen Ratsaufgaben, die Umweltschutzaspekte berühren, also auch bei der Bauleitplanung, zu beteiligen ist. Die Bildung eines solchen Fachausschusses als selbständiger Ratsausschuß ist erforderlich, um in jedem Fall die Einbeziehung der Umweltbelange in einem besonderen Beratungsschritt sicherzustellen. Der spezielle Arbeitsaufwand und die Kontaktpflege zu den im Umweltschutz tätigen Verbänden, Bürgerinitiativen u.ä. rechtfertigen dies.

Dabei tritt der Umweltausschuß neben die anderen, auch weiterhin zu hörenden Fachausschüsse, wie im Fall der Bauleitplanung z.B. neben den Bauausschuß/Bau- und Verkehrsausschuß oder ein ähnlich bezeichnetes politisches Gremium. Im Verhältnis zu den anderen Fachausschüssen ist sicherzustellen, daß der Umweltausschuß echte Entscheidungs- bzw. Mitentscheidungsbefugnis besitzt. Bei sich widersprechenden Ausschußbeschlüssen kann je nach Größe der Organisationseinheit entweder der Hauptausschuß oder direkt der Rat die Entscheidung fällen. Damit ist gewährleistet, daß politische Zielkonflikte offengelegt, diskutiert und ggf. ausgeräumt werden können, so daß die Fraktionen im Stande sind, nach ihrem politischen Gesamtprogramm zu handeln.

4.3.4.5 Die Finanzfrage

Die hier vorgestellte UVP und deren Integration ins Bebauungsplanverfahren ist darauf angelegt, daß sie innerhalb der kommunalen Verwaltung vom Personal des federführend planenden Amtes sowie der Fachverwaltungen unter Hinzuziehung der Umweltschutzdienststelle bewerkstelligt werden kann (eine entsprechende Personalausstattung vorausgesetzt). Wenn auch die UVP auf den ersten Blick als Mehrarbeit erscheinen mag, so ist zu bedenken, daß durch ein solches Vorgehen ggf. Leerplanungen und das Wiederaufnehmen von schlecht abgewogenen Verfahren vermieden werden kann. Eine frühzeitige Konfliktermittlung, deren Erörterung und insbesondere ihre Bereinigung tragen dazu bei. Des weiteren ist die Mehrarbeit weitgehend davon abhängig, inwieweit die UVP-Durchführung **routinemäßig** stattfindet und alle Beteiligten eine gewisse Professionalisierung erlangen. Die Formalisierung und verbindliche Dokumentation des Planungs- und Prüfungsfortgangs kann zudem aufwendige Rücksprachen und das erneute "Aufrollen" bereits abgehandelter Diskussionspunkte vermeiden. Dieser Aspekt ist in der Planungspraxis nicht ganz unbedeutend, da sich durch Terminschwierigkeiten oder im Krankheits- oder Urlaubsfall die beteiligten Fachamtsvertreter vertreten lassen müssen. Der verwaltungsinterne Zeit- und Effektivitätsgewinn schlägt sich nicht zuletzt auch finanziell nieder.

Im Rahmen der Abgabe der Fachstellungnahme können bei dringlich erforderlichen Beurteilungsgrundlagen spezielle Fachgutachten (z.B. floristisch-ökologische Bestandaufnahmen, hydrologische Untersuchungen u.ä.) vergeben werden. Ihre Finanzierung erfolgt aus Planungsmitteln.

BECHMANN (1984, S. 138) veranschlagt im übrigen die Kosten für eine UVP auf "in der Regel nicht mehr als 0,5 % bis 1 % des jeweiligen Vorhabens". Als Gegenleistung für eine wirkungsvolle Umweltvorsorge, die nicht zuletzt auch spätere teure Umweltreparaturkosten vermeiden kann, scheint der oft vordergründig angeführte finanzielle Mehraufwand nicht zu hoch zu sein.

4.3.5 Die Komponente der Öffentlichkeitsbeteiligung

In Art. 6 Abs. 2 sowie in Art. 9 der RICHTLINIE DER EUROPÄISCHEN GEMEINSCHAFT (1985) ist die öffentliche Zugänglichkeit sowie die Äußerungsmöglichkeit der von einem Projekt betroffenen Öffentlichkeit zur UVP festgelegt. Die Gestaltung der Öffentlichkeitsbeteiligung im Rahmen einer UVP zur Bebauungsplanung bedarf im Prinzip einer eigenständigen Untersuchung, die über den Rahmen dieser Ausarbeitung hinausgeht. Da die UVP aber wesentlich auch auf eine Planungstransparenz für den Bürger abzielt und ihre Wirksamkeit nicht zuletzt auch von einer intensiven Öffentlichkeitsarbeit abhängt, soll zumindestens kurz auch auf diese Komponente eingegangen werden.

Die Öffentlichkeitsbeteiligung im Bebauungsplanverfahren ist im BBauG rechtsverbindlich geregelt (vgl. Kap. 2.4.1.7). Die praktizierten Beteiligungsverfahren sind ähnlich komplex wie die Planungsverfahren selbst (vgl. dazu HALBERSTADT 1981). Ziel sollte dabei sein, die Entscheidungsqualität zu verbessern, dem unmittelbar Betroffenen einen vorbeugenden Rechtsschutz zu gewähren und über die Befriedigung der Bürgerinteressen einen Konsens und hohe Akzeptanz zu erreichen.

Um in diesem Sinne wirksam zu sein, ist die Bürgerbeteiligung so zu gestalten, daß sie rechtzeitig und dem Problem angemessen durchgeführt wird. Dazu bedarf es klarer Bestimmungen einerseits sowie hinreichender Flexibilität andererseits. In diesem Rahmen ist es m.E. auch aus nachfolgenden Gründen empfehlenswert, sich nicht an den Mindestanforderungen der Öffentlichkeitsarbeit zu orientieren, sondern diese vielmehr so intensiv wie möglich zu betreiben:

1. Die Unklarheit von Informationen oder ihr bewußtes "Hinter-dem-Berg-Halten" (auch wenn letzteres für den Bürger nur sehr vage erkennbar wird) verstärken eine vorhandene Abneigung gegen ein Planungsvorhaben und steigern den Unmut.
2. Das Gefühl der Ohnmacht gegenüber Politik und Verwaltung verhindert eine Kompromiß-, Mitwirkungs- und Verständnisbereitschaft. Eine oppositionelle Haltung wird gefördert.
3. Die für den Planer und Politiker wichtige Rückkopplung versagt; der Bürger fällt als "Stimmungsfühler" aus.
4. Die Konfliktaustragung verlagert sich auf eine schwieriger zu kontrollierende außerparlamentarische Ebene.
5. Ggf. eingeleitete juristische Schritte verzögern (oder verhindern) die Realisierung des Planungsvorhabens.
6. Bauherren nehmen u.U. Abstand vom Planungsvorhaben, politische "Ränkespiele" stellen das gesamte Projekt in Frage.

Um der angeführten Entwicklung entgegenzutreten, muß es demnach vielmehr darauf ankommen, neben den institutionalisierten klassischen Rückmeldesystemen zwischen Politik und Verwaltung ein funktionierendes Rückmeldesystem auch mit dem Bürger aufzubauen und zu verstärken. Für einen kontinuierlichen Dialog ist es somit notwendig, eine mehrstufige Bürgerbeteiligung durchzuführen, so daß bereits in frühem Planungsstadium eine erste Anhörung durchgeführt wird (sofern vorhanden unter Vorstellung von Alternativen). Dabei dürfen nicht schon wesentliche Entscheidungen gefallen sein. Dies bringt der Rat von Sachverständigen für Umweltfragen in seinem UMWELTGUTACHTEN (1978, S. 465) zum Ausdruck mit seiner Feststellung:

"Die Bereitschaft, auch persönlich schmerzliche Planungsentscheidungen zu akzeptieren, hängt wesentlich davon ab, ob die Betroffenen das Gefühl haben, daß ihre Interessen wirklich gewürdigt worden sind. Dies setzt ein Planungsverfahren voraus, in dem grundlegende Vorentscheidungen

Öffentlichkeitsbeteiligung

nicht bereits gefallen sind, bevor der Bürger gehört wird, sondern in dem dieser im Gespräch über die möglichen Alternativen sowohl die Grenzen als auch den noch offen gebliebenen Spielraum für eine optimale Lösung kennenlernt."

Neben der im Bebauungsplanverfahren vorgesehenen formellen Bürgerbeteiligung (Stufe der Einbringung formeller Anregungen und Bedenken, bei der auch die UVP Bestandteil der Planoffenlegung sein soll), sind nach Möglichkeit und je nach Problemlage auch weitere Beteiligungsmöglichkeiten einzurichten, wobei die den Planungsprozeß begleitende UVP zusammen mit den Planentwürfen bekanntgemacht wird. Damit wird im Sinne einer wirklichen Partizipation dem Bürger die Möglichkeit eröffnet, sich nicht nur zum Plan selbst, sondern auch zu den durchgeführten Untersuchungen zur Umweltverträglichkeit zu äußern. Nur so werden unter der Voraussetzung, daß die UVP in ihrer Sprache und Darstellung sowie insbesondere in ihrer Bewertungskomponente nachvollziehbar angelegt ist, die Betroffenen nicht nur formell, sondern auch inhaltlich in das Planungsverfahren einbezogen. Nur so ist im Hinblick auf den Umweltschutz eine weitgehende Konsensfindung zu erzielen. Dabei muß auch ein gewisses Maß an Reibung zugelassen werden, insbesondere in der Erkenntnis, daß nicht allein die fachlich optimierte Lösung die im kommunalpolitischen Leben beste Lösung ist. Die UVP kann allerdings wesentlich dazu beitragen, der Diskussion in Umwelthinsicht Struktur zu verleihen durch Lieferung von handfesten Argumenten, durch Offenlegung von Bewertungen und durch fundierte, substanzerfüllte Alternativenvergleiche.

Das Bebauungsplanverfahren wird damit für alle im Umweltschutz Betroffenen, seine Interessen vertretenden oder an ihm Interessierten[73] geöffnet, womit die Gefahr der Einseitigkeit von Entscheidungen vermindert wird. Zwei oft als gegenläufig bezeichnete generell wünschenswerte Tendenzen mit den Schlagwörtern "mehr Wissenschaft" und "mehr Demokratie" wären ein Stückchen mehr "unter einen Hut" gebracht zum Nutzen aller. Wenn "mehr Wissenschaft" ebenfalls "mehr Wissen" beinhaltet, dann ist hoffentlich der Weg nicht mehr weit zu "mehr Bewußtsein" für die Umweltbelange (vgl. Kap. 5).

---

[73] Auf die besondere Rolle von sachkundigen Bürgern, Bürgerinitiativen und Natur- und Umweltschutzvereinen, -verbänden u.ä. kann hier nicht näher eingegangen werden. Unter der sicherlich begründeten Annahme, daß die Umweltschutzverbände die Umweltschutzbemühungen und -interessen eines großen Teils der Bevölkerung vertreten, ist zu überlegen, ob man ihnen nicht eine besondere Beteiligungsmöglichkeit an der UVP einräumen kann. Eine generelle Stärkung ihrer Position kann sicherlich mit der umstrittenen Einführung der Verbandsklage erreicht werden.

Schlußbemerkung

5. Schluß

Das hier vorgestellte Verfahren hat die kommunale Bauleitplanung, die Umweltverträglichkeitsprüfung sowie die Eingriffsregelung und das Verursacherprinzip vereint. Das rechtlich begründete und an der Planungspraxis orientierte Vorgehen dürfte somit geeignet sein, einen sinn- und verantwortungsvollen, institutionalisierten **vorsorgenden** Umweltschutz zu betreiben, der nicht allgemein zum Verhinderungsfaktor kommunalen Handelns wird, sondern zu einem gleichberechtigten Abwägungselement im gesamtpolitischen Entscheidungsprozeß. Die UVP verhindert daher nicht, sich gesamtpolitisch gegen den Umweltschutz zu entscheiden, allerdings dann unter Vorliegen der erhobenen, bewerteten und transparent aufbereiteten Abwägungsfakten, das heißt, nach "sauberer" Abwägung. Die Chance des vorbeugenden Umweltschutzes liegt somit entscheidend in der Entwicklung des Umweltbewußtseins. Hierzu bedarf es einerseits aber auch der Umweltverträglichkeitsprüfung, die bei konkreten Vorhaben Umweltbelange fachlich aufbereiten und allgemein verständlich vermitteln soll. Der UVP-Kreis[74] schließt sich mit der UVP als einem Instrument zur Umweltbewußtseinsbildung (s. Abb. 22).

Auf eine Kommune bezogen, bedeutet das Kreismodell: eine UVP ist nur dann durchführbar und erfüllt den von ihr erwünschten Zweck einer echten Entscheidungsvorbereitung, wenn sie einem Umweltbewußtsein entspricht, das heißt, wenn sie von der Verwaltungsführung und der Verwaltung ernsthaft gewollt und getragen wird sowie von den Kommu-

---

[74] Genau genommen handelt es sich um eine UVP-Spirale, die sich zugunsten des Umweltschutzes hochzuschrauben vermag. Deutlich wird im Bild, wie wichtig ein Anfang, ein vorsichtiger, vielleicht auch nicht in jeder Hinsicht perfekter Einstieg in das Verfahren ist. Er ist besser, als kein Einstieg.

Schlußbemerkung

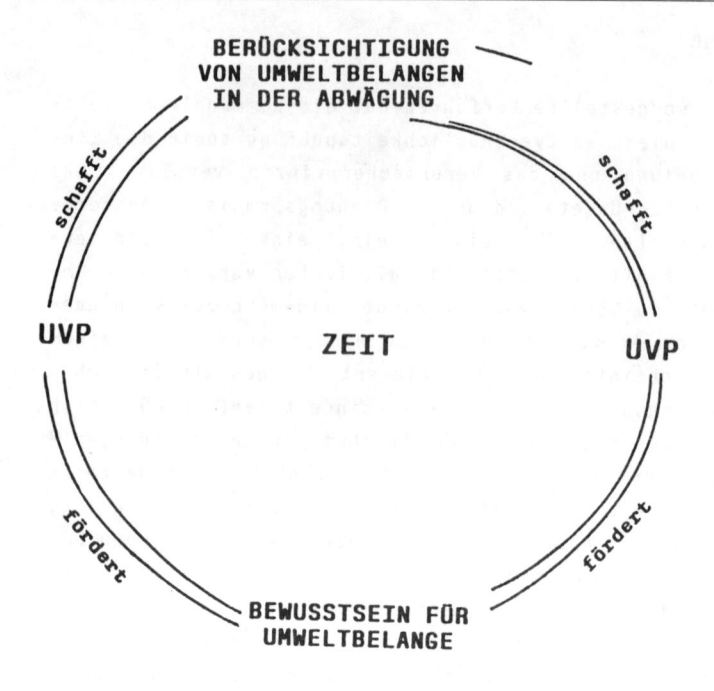

```
        BERÜCKSICHTIGUNG
        VON UMWELTBELANGEN
        IN DER ABWÄGUNG

   schafft                    schafft

UVP            ZEIT              UVP

   fördert                    fördert

        BEWUSSTSEIN FÜR
        UMWELTBELANGE
```

Abb. 22: UVP und Bewußtsein

nalpolitikern gewünscht ist, um sich im Sinne des Umweltschutzes für eine lebenswerte Zukunft zu entscheiden. Unsere Kinder werden es uns danken.

6. Quellenangaben

Im folgenden sind im wesentlichen die im Text angegebenen Fundstellen aufgeführt. Weiterführende Literatur zur stadtökologischen Grundlagenforschung sowie ökologisch-orientierten Stadtplanung und Umweltverträglichkeitsprüfung s. BRAUN/KAERKES (1985).

ABFALLBESEITIGUNGSGESETZ:
Gesetz über die Beseitigung von Abfällen (Abfallbeseitigungsgesetz - AbfG) vom 7.6.1972 (BGBl. I S. 873) i.d.F. der Bekanntmachung vom 5.1.1977 (BGBl. I S. 41, berichtigt S. 299), zuletzt geändert durch Gesetz vom 181.2.1986 (BGBl. I S. 265)
4. Novelle tritt am 1.11.86 in Kraft.

ABSTANDERLASS NW:
Abstände zwischen Industrie- bzw. Gewerbegebieten und Wohngebieten im Rahmen der Bauleitplanung (Abstandserlaß)
Rd.Erl. des Ministers für Arbeit, Gesundheit und Soziales des Landes Nordrhein-Westfalen vom 9.7.1982 (MBl. NW S. 1 376, SMBl. NW 2 311)

ABGRABUNGSGESETZ:
Bekanntmachung der Neufassung des Gesetzes zur Ordnung von Abgrabungen (Abgrabungsgesetz) vom 24.11.1979 (GV. NW S. 922)

ABWASSERABGABENGESETZ:
Gesetz über Abgaben für das Einleiten von Abwasser in Gewässer (Abwasserabgabengesetz - AbwAG) vom 13.9.1976 (BGBl. I S. 2721, ber. S. 3007)

ADAM, K. und T. GROHE (Hrsg.) (1984):
Ökologie und Stadtplanung. Köln

ALBERS, G. (1983 a):
Wesen und Entwicklung der Stadtplanung.
In: Akademie für Raumforschung und Landesplanung (Hrsg.):
Grundriß der Stadtplanung, Hannover, S. 2-35

ALBERS, G. (1983 b):
Zur Verknüpfung der Einzelaspekte.
In: Akademie für Raumforschung und Landesplanung (Hrsg.):
Grundriß der Stadtplanung, Hannover, S. 135-141

AULIG, G. u.a. (1977):
Wissenschaftliches Gutachten zu ökologischen Planungsgrundlagen im Verdichtungsraum Nürnberg - Fürth - Erlangen - Schwabach. Lehrstuhl für Raumforschung und Landesplanung TU München, München

BACHFISCHER, R. (1978):
Die ökologische Risikoanalyse, eine Methode zur Integration natürlicher Umweltfaktoren in die Raumplanung - operationalisiert und dargestellt am Beispiel der Bayerischen Planungsregion 7 (Industrieregion Mittelfranken). Diss. TU München

Quellenangaben

BACHFISCHER, R. (1979):
Zum Problem der Bestimmung ökologischer Belastung.
In: Raumforschung und Raumordnung 37, (1), S. 49-53

BACHFISCHER, R. u.a. (1980):
Die ökologische Risikoanalyse als Entscheidungsgrundlage für die räumliche Gesamtplanung - dargestellt am Beispiel der Industrieregion Mittelfranken.
In: Buchwald, K. u. W. Engelhardt (Hrsg.): Handbuch für Planung, Gestaltung und Schutz der Umwelt, Bd. 3, München, S. 524-545

BACHFISCHER, R. und J. DAVID (1981):
Die ökologische Risikoanalyse als Instrument zur Umsetzung ökologischer Anforderungen in die Planung.
In: Umweltschutz der 80er Jahre, Beiträge zur Umweltgestaltung, H.B 14, Dortmund, S. 82-89

BAUNUTZUNGSVERORDNUNG (BauNVO):
Verordnung über die bauliche Nutzung der Grundstücke (Baunutzungsordnung - BauNVO -) in der Fassung der Bekanntmachung vom 15. Sept. 1977

BARTH, H.-G. (1984):
Instrumentalisierung der Raumordnungspolitik durch Vorranggebiete?
In: Landschaft und Stadt 16, (3), S. 182-189

BECHMANN (1978):
Nutzwertanalyse, Bewertungstheorie und Planung.
Beiträge zur Wissenschaftspolitik, Bd. 29, Bern/Stuttgart

BECHMANN, A (1980):
Die Nutzwertanalyse der 2. Generation - Unsinn, Spielerei oder Weiterentwicklung?
In: Raumforschung und Raumordnung 38, (4), S. 167-173

BECHMANN, A. (1984):
Leben wollen. Anleitung für eine neue Umweltpolitik. Köln

BECKER-PLATEN, J.D. und G. LÜTTIG (1980):
Naturraumpotentialkarten als Unterlagen für Raumordnung und Landesplanung.
In: Akademie für Raumforschung und Landesplanung, Arbeitsmaterial Nr. 27, Hannover

BEIRAT FÜR NATURSCHUTZ UND LANDSCHAFTSPFLEGE (Hrsg.) (1985):
Umweltverträglichkeitsprüfung für raumbezogene Planungen und Vorhaben.
Stellungnahme des Beirats für Naturschutz und Landschaftspflege beim Bundesminister für Ernährung, Landwirtschaft und Forsten.
Schriftenreihe des Bundesministers für Ernährung, Landwirtschaft und Forsten, Reihe A: Angewandte Wissenschaft, Heft 313, Münster-Hitrup

BETEILIGUNGSERLASS NW:
Die Beteiligung an der Bauleitplanung (Beteiligungserlaß) Rd. Erl. des Ministers für Landes und Stadtentwicklung vom 16.7.1982 (MBl. NW S. 1 375, SMBl. NW 2 311)

Quellenangaben

BIELENBERG (1981):
Kommentar zum BBauG. München

BIERHALS, E., KIEMSTEDT, E. und H. SCHARPF (1974):
Aufgaben und Instrumentarium ökologischer Landschaftsplanung.
In: Raumforschung und Raumordnung 32, (2), S. 76-88

BIERHALS, E. (1978):
Ökologischer Datenbedarf für die Landschaftsplanung.
In: Landschaft und Stadt 10, S. 30-36

BICK, H. u.a. (1984):
Angewandte Ökologie. Mensch und Umwelt, Bd. I und II,
Stuttgart/New York

BOESLER, F. u.a. (1976):
Problemanalyse der kommunalen Umweltsituation einer Großstadt (Kommentar Umwelt-Atlas Stuttgart).
In: structur 8, S. 187-188

BRAUN, R.-R. (1985):
Ökologische Stadtplanung - aber wie?
In: Dokumente und Informationen zur Schweizerischen Orts-, Regional- und Landesplanung (DISP), hrsg. vom Institut für Orts-, Regional- und Landesplanung der ETH Zürich, 80/81, S. 42-47

BRAUN, R.-R. (1985):
Beruf: Kommunaler Umweltschutzbeauftragter.
In: Das Rathaus 38, (6), S. 267-271

BRAUN, R.-R. und W. KAERKES (1985):
Bibliographie zur Stadtökologie und ökologischen Stadtplanung. Materialien zur Raumordnung Bd. XXXI, Bochum

BRÖSSE, U. (1981):
Funktionsräumliche Arbeitsteilung, Funktionen und Vorranggebiete.
In: Akademie für Raumforschung und Landesplanung, Forschungs- und Sitzungsberichte 138, Hannover, S. 15-23

BUCHWALD, K. (1977):
Die Bedeutung des Themenkreises Mehrfachnutzung, Risikoanalyse und Vorranggebiete für ökologisch orientierte Raumordnung.
In: Arbeitsmaterial der Akademie für Raumforschung und Landesplanung, Nr. 2, Hannover, S. 1-9

BUCHWALD, K. (1980):
Aufgabenstellung ökologisch-gestalterischer Planungen im Rahmen umfassender Umweltplanung.
In: Buchwald, K. und W. Englhardt (Hrsg.): Handbuch für Planung, Gestaltung und Schutz der Umwelt, Bd. 3, München/Bern/Wien, S. 1-26

BUCHWALD, K. und W. ENGELHARDT (Hrsg.) (1980):
Handbuch für Planung, Gestaltung und Schutz der Umwelt.
4 Bde., München/Bern/Wien

Quellenangaben

BUNDESBAUGESETZ (BBauG):
vom 23.6.1960 (BGBl. I S. 341) i.d.F. der Bekanntmachung vom 18.8.1976 (BGBl. I S. 2 256, 3 617), zuletzt geändert durch Gesetz vom 6.7.1979 (BGBl. I S. 949)

BUNDESFERNSTRASSENGESETZ:
Bundesfernstraßengesetz vom 6.8.1961 in der Fassung vom 1.10.1976 (BGBl. I S. 2413)

BUNDES-IMMISSIONSSCHUTZGESETZ:
Gesetz zum Schutz von schädlichen Umwelteinwirkungen durch Luftverunreinigungen, Geräusche, Erschütterungen und ähnliche Vorgänge (Bundes Immissionsschutzgesetz - BImSchG) vom 15.3.1974 (BGBl. I S. 721, 1 193), zuletzt geändert durch Artikel 1 des Gesetzes vom 4.10.1985 (BGBl. I S. 1950)

BUNDESKLEINGARTENGESETZ:
Bundeskleingartengesetz (BKleinG) vom 28.2.1983 (BGBl. I S. 210)

BUNDESMINISTER FÜR RAUMORDNUNG, BAUWESEN UND STÄDTEBAU (Hrsg.) (1985):
Entwurf vom 15.8.85: Gesetz über das Baugesetzbuch, einschließlich Begründung, Bonn

BUNDESNATURSCHUTZGESETZ:
Gesetz über Naturschutz und Landschaftspflege (Bundesnaturschutzgesetz - BNatSchG) vom 20.12.1976 (BGBl. I S. 3574), 1977 (BGBl. I S. 650), geändert durch Gesetz vom 1.6.1980 (BGBl. I S. 649)

BUNDESRAUMORDNUNGSPROGRAMM:
Raumordnungsprogramm für die großräumige Entwicklung des Bundesgebietes (BROP) von der Ministerkonferenz für Raumordnung am 14.2.1975 beschlossen. SchrRRO 06.002 des Bundesministers für Raumordnung, Bauwesen und Städtebau, Bonn

BUNDESWALDGESETZ:
Gesetz zur Erhaltung des Waldes und zur Förderung der Forstwirtschaft (Bundeswaldgesetz - BWaldG) vom 2.5.1975 (BGBl. I S. 1037)

BUNGE, T. (1986):
Die Umweltverträglichkeitsprüfung im Verwaltungsverfahren. Bundesanzeiger 38, Nr. 145 a, Köln

BURHENNE, W. (Hrsg.):
Umweltrecht. Systematische Sammlung der Rechtsvorschriften des Bundes und der Länder, Loseblattsammlung, Berlin

CHEVALLERIE de la, H. (1984):
Landschaftsplanung als Umweltschutzaufgabe.
In: Das Gartenamt 33, (8), S. 519-525

DAHL, J. (1982):
Denkstück (1), Ökologie pur.
In: Natur, (12), S. 74-79

Quellenangaben

DEPONIEGUTACHTEN HAGEN (1985):
Deponiegutachten Hagen - Ermittlung und Beurteilung von Deponiestandorten Teil I: raumbezogene Verträglichkeitsprüfung (unveröffentlichtes Gutachten), erstellt im Auftrag der Stadt Hagen durch Sporbeck, O. und N. Froelich

DEUTSCHE AKADEMIE FÜR STÄDTEBAU UND LANDESPLANUNG, INSTITUT FÜR STÄDTEBAU UND WOHNUNGSWESEN (Hrsg.) (1982):
Landschaftsplanung und Bauleitplanung. Erfahrungen und Perspektiven. Referatesammlung zum 155. Kurs des Instituts für Städtebau Berlin, Institut für Städtebau Berlin der Deutsche Akademie für Städtebau und Landesplanung
Bd. 28, Berlin

DIN 18005 (1971):
(Vornorm) Blatt 1: Schallschutz im Städtebau, Hinweise für die Planung. Hrsg. vom Deutschen Normenausschuß, Berlin

DIN 18005 (1976):
(Entwurf): Teil 1: Schallschutz im Städtebau, Berechnungs- und Bewertungsgrundlagen. Hrsg. vom Deutschen Institut für Normung, Berlin

EBERLEI, B. und E. GEISLER (1983):
Zur Umweltverträglichkeitsprüfung bei geplanten Gebäudekomplexen.
In: Landschaft und Stadt 15, (1), S. 16-33

EHRLICH, P.R., EHRLICH, A.H. und J.P. HOLDREN (1975):
Humanökologie. Übersetzt und bearbeitet von H. Remmert, Berlin/Heidelberg/New York

ELLENBERG, H. (1973):
Ökosystemforschung. Berlin/Heidelberg/New York

ELLENBERG, H. (1977):
Mensch und Umwelt im Programm der UNESCO.
In: Stadtökologie: Bericht über ein Kolloquium der Deutschen UNESCO-Kommission, veranstaltet in Zusammenarbeit mit der Werner-Reimers Stiftung vom 23.-26. Febr. 1977 in Bad Homburg, München, S. 12-18

ELTON, C.S. (1958):
The ecology of invasisions by animals and plants. London

ERIKSEN, W. (1983):
Die Stadt als urbanes Ökosystem. Fragenkreise Paderborn, Paderborn/München

ERNST-ZINKHANN-BIELENBERG:
Kommentar zum Bundesbaugesetz. Loseblattsammlung, München

ERZ, W. (1978):
Probleme der Integration des Naturschutzgesetzes in Landnutzungsprogramme.
In: TUB 2, Zeitschrift der TU Berlin, (10), S. 11-19

Quellenangaben

ERZ, W. (1980):
Naturschutz - Grundlagen, Probleme und Praxis.
In: Buchwald, K. und W. Engelhardt (Hrsg.): Handbuch für Planung, Gestaltung und Schutz der Umwelt, Bd. 3, München/Bern/Wien, S. 560-637

FELDHAUS, G. (1982):
Entwicklung und Rechtsnatur von Umweltstandards.
In: Umwelt- und Planungsrecht 5, S. 137-147

FINKE, L. u.a. (1976):
Zuordnung und Mischung von bebauten und begrünten Flächen. Schriftenreihe "Städtebauliche Forschung" des Bundesministers für Raumordnung, Bauwesen und Städtebau, Heft 03.044, Bonn

FINKE, L. (1977):
Der mögliche Beiträg der Geographie zur Umweltgüteplanung.
In: Lob, R.E. und H.W. Wehling (Hrsg.): Geographie und Umwelt, Meisenheim am Glan, S. 78-97

FINKE, L. (1978):
Der ökologische Ausgleichsraum - plakatives Schlagwort oder realistisches Planungskonzept?
In: Landschaft und Stadt 10, (3), S. 114-119

FINKE, L. u.a. (1981a):
Umweltgüteplanung im Rahmen der Stadt- und Stadtentwicklungsplanung. Akademie für Raumforschung und Landesplanung, Arbeitsmaterial Nr. 51, Hannover

FINKE, L. (1981b):
Stellungnahme zu den Konzepten "Großräumige Zuweisung von Funktionen" und "Funktionsräumliche Arbeitsteilung im Bundesgebiet" aus ökologischer Sicht.
In: Akademie für Raumforschung und Landesplanung (1981): Strategien des regionalen Ausgleichs und der großräumigen Arbeitsteilung, Beiträge Bd. 57, Hannover

FINKE, L. (1983):
Ökologische Theorieansätze.
In: Kühling, W. und G. Wegener (1983): Umweltgüteplanung, Dortmunder Beiträge zur Raumplanung 29, Dortmund,
S. 37-41

FINKE, L. (1984):
Landschaftsökologie und räumliche Planung.
In: Verhandlungen des Deutschen Geographentages Bd. 44, Stuttgart,
S. 123-132

FLURBEREINIGUNGSGESETZ:
Flurbereinigungsgesetz (FlurbG)
vom 14.7.1953 (BGBl. I S. 591) i.d.F. der Bekanntmachung vom 16.3.1976 (BGBl. I S. 546), zuletzt geändert durch Gesetz vom 17.12.1982 (BGBl. I S. 1 777)

Quellenangaben

FORRESTER, J.W. (1971):
Planung unter dem dynamischen Einfluß komplexer sozialer Systeme.
In: Politische Planung in Theorie und Praxis, München

FORRESTER, J.W. (1972):
Grundsätze einer Systemtheorie. Wiesbaden

FREIFLÄCHENPLAN HAGEN (1982):
Freiflächenplan Hagen, erstellt im Auftrage des Kommunalverbandes
Ruhrgebiet - Abt. Landschaftspflege in Zusammenarbeit mit der Stadt
Hagen

GEIGER, M. (1977)
Veränderungen des Mesoklimas durch Siedlungen im Raum Neustadt/Weinstraße.
In: Erdkunde 31, S. 24-33

GEISLER, W. (1982):
Umweltverträglichkeitsprüfung und kommunale Entwicklungsplanung.
Diplom-Arbeit an der Universität Dortmund, Abteilung Raumplanung
(Masch.)

GEMEINDEORDNUNG NW:
Gemeindeverordnung für das Land Nordrhein-Westfalen in der Fassung
des Gesetzes zur Änderung der Gemeindeordnung, der Kreisordnung und
anderer Kommunalverfassungsgesetze des Landes NW vom 29.5.1986

GERBERSMANN, C. und H. LANGE (1984):
Vorschläge zu einem kommunalen Maßnahmenkatalog Umweltschutz für
politische Parteien in Hagen. Hagen/Hannover

GESETZ ZUR LANDESENTWICKLUNG/LANDESENTWICKLUNGSPROGRAMM:
vom 19.3.1974 (GV NW S. 96/SGV NW 230)

GIGON, A. (1974):
Ökosystem; Gleichgewichte und Störungen.
In: Leibundgut, H. (Hrsg.): Landschaftsschutz und Umweltpflege,
Stuttgart

GIGON, A. (1980):
Konkurrenz und Koexistenz in alpinen Rasen bei Davos (Schweiz). Vortrag 10. Jahreshauptversammlung der Ges. f. Ökologie, Sept. 1980,
Berlin

GRIME, J.P. (1979):
Plant strategies and vegetation processes. Chicester/New York/Brisbane/Toronto

GRUNDGESETZ:
Grundgesetz für die Bundesrepublik Deutschland vom 23.5.1949 (BGBl.
I S. 1)

GRUNDSÄTZE DES BUNDES (1975):
Grundsätze für die Prüfung der Umweltverträglichkeit öffentlicher
Maßnahmen des Bundes - Bek. d. BMI v. 12.9.1975 - UI1 - 500 110/9
(GMBl. S. 717)

Quellenangaben

HAASE, G. (1973):
Bemerkungen zu Zielsetzungen und Inhalt eines Forschungsprogrammes zur Thematik "Geoökologische Grundlagen der Planung komplexer landeskultureller Maßnahmen" (Vortrag, Nov. 1971).
In: Mitteilungsblatt Nr. 2 der Fachsektion Physische Geographie der geographischen Gesellschaft der DDR (Bericht von J.F. Gelbert), Leipzig

HAASE, G. u.a. (1974):
Problemdiskussion in Potsdam (16./17.10.1974) unter Leitung von G. Haase sowie unter Mitwirkung von A. Bernhardt, K.-D. Jäger, D. Knothe, A. Kopp und K. Mannsfeld

HABER, W. (1971):
Landschaftspflege durch differenzierte Bodennutzung.
In: Bayerisches Landwirtschaftliches Jahrbuch 48, Sonderheft 1, S. 19-35

HABER, W. (1972):
Grundzüge einer ökologischen Theorie der Landnutzung.
In: Innere Kolonisation, (11), S. 294-298

HABER, W. (1979a):
Ökologisches Denken und Handeln.
In: Forstw. Cbl. 98, S. 126-139

HABER, W. (1979b):
Theoretische Anmerkungen zur ökologischen Planung.
Verh. d. Ges. f. Ökologie, Kiel

HABER, W. (1979c):
Über Landschaftspflege.
In: Landschaft und Stadt 16, (4), S. 193-199

HAEUPLER, H. (1976):
Die verschollenen und gefährdeten Gefäßpflanzen Niedersachsens. Ursache ihres Rückgangs und zeitliche Fluktuation der Flora. Sekr. R. f. Vegetationskunde 10

HALBERSTADT, R. (1981):
Bürgerbeteiligung im Fachplanungsrecht.
In: Informationen zur Raumentwicklung, (1/2), S. 27-34

HAMPICKE, U. (1979):
Ökologie und Umweltideologie. Materialien zur Sozialökologie, Kassel

HARD, G. (1973):
Die Geographie - Eine wissenschaftliche Einführung.
In: Sammlung Göschen, Bd. 9001, Berlin/New York

HELLY, W. (1975):
Urban Systems Modells. New York, San Francisco, London

HENNEKE, J. (1977):
Raumplanerische Verfahren und Umweltschutz unter besonderer Berücksichtigung der planerischen Umweltverträglichkeit, Beiträge zum Siedlungs- und Wohnungswesen und zur Raumplanung Bd. 40, Münster

Quellenangaben

HINZEN, A. u.a (1983):
Umweltqualität und Wohnstandorte - Ratgeber für die Bebauungsplanung. Hrsg. vom Umweltbundesamt, Wiesbaden/Berlin

HOLLING, C. (1972):
Resilience and stability of ecological systems. Ann. Rev. Ecol. and Systematics 4

HÜBLER, K.-H. (1977):
Die Notwendigkeit größerer Vorranggebiete.
In: Akademie für Raumforschung und Landesplanung, Arbeitsmaterial Nr. 2, S. 20-27

INSTITUT FÜR ORTS-, REGIONAL- UND LANDESPLANUNG, ETH ZÜRICH (Hrsg.) (1980):
Ökologie in der Raumplanung. Sondernummer, Dokumente und Informationen zur Schweizerischen Orts-, Regional- und Landesplanung: DISP-Nr. 59/60

INSTITUT FÜR ORTS-, REGIONAL- und LANDESPLANUNG, ETH ZÜRICH (Hrsg.) (1985):
A Review of Environmental Impact Assessment Methodologies in the United States. Berichte zur Orts-, Regional- und Landesplanung, Sept. 1982, Nr. 42, 2. Aufl. 1985, Zürich

JACOBS, J. (1963):
Tod und Leben großer amerikanischer Städte. Bauwelt Fundamente 4, Berlin

JÄGER, K.-D. und K. HRABOWSKI (1976):
Zur Strukturanalyse von Anforderungen der Gesellschaft an den Naturraum, dargestellt am Beispiel des Bebauungspotentials.
In: Petersmanns Geographische Mitteilungen 1, S. 29-37

JANSEN, U. (1984):
Die Praxis der Eingriffsregelung - dargestellt anhand von Erfahrungen aus niedersächsischen Naturschutzbehörden. Diplomarbeit am Inst. f. Landschaftspflege und Natur- schutz der Universität Hannover

KARPE, H.-J. u.a. (1979):
Vorschläge zur besseren Einbindung des Umweltschutzes in den kommunalen Planungs- und Politikvollzug. Hrsg. v. Institut für Umweltschutz der Universität Dortmund, DFG-Forschungsauftrag, INFU-Werkstattreihe Heft 2, Dortmund

KATTMANN, U. (1978):
Humanökologie zwischen Biologie und Humanwissenschaften, dargestellt am Beispiel des Ökosystemkonzeptes.
In: Verh. d. Ges. f. Ökol., Kiel 1977

KAULE, G. (1977):
Ökologische Raumplanung.
In: Akademie für Raumforschung und Landesplanung (Hrsg.): Daten zur Raumplanung (unveröff. Manuskript)

Quellenangaben

KAULE, G. u.a. (1979):
Auswertung der Kartierung schutzwürdiger Biotope in Bayern, Allgemeiner Teil - Außeralpine Naturräume.
In: Bayerisches Landesamt für Umweltschutz (Hrsg.): Schutzwürdige Biotope in Bayern, Heft 1, München

KAULE, G. u.a. (1980):
Auswertung der Kartierung schutzwürdiger Biotope in Bayern. Hrsg. v. Bayerischen Landesamt für Umweltschutz, München/Wien

KLINK, H.-J. (1975):
Geoökologie - Zielsetzungen, Methoden und Beispiele.
In: Verh. d. Ges. f. Ökologie (Erlangen 1974), Bd. III, The Hague 1975, S. 211-223

KLINK, H.-J. (1980):
Geoökologie.
In: Geographie und Schule 2, (8), 12, S. 3-11

KLINK, H.-J. (1981):
Ökologische Raumgliederung aus geographischer Sicht.
In: Olschowy, G. (Hrsg.): Natur- und Umweltschutz in der Bundesrepublik Deutschland, Bd. 1, Hamburg/Berlin, S. 55-68

KOLODZIEJCOK, K.-G. u. J. RECKEN (1977):
Naturschutz und Landschaftspflege, Ergänzbarer Kommentar. Berlin

KOMMUNALE GEMEINSCHAFTSSTELLE FÜR VERWALTUNGSVEREINFACHUNG (KGSt) (Hrsg.) (1985):
Organisation des kommunalen Umweltschutzes. Köln

KOMMUNALE GEMEINSCHAFTSSTELLE FÜR VERWALTUNGSVEREINFACHUNG (KGSt) (Hrsg.) (1986):
Berichtsentwurf: Organisation von Umweltverträglichkeitsprüfungen. Unveröff. Manuskript

KRAUSE, CH. L. (1977):
Ökologische Grundlagen für Planung. Hrsg. v. d. Bundesforschungsanstalt für Naturschutz und Landschaftsökologie, Schriftenreihe für Landschaftspflege und Naturschutz, Heft 14, Bonn-Bad Godesberg

KRAUSE, CH. L. u. H. HENKE (1980):
Wirkungsanalyse im Rahmen der Landschaftsplanung. Schriftenreihe für Landschaftspflege und Naturschutz der Bundesforschungsanstalt für Naturschutz und Landschaftsökologie, H. 20, Bonn-Bad Godesberg

KREEB, K.-H. (1979):
Ökologie und menschliche Umwelt. Stuttgart

KÜHLING, W. u. G. WEGENER (1983):
Umweltgüteplanung. Dortmunder Beiträge zur Raumplanung 29, Dortmund

LANDESBAUORDNUNG NW:
Bekanntmachung der Neufassung der Bauordnung für das Land Nordrhein-Westfalen -Landesbauordnung- (BauONW) vom 27.1.1970 (GV. NW S. 96, berichtigt 1971, S. 331), zuletzt geändert 18.5.1982 (GV. NW S. 248)

Quellenangaben

LANDSCHAFTSGESETZ NW:
Bekanntmachung der Neufassung des Gesetzes zur Sicherung des Naturhaushalts und zur Entwicklung der Landschaft (Landschaftsgesetz - LG) vom 26.6.1980 (GV. NW S. 734) zuletzt geändert durch Gesetz vom 19.3.1985

LEITL, U. (1986):
Grundsätze für die Prüfung der Umweltverträglichkeit öffentlicher Maßnahmen - Erfahrungen aus Sicht der Kommunen. Vortrag beim Institut für Städtebau und Wohnungswesen der Deutschen Akademie für Städtebau und Landesplanung München, 3. Fachtagung: Planung für den Umweltschutz und die Rolle der Umweltverträglichkeitsprüfung, 10.-12.3.1986 in München, Masch.

LESER, H. (1975):
Bestimmung der Wirksamkeit großräumiger ökologischer Ausgleichsräume und Entwicklung von Kriterien zur Abgrenzung. (unveröffentlicht) Archiv des Bundesbauministeriums

LESER, H. (1978):
Landschaftsökologie. 2. Aufl., Stuttgart

LESER, H. (1984):
Zum Ökologie-, Ökosystem und Ökotopbegriff.
In: Natur und Landschaft 59, (9), S. 351-357

LESER, H. u.a. (1984):
DIERKE-Wörterbuch der Allgemeinen Geographie. Bd. 1 und 2, Braunschweig/München

LORENZ, K. (1985):
Umweltschutz und Flächennutzungsplanung. Dortmund

MARKS, R. (1979):
Ökologische Landschaftsanalyse und Landschaftsbewertung als Aufgaben der Angewandten Physischen Geographie. Materialien zur Raumordnung, Bd. XXI, Bochum

MAXIMALE ARBEITSPLATZKONZENTRATIONEN
Maximale Arbeitsplatzkonzentrationen (MAK). Hrsg. von der Senatskommission zur Prüfung gesundheitsschädlicher Arbeitsstoffe, Boppard, jährlich neu

MERIAN, CH. u. A. WINKELBRANDT (1984):
Tabellarische Übersicht über die Landschaftsplanung in den Bundesländern - Stand: 30.6.1984.
In: Natur und Landschaft 59, (9), S. 363-370

METZ, W. (1976):
Entwicklung eines Flächennutzungsplans unter dem Aspekt der Umweltverträglichkeit, dargestellt am Beispiel Menden. Diplom-Arbeit an der Universität Dortmund, Abteilung Raumplanung (Masch.)

Quellenangaben

MEYER-ABICH, K.M. (1981):
Zum Problem der Sozialverträglichkeit verschiedener Energieversorgungsysteme.
In: Krueder, J. v. und K. v. Schubert (Hrsg.): Technikfolgen und sozialer Wandel - Zur politischen Steuerbarkeit der Technik, Köln

MEYER-ABICH, K.M. (1984):
Frieden mit der Natur - Plädoyer für ein neues Verhältnis der Industriegesellschaft zur Umwelt.
In: Wochenendbeilage der Süddeutschen Zeitung vom 23./24.6.1984, S. 1-11

MÜLLER, P. (1977):
Biogeographie und Raumbewertung. Darmstadt

MÜLLER, P. (1978):
Zusammenfassung der Fachsitzung "Ökologische und biogeographische Raumbewertung" auf dem 41. Deutschen Geographentag 1977 in Mainz.
In: Verhandlungen des Deutschen Geographentages, Bd. 41, Wiesbaden, S. 604-605

MÜLLER, P. (1983):
Verfahren zur Modellierung ökologischer Systeme. Ein Beitrag zur Verbesserung ökologischer Voraussetzungen. Hrsg. v. Akademie für Raumforschung und Landesplanung, Beiträge der Akademie für Raumforschung und Landesplanung, Bd. 69, Hannover

MÜLLER, W. (1975):
Umweltschutz und kommunale Bauleitplanung. Die rechtlichen Bindungen der Bauleitplanung im Umweltschutz nach dem Bundesbaugesetz sowie den Raum- und Fachplanungsgesetzen. Düsseldorf

NATIONAL ENVIRONMENTAL POLICY ACT (NEPA):
42 U.S.C. §§ 4321-4361 as amended, 1.1.1970

NEEF, E. (1966):
Zur Frage des gebietswirtschaftlichen Potentials.
In: Forschungen und Fortschritte 40, S. 65-70

NEEF, E. (1969):
Der Stoffwechsel zwischen Gesellschaft und Natur.
In: Geographische Rundschau 21, S. 453-459

NEEF, E. (1976):
Das Gesicht der Erde, Zürich/Frankfurt a.M.

ODUM, P. (1967):
Ökologie. München

ODUM, E.O. (1969):
The strategy of ecosystem development.
In: Science 169, S. 262-270

Quellenangaben

ODUM, E.P. (1971):
Fundamentals of Ecology. 3. Aufl., Phildelphia/London/Toronto

OLSCHOWY, G. (Hrsg.) (1981):
Natur- und Umweltschutz in der Bundesrepublik Deutschland
Band 1: Ökologische Grundlagen des Natur- und Umweltschutzes
Band 2: Eingriffe in die Umwelt und ihr Ausgleich
Band 3: Naturschutz, Landschaftspflege und Landschaftsplanung. Hamburg

ORIANS, G. H. (1974):
Diversity, stability and maturity in natural ecosystem.
In: Proceedings of the first International Congress of Ecology, The Hague, The Netherlands, September 8-14, Wageningen, S. 64-65

ORIANS, G. H. (1975):
Diversity, stability and maturity in natural ecosystems.
In: van Dobben, W.H. a. R.H. Lowe-McConnell: Unifying concepts in ecology, The Hague

OTTO, K. (1979):
Kommunale Umweltverträglichkeitsprüfung unter besonderer Berücksichtigung von Kfz-, Industrie- und Gewerbelärm.
Vortrag gehalten im 116. Kurz des Instituts für Städtebau Berlin vom 12.-16.2.1979

PFLUG, W. u.a. (1978):
Landschaftsplanerisches Gutachten Aachen. Text- und Kartenband, Aachen

PFLUG, W. u. H. WEDECK (1980):
Zur Bedeutung landschaftsökologischer Grundlagen für die Planung.
In: Buchwald, K. u. W. Engelhardt (Hrsg.): Handbuch für Planung, Gestaltung und Schutz der Umwelt, Bd. 3, München/Bern/Wien, S. 65-80

PIETSCH, J. (1983):
Bewertungssystem für Umwelteinflüsse. Köln

PIETSCH, J. (1986):
Umweltverträglichkeitsprüfung in der kommunalen Planung - Maßstäbe und Methodenbausteine. Vortrag am Institut für Städtebau und Wohnungswesen der Deutschen Akademie für Städtebau und Landesplanung München, 11.3.1986, Manuskript

PLANUNGSERLASS NW:
Berücksichtigung von Emissionen und Immissionen bei der Bauleitplanung sowie bei der Genehmigung von Vorhaben (Planungserlaß). Gem. Rd. Erl. des Ministers für Landes- und Stadtentwicklung, des Ministers für Arbeit, Gesundheit und Soziales und des Ministers für Wirtschaft, Mittelstand und Verkehr vom 8.7.1982 (MBl. NW S. 1 366, SMBl. NW 2 311)

RAUMORDNUNGSGESETZ:
Raumordnungsgesetz (ROG) vom 8.4.1965 (BGBl. I S. 3069) zuletzt geändert durch Gesetz vom 1.6.1980 (BGBl. I S. 649)

Quellenangaben

RICHTLINIE DER EUROPÄISCHEN GEMEINSCHAFT (1985):
Richtlinie des Rates vom 27. Juni 1985 über die Umweltverträglichkeitsprüfung bei bestimmten öffentlichen und privaten Projekten (85/337/EWG).
In: Amtsblatt der Europäischen Gemeinschaften L 175, 28. Jg., 5. Juli 1985

SCHEMEL, H.-J. (1976):
Zur Theorie der differenzierten Bodennutzung.
In: Landschaft und Stadt, (4), S. 159-167

SCHEMEL, H.-J. (1979):
Umweltverträglichkeit von Fernstraßen - ein Konzept zur Ermittlung des Raumwiderstandes.
In: Landschaft und Stadt 11, (2), S. 81-90

SCHEMEL, H.-J. (1982):
Zum Verhältnis Landschaftsplanung - Umweltverträglichkeitsprüfung.
In: Landschaft und Stadt 14, (1), S. 39-40

SCHEMEL, H.-J. (1985):
Die Umweltverträglichkeitsprüfung (UVP) von Großprojekten. Grundlagen und Methoden sowie deren Anwendung am Beispiel der Fernstraßenplanung. Beiträge zur Umweltgestaltung, Bd. A 97, Münster

SCHLEZ, G. (1980):
Bundesbaugesetz-Kommentar. 2. Aufl., Wiesbaden/Berlin

SCHMIDT-ASSMANN, E. (1979):
Aufgabe, Begriff und Grundsätze der Bauleitplanung.
In: Ernst-Zinkhahn-Bielenberg (Hrsg.): Bundesbaugesetz, Kommentar, Loseblattsammlung, München

SCHMIDT-ASSMANN, E. (1981):
Die Berücksichtigung situationsbestimmter Abwägungselemente bei der Bauleitplanung. Köln

SCHÖNBECK, C. (1975):
Der Beitrag komplexer Stadtsimulationsmodelle (vom Forrester-Typ) zur Analyse und Prognose großstädtischer Systeme. Basel/Stuttgart

SCHREIBER, K.-F. (1980):
Zum ökologischen Potential als Engpaßfaktor in der Regionalplanung.
In: Arbeitsberichte des Lehrstuhls Landschaftsökologie Münster, H. 2, Münster

SCHULTE, W. (1985):
Florenanalyse und Raumbewertung im Bochumer Stadtbereich. Materialien zur Raumordnung, Bd. 30, Bochum

SCHUSTER, P. (1977):
Selbstorganisationsprozesse in der Biologie und ihre Beziehung zum Ursprung des Lebens.
In: MNU 30, S. 324-335

Quellenangaben

SCHUTZGEMEINSCHAFT DEUTSCHER WALD E.V., LANDESVERBAND RHEINLAND-PFALZ (Hrsg.) (1982):
Ökologie und raumbedeutsame Planung. Veröffentlichung der Schutzgemeinschaft Deutscher Wald, Landesverband Rheinland-Pfalz, Bd. 4, Obermoschel

SPINDLER, E. A. (1983):
Umweltverträglichkeitsprüfung in der Raumplanung. Dortmunder Beiträge zur Raumplanung 28, Dortmund

SPORBECK, O. (1981):
Praxisorientierter Ansatz zur Linienfindung und vergleichenden Beurteilung von Trassenvarianten im Straßenbau.
In: Landschaft und Stadt 13, (2), S. 67-78

STÄDTEBAUFÖRDERUNGSGESETZ:
Gesetz über städtebauliche Sanierungs- und Entwicklungsmaßnahmen in den Gemeinden (Städtebauförderungsgesetz - StBauFG) vom 27.7.1971 (BGBl. I S. 1 125) i. d. F. der Bekanntmachung vom 18.8.1976 (BGBl. I S. 2 318, 3617), zuletzt geändert durch Gesetz vom 17.12.1982 (BGBl. I S. 1 777)

STICH, R. (1975):
Die Prüfung der Umweltverträglichkeit (Berücksichtigung von Umweltbelangen) bei der Ansiedlung von Industrie- und Gewerbebetrieben im Rahmen der regionalen Wirtschaftsprüfung. Eine empirische Analyse (Forschungsvorhaben des BMI) Masch., Kaiserlautern/Mainz

STICH, R. u.a. (1980):
Vorschriften zur Umweltverträglichkeitsprüfung in den Fachplanungen. Studie im Auftrag des Umweltbundesamtes (UBA 101 01 104), Kaiserslautern

SUKOPP, H. (1983):
Ökologische Characteristik von Großstädten.
In: Akademie für Raumforschung und Landesplanung (Hrsg.): Grundriß der Stadtplanung, Hannover, S. 51-82

SUMMERER, S. (1984):
Kann es eine Umweltethik geben? Problemaufriß zu einem noch zu schaffenden Bereich menschlicher Verantwortung. Unveröffentl. Manuskript

TA-LÄRM:
Allgemeine Verwaltungsvorschrift über genehmigungsbedürftige Anlagen nach § 16 GewO, Technische Anleitung zum Schutz gegen Lärm vom 16.7.1968 (Beil. BAnz. Nr. 137), abgedruckt z.B. in: Jarras (1983): Bundesimmissionsschutzgesetz, Anhang 16

TA-LUFT:
Erste allgemeine Verwaltungsvorschrift zum Bundes-Immissionsschutzgesetz (Technische Anleitung zur Reinhaltung der Luft - TA Luft) vom 27.2.1986 (GMBl. S. 95)

Quellenangaben

TANSLEY, A. E. (1935):
The use and abuse of vegetation concepts and terms. Ecology 16

TISCHLER, W. (1975):
Ökologie. Wörterbuch der Biologie, Stuttgart

TOMASEK, W. (1979):
Die Stadt als Ökosystem - Überlegungen zum Vorentwurf Landschaftsplan Köln.
In: Landschaft und Stadt 11, (2), S. 51-60

TREPL, L. (1980):
Zum Gebrauch von Pflanzenarten als Indikatoren der Umweltdynamik.
Manuskript, Institut für Ökologie der TU Berlin

TREPL, L. (1981):
Ökologie und "ökologische" Weltanschauung.
In: Natur und Landschaft 56, (3), S. 71-74

TROLL, C. (1963):
Landschaftsökologie.
In: Lauer, W. u. H.-J. Klink (Hrsg.): Pflanzengeographie. Wege der Forschung CXXX, Darmstadt, S. 185-207

UMWELTBUNDESAMT (Hrsg.) (1982):
Ökologischen Bauen. Wiesbaden/Berlin

UMWELTGUTACHTEN (1978):
Umweltgutachten des Rates der Sachverständigen für Umweltfragen 1978. Unterrichtung durch die Bundesregierung, Bonn

VESTER, F. (1976):
Ballungsgebiete in der Krise. Eine Anleitung zum Verstehen und Planen menschlicher Lebensräume mit Hilfe der Biokybernetik. Stuttgart

WASSERHAUSHALTSGESETZ:
Gesetz zur Ordnung des Wasserhaushalts (Wasserhaushaltsgesetz - WhG) vom 27.7.1957 (BGB. I S. 1 110, S. 1 386) i. d. F. der Bekanntmachung vom 16.10.1976 (BGBl. I S. 3 017) zuletzt geändert durch Gesetz vom 28.3.1980 (BGBl. I S. 373); mit dem Grundgesetz vereinbar gemäß BVerfGE vom 15.7.1981 (BGBl. I S. 189)

WEYL, H. (1981):
Bezugsgegenstände einer funktionsräumlichen Arbeitsteilung.
In: Akademie für Raumforschung und Landesplanung (Hrsg.): Forschungs- und Sitzungsberichte 138, S. 5-13

WHITTICK, A. (1974):
Encyclopedia of Urban Planning. New York

WICKE, L. (1986):
Die ökologischen Milliarden. München

WOLTERECK, R. (1928):
Über die Spezifität des Lebensraumes, der Nahrung und der Körperformen bei pelagischen Cladoceren und über "ökologische Gestalt-Systeme". Biol. Zentralbl. 48: S. 521-551

Quellenangaben

WÜST, H.-S. (1981):
Zum Verhältnis Phytomasse-Baumasse.
In: Bundesforschungsanstalt für Landeskunde und Raumordnung (Hrsg.): Informationen zur Raumentwicklung 7/8, S. 453-459

ZACHARIAS, F. (1978):
Das Ökosystemkonzept und seine Unterricht strukturierende Funktion.
In: Der Biologieunterricht, (3), S. 4-25

ZACHARIAS, F. u. U. KATTMANN (1981):
Das mensch-organisierte Ökosystem.
In: Natur und Landschaft 56, (3), S. 76-79

ZANGEMEISTER, C. (1970):
Nutzwertanalyse in der Systemtechnik, eine Methodik zur multidimensionalen Bewertung und Auswahl von Projektalternativen. München

Anlage 1

7. Anhang

Anhang zum RdErl. d. Ministers für Arbeit, Gesundheit und Soziales NW vom 9. 7. 1982 (MBl. NW. 1982 S. 1376/SMBl. NW. 280)

Abstands-klasse	Abstand in m	Lfd. Nr.	Betriebsart
I	1 500	1	Kokereien
		2	Betriebe zur elektrothermischen Herstellung von Chrom, Mangan, Karbiden, Korund u. a. sowie von Ferrolegierungen
II	1 200	6	Hochofenwerke
		7	Stahlwerke (ausgenommen Stahlwerke mit Lichtbogenöfen unter 50 t Gesamtabstichgewicht) (*)
III	1 000	9	Erzsinteranlagen
		10	Fabriken zur Herstellung von Betonformsteinen und Betonfertigteilen im Freien (*)
		11	Anlagen zur Kohlevergasung
		12	Blei-, Zink- und Kupfererzhütten
		13	Aluminiumhütten
IV	800	20	Massentierhaltung, soweit genehmigungspflichtig nach BImSchG, aber mehr als 100 000 Stück Mastgeflügel und/oder Legehennen oder 2 000 Schweine
		21	Zementfabriken
		22	Anlagen zur Aufbereitung und zum Brennen von Kalkstein
		23	Schlackenaufbereitungsanlagen
		24	Kraftwerke (Kohle, Öl, Gas) ab 2 TJ/h (ca. 210 MW) (*)
		25	Stahlwerke mit Lichtbogenöfen unter 50 t Gesamtabstichgewicht
		26	Stahlgießereien
V	500	35	Massentierhaltung, soweit genehmigungspflichtig nach BImSchG, aber weniger als 100 000 Stück Mastgeflügel und/oder Legehennen oder 2 000 Schweine
		36	Erzaufbereitungsanlagen
VI	300	72	Intensivtierhaltung, soweit nicht genehmigungspflichtig nach BImSchG, aber mehr als 5 000 Stück Mastgeflügel und/oder Legehennen oder 300 Schweine
		73	Steinbrüche, Ton- und Lehmgruben
		74	Anlagen zum Mahlen oder Blähen von Ton, Schiefer und Perlit
		75	Steinmahlwerke, -sägereien, -schleifereien, -poliereien
		76	Gewinnung und Aufbereitung von Sand, Bims und Kies (ohne Flußkiesgewinnung)
VII	200	136	Anlagen zur Herstellung von Gipserzeugnissen für Bauzwecke
		137	Maschinenfabriken und Härtereien
		138	Anlagen zum Bau von Kraftfahrzeugkarosserien und -anhängern
		139	Automatische Autowaschstraßen (*)
		140	Anlagen zur Herstellung von Kabeln unter Verwendung von Bitumen
		141	Anlagen zur Herstellung von Schlössern und Beschlägen (ohne Gießereien)
		142	Anlagen zur Herstellung von Schleifmitteln und -scheiben
		143	Anlagen zur Herstellung von Möbeln, Kisten und Paletten aus Holz und sonstigen Holzwaren außer Polstergestellen und Polstermöbeln
		144	Mühlen
		145	Futtermittelfabriken
VIII	100	158	Anlagen zum Bootsbau
		159	Kraftfahrzeug-Reparaturwerkstätten
		160	Betriebe des Fernseh-, Rundfunk-, Telefonie-, Telegraphie- und Elektrogerätebaus sowie der sonstigen elektronischen und feinmechanischen Industrie
		161	Anlagen zur Herstellung von Kabeln unter Verwendung von Kunststoff
		162	Anlagen zur Herstellung von Schneidwaren und Bestecken sowie Werkzeugen (ohne Hammerwerke)
		163	Schlossereien, Drehereien, Schweißereien, Schleifereien in geschlossenen Hallen
		164	Anlagen zur Konfektionierung von pharmazeutischen Erzeugnissen
		165	Anlagen zum Mischen und Abfüllen von Seifen, Wasch- und Reinigungsmitteln
		166	Anlagen der Farbwarenindustrie
		167	Anlagen zur Herstellung von Kunststoffteilen ohne Verwendung von Phenolharzen
		168	Anlagen zur Runderneuerung von Reifen
		169	Tischlereien und Schreinereien
		170	Anlagen zur Herstellung von Bürstenwaren

Anlage 1: Auszug aus der Abstandsliste des ABSTANDSERLASSES NW (1982)

Anlage 2

Umweltverträglichkeitsprüfung

FORMBLATT ZUR KURZVORSTELLUNG DES VORHABENS

Skizze:

1. Zuständiges Fachamt: ....
2. Anlaß des Vorhabens: ....
   ....
3. Terminplanung: ....
   ....
   ....
4. Kurzbeschreibung: ....
   ....
   ....
5. Kartographische Anlagen: ....
   ....
6. Alternative Lösungsmöglichkeiten: ....
   ....
7. Einbindung in vorhandene Zielaussagen: ....
   ....

UVP-Beginn .... Datum
.... Unterschrift

Anlage 3

Beteiligungsliste

	STELLUNGNAHMEN zuständiger Fachämter/Fachdienststellen									
Umweltschutzbereich/ Belastungsfaktor	zuständiges Fachamt	Datum angeschrieben	Antwort							
Umweltschutzbereich/ Belastungsfaktor	zusätzlich beteiligte Fachdienststellen	Datum angeschrieben	Antwort							

Anlage 4

Check-Liste

Umweltbereich	keine	geringe	erhebliche	keine Aussage mögl.	Durch das Planungsvorhaben möglicherweise zu erwartende Beeinträchtigungen von bzw. durch Begründung (ggf. Anlagen-Nr.)
NATUR UND LANDSCHAFT	○	○	○	○	
1. Pflanzenwelt					
2. Tierwelt					
3. Biotope					
4. Gliedernde Elemente					
5.					
6. Naturschutzflächen					
7. Landschaftsschutzflächen					
8. Naturdenkmale					
9.					
STADT- und LANDSCHAFTSBILD	○	○	○	○	
1. Sichtbeziehungen					
2. umgebungsfremde Gestaltung					
3. Gebietszerschneidung					
4. Visuelle Komplexität					
5.					

Anlage 4

Check-Liste

Umweltbereich	keine	geringe	erhebliche	keine Aus-sage mögl.	Durch das Planungsvorhaben möglicherweise zu erwartende Beeinträchtigungen von bzw. durch Begründung (ggf. Anlagen-Nr.)
ERHOLUNG					
1. Grünzonen/Parks	○	○	○	○	
2. Spiel- und Sportbereiche					
3. Privates Wohngrün/Wohnen					
4. Kleingärten					
5. Wald					
6. Landwirtschaftliche Flächen					
7.					

Anlage 4

Check-Liste

Umweltbereich	keine	geringe	erhebliche	keine Aussage mögl.	Durch das Planungsvorhaben möglicherweise zu erwartende Beeinträchtigungen von bzw. durch Begründung (ggf. Anlagen-Nr.)
KLIMA/LUFT					
1. Oberflächenversiegelung	○	○	○	○	
2. Baukörper					
3. Abriegelung von Frischluftschneisen					
4. Beseitigung von Gehölzbeständen					
5. Nebelbegünstigung					
6. Temperatursteigerung					
7. Kaltluftseenbildung					
8.					
9. Staub					
10. SO_2					
11. NO_x					
12. Gerüche					
13.					
LÄRM					
1. Straßenlärm	○	○	○	○	
2. Schienenverkehr					
3. Industrielärm					
4. Gewerbelärm					
5.					

Anlage 4

Check-Liste

Umweltbereich	keine	geringe	erhebliche	keine Aussage mögl.	Durch das Planungsvorhaben möglicherweise zu erwartende Beeinträchtigungen von bzw. durch Begründung (ggf. Anlagen-Nr.)
KULTURELLES ERBE					
1. Baudenkmale	○	○	○	○	
2. Kunstdenkmale					
3. historische Erinnerungsstätten					
4. erhaltenswerte Ortsbilder					
5.					
RELIEF/OBERFLÄCHENFORMEN					
1. Entnahme	○	○	○	○	
2. Auffüllen					
3. Begradigen					
4. Einschneiden					
5. Einebnen					
6. Auflagen					
7.					

242

Anlage 4

Check-Liste

Umweltbereich	keine	geringe	erhebliche	keine Aus-sage mögl.	Durch das Planungsvorhaben möglicherweise zu erwartende Beeinträchtigungen von bzw. durch Begründung (ggf. Anlagen-Nr.)
WASSER					
1. Grundwasser	○	○	○	○	
2. Grundwasserneubildung					
3. Grundwasserflurabstände					
4. Oberflächenabfluß					
5. Gewässergüte					
6. Trinkwasserschutzzonen					
7.					
8. Abwasser					
9. Wassergefährdende Stoffe					
10.					
11.					
BODEN	○	○	○	○	
1. Bodenversiegelung					
2. Bodenerosion					
3. Bodenwasser					
4. Bodenchemismus					
5. Bodengefüge					
6. landwirtschaftlicher Ertrag					
7. forstwirtschaftlicher Ertrag					
8. Verlust von Steinen und Erden					

Check-Liste

Umweltbereich	keine	geringe	erhebliche	keine Aussage mögl.	Durch das Planungsvorhaben möglicherweise zu erwartende Beeinträchtigungen von bzw. durch Begründung (ggf. Anlagen-Nr.)
ABFALL/ENERGIE					
1. Kommunale Abfälle	○	○	○	○	
2. Industrieabfälle					
3. Sondermüll					
4.					
5. ökol. unvorteilhafte Energienutzung					
6.					

Anlage 4

Anlage 5

Anlage 5: Verflechtungsmatrix Verursacher-Wirkung-Betroffener

Nach: BIERHALS/KIEMSTEDT/SCHARPF (1974)

Anlage 6

ARGUMENTE \ KRITERIEN	UMWELT-ERHEBLICHKEIT	VERSCHLECHTERUNG der Umweltsituation bzw. VERHINDERUNG einer angestrebten Qualität			AUSGLEICHS- UND ERSATZMASSNAHMEN (Nr. der Anlage)	BEGRÜNDUNG (Nr. der Anlage)
		keine	geringfügige	deutliche		
NATUR UND LANDSCHAFT						
STADT- UND LANDSCHAFTS-BILD						
ERHOLUNG						
KLIMA/LUFT						
LÄRM						
KULTURELLES ERBE						
RELIEF/OBER-FLÄCHENFORMEN						
WASSER						
BODEN						
ABFALL/ENERGIE						

Anlage 6: Darstellung der Umweltverträglichkeit